工程·文化·景观

——"ICOMOS-Wuhan 无界论坛"论文集

主　　编：刘英姿　张光清　Siegfried Enders
组织撰写：武汉市国家历史文化名城委员会办公室
　　　　　ICOMOS 共享遗产武汉研究中心

东南大学出版社
SOUTHEAST UNIVERSITY PRESS
·南京·

图书在版编目(CIP)数据

　　工程·文化·景观：" ICOMOS-Wuhan 无界论坛"论文
集/刘英姿,张光清,(德)安德斯(Enders,S.)主编.—南京：
东南大学出版社,2014.12
　　ISBN 978-7-5641-5231-4

　　Ⅰ.①工… Ⅱ.①刘… ②张… ③安… Ⅲ.①建筑-
文化遗产-保护-国际学术会议-文集 Ⅳ.①TU-87

　　中国版本图书馆 CIP 数据核字(2014)第 229500 号

工程·文化·景观——"ICOMOS-Wuhan 无界论坛"论文集

出版发行	东南大学出版社	
出 版 人	江建中	
责任编辑	杨　凡	
社　　址	南京市四牌楼 2 号	
邮　　编	210096	
经　　销	全国各地新华书店	
印　　刷	南京玉河印刷厂	
开　　本	889 mm×1194 mm　1/16	
印　　张	15.5　彩插 4 页	
字　　数	418 千字	
书　　号	ISBN 978-7-5641-5231-4	
版　　次	2014 年 12 月第 1 版	
印　　次	2014 年 12 月第 1 次印刷	
定　　价	65.00 元	

（本社图书若有印装质量问题,请直接与营销部联系,电话:025-83791830）

编辑委员会

主　　　编　刘英姿　张光清　Siegfried Enders
副　主　编　唐惠虎
执 行 主 编　丁援
摄　　　影　刘建林

编委会主任　唐惠虎　彭浩
编委会成员　（按姓氏笔画排列）
　　　　　　丁援　孙明　何依　宋奕　吴建军
　　　　　　别鸣　段飞　夏琼　黄亚平　黄盾
　　　　　　章荣发　曹伟宁　彭朝晖　蒋太旭

代表合影

《武汉倡议》签名板

揭牌仪式

葛修润院士带头签名《武汉倡议》

徐麟祥大师和王玉泽大师签名《武汉倡议》

ICOMOS
International Council on Monuments and Sites

ICOMOS—Wuhan"工程·文化·景观"国际学术研讨会
ICOMOS-Wuhan Engineering, Culture & Landscape International Symposium

暨第二届联创国际"无界论坛"
The 2nd UDG Crossover Forum

工程与文化相互促进的武汉倡议

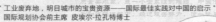

"白鹤梁水下遗址博物馆的设计与实践"
中国工程院院士 葛修润

"工业废弃地，明日城市的宝贵资源——国际最佳实践对中国的启示"
国际规划协会前主席 皮埃尔-拉孔特博士

中国工程院院士秦顺全

"三峡水利工程实践与文化遗产保护"
勘察设计大师 徐麟祥

"亚洲跨文化工业遗产研究——以印度至日本铁路为例"
ICOMOS共享遗产委员会主席 安德斯博士

"高铁设计与文化遗产保护——以京沪高铁穿越明皇陵为例"
勘察设计大师 王玉泽

"武汉近代工业及其遗产利用"
武汉市政府副秘书长 唐惠虎博士

"桥梁工程与文化环境协调统一的设计实践"
勘察设计大师 徐恭义

海报——发言代表

ICOMOS
International Council on Monuments and Sites

ICOMOS—Wuhan "工程 - 文化 - 景观" 国际学术研讨会
ICOMOS-Wuhan Engineering, Culture & Landscape International Symposium

暨第二届联创国际 "无界论坛"
The 2nd UDG Crossover Forum

主办单位:

武汉市人民政府

国际古迹遗址理事会共享遗产委员会

组织单位:

- 中国古迹遗址理事会
- 武汉市历史文化风貌保护委员会
- 中国武汉工程设计产业联盟
- 长江勘测规划设计研究院
- 中铁大桥勘测设计院
- 中铁第四勘察设计院
- 华中科技大学建筑与城市规划学院
- UDG联创国际设计集团华中区域总部

2013年11月16日 湖北·武汉

Main Organizations:

The Municipal government of Wuhan

ICOMOS SBH Committee

Organizations:

- ICOMOS China
- Committee of Conservation of Historical and Cultural Landscape of Wuhan
- Union of Engineering Design Industry, Wuhan, China
- Changjiang Institute of Survey, Planning, Design & Research, Changjiang Water Resources Commission
- China Railway Major Bridge Reconnaissance & Design Institute Co,.Ltd.
- China Railway No.4 Survey and Design Group Co,.Ltd.
- Huazhong University of Science &Technology
- UDG, Central China Headquarter

November 16, 2013, Wuhan.,Hubei

研讨会日程　　　地点：华中科技大学南四楼100号报告厅
时间：2013年11月16日

主持	时间	内容
李保峰教授主持	08:30-08:50	领导致辞（张光清副市长、华中科大校长）Address by the Vice Mayor of Wuhan, President of HUST
	08:50-09:00	专家致辞（秦顺全院士）Address by Academician Mr. Qin Shunquan
	09:00-09:05	ICOMOS 共享遗产委员会武汉研究中心揭牌（安德斯博士、张光清副市长）Unveiling Ceremony of the Wuhan Research Center of ICOMOS Shared Built Committee (Dr. Siegfried Enders, Vice Mayor Mr. Zhang Guangqing)
	09:05-09:15	● 合影（Photo-taking）　　　　南四楼一楼
李保峰教授主持	09:15-09:35	Dr. Pierre Laconte 皮埃尔-拉孔特博士（国际规划协会前主席）工业废弃地，明日城市的宝贵资源——国际最佳实践对中国的启示 Derelict industrial land, a valuable resource for the city of tomorrow — some international best practices of potential consequence to China
	09:35-09:55	Dr. Tang Huihu 唐惠虎博士（武汉市政府副秘书长）武汉市工业遗产的保护与利用 Conservation and Utilization of Wuhan's Industrial Heritage
	10:00-10:20	Mr. Peng Hao 彭浩主任（武汉城建委）武汉城市建设与历史文化名城保护 Wuhan Engineering Design and Cultural Heritage Conservation
	10:20-10:30	● 茶歇（Break）　　　　南四楼一楼中庭
何依教授主持	10:30-11:00	Mr. Ge Xiurun (Academician) 葛修润院士 白鹤梁水下遗址博物馆的设计与实践 Design and Practices of Baiheliang Museum of Underwater Heritage
	11:00-11:30	Wang Yurun (Master of survey and design) 王玉泽总工 勘察设计大师 高铁设计与文化遗产保护——以京沪高铁穿越明皇陵为例 Design of High-speed Railway and Cultural Heritage Conservation — with the case study of Beijing-Shanghai Highspeed Railway and Royal Mausoleum of Ming Dynasty
	11:30-12:00	Xu Gongyi (Master of survey and design) 徐恭义总工 勘察设计大师 桥梁工程与文化环境协调统一的设计实践 Designing Practices on the Harmonious Relationship between Bridge Construction and its Cultural Environment
	12:00-12:30	Xu Linxiang (Master of survey and design) 徐麟祥总工 勘察设计大师 三峡工程文化保护与实践 Cultural Conservation and Practices of Three Gorges Project
	12:30-13:30	● 午餐（Lunch）　　　　南四楼一楼中庭自助餐
丁援博士主持	13:30-14:00	Dr. Siegfried Enders 安德斯博士（ICOMOS 共享遗产委员会主席）亚洲跨文化工业遗产研究——以印度、日本铁路为例 Shared Industrial Heritage in Asia, shown on railway systems from India to Japan
	14:00-14:30	Mr. Lu Xiaoying (Vice Chief Engineer)吕小应副总工 城市轨道设计与文化遗产保护——以郑州紫金山站设计为例 City Railway Design and Cultural Heritage Conservation: A Case Study of the Zijinshan Station in Zhengzhou City
	14:30-14:50	Dr. Duan Fei (UDG)段飞博士（联创国际）汉正街历史风貌区的城市更新研究 Research on City Renovation in the Hanzheng Street Historical Landscape Zone
	14:50-15:10	Prof. Wan Min(HUST) 万敏教授（华中科技大学）世界遗产中的桥梁遗产研究与武汉的实践 Study of the Bridge Heritage on the World Heritage List
	15:10-15:30	Prof. Deng (Changjiang Water Resources Commission)邓东生教授级高工 南水北调水利工程与文化遗产保护——以武当山遇真宫保护工程为例 South-to-North Water Transfer Project and Cultural Heritage Conservation: A Case Study of the Conservation of the Yuzhen Palace of the Wudang Mountain Historical Building Complex
	15:35-15:40	宣读并通过《关于工程与文化相互促进的武汉倡议（简称"武汉倡议"）》Issuing of the Wuhan Proposal — on mutual promotion between engineering and culture
	16:00-18:00	● 圆桌会议（Roundtable）　　　　南四楼二楼

海报——大会安排

李保峰教授主持论坛　　　　　　　　　　　　张光清副市长致辞

会场内　　　　　　　　　　　　　　　　会场内

会场内　　　　　　　　　　　　　　　　会场外

序

刘英姿（武汉市人民政府副市长）

对于不少外国朋友而言，CHINA（中国）只是不多的几个"面"（如：北京、上海、香港），再加上有限的几个"点"（长城、故宫……），谈及其他，他们知之甚少。这其实也反证了一种观点：当下世界的竞争，已由"国家层面"的竞争转向"城市层面"的竞争，由"市场、经济"方面的竞争转向"文化影响力"的竞争以及人才的竞争。

2004 年联合国教科文组织（UNESCO）推出了"全球创意城市网络"（Creative Cities Network），包括设计之都、手工艺之都、美食之都等不同的"世界之都"，目的是通过对成员城市促进当地文化发展的经验进行认可和交流，倡导和维护文化的多样性。与联合国教科文组织 1972 年推出的"世界遗产"类似，"创意城市"是在全球化语境下，鼓励城市保持和发扬自身的特色，增强自身的影响力。

毫无疑问，在这种世界竞争格局的变化中，武汉大有可为。

武汉的"大有可为"不仅来源于其九省通衢、华夏中心的地理位置、得天独厚的自然资源，来源于武汉日益强大的经济实力，更来源于其深厚的文化底蕴和国家级历史文化名城的历史格局；同时，武汉也得益于作为中国重要的教育科研基地和工程设计大本营的"江湖地位"。从 1860 年的汉口开埠，到 1890 年代晚清洋务运动的南部中心，到 1911 年武昌首义，到 20 世纪 20 年代、30 年代中西文化大融合的中心区，到 1950 年代的新中国"一五"计划中的工程设计战略安排，武汉都是中国近代文化转型的重心和中央政府重点布局所在。武汉的重要性不仅仅对于本区域，同样对于整个中国，甚至世界。

也正因为如此，武汉市政府提出了武汉申请联合国教科文组织"世界遗产"和"设计之都"的设想。这两个世界级的称号，如同围棋里的两个"气眼"，能帮助整条"长龙"的延伸，能帮助武汉走向世界，让世界认识武汉。

恰逢其时的是，自 2012 年起，ICOMOS 共享遗产委员会与武汉市政府定期合作，举办"ICOMOS-Wuhan 无界论坛"。国际古迹遗址理事会（ICOMOS）是联合国教科文组织在文化领域的唯一专业咨询机构，它由世界各国文化、建筑、法律等领域的专业人士组成，在联合国教科文组织的决策工作中起着非常重要的作用。而 ICOMOS 共享遗产委员会是其 20 多个科学委员会中的一个，也是与武汉城市文化关系最为密切的一个科学委员会。

"论坛"提供了有识之士登高一呼的场所，"无界"暗示了"国际与国内"、"社会科学与自然科学"、"工程与文化"、"科技与艺术"的结合与"共享"。文化遗产的保护与发展是一个世界性的难题，不仅武汉、威尼斯、罗马、京都、北京、上海这些城市同样面临困境与选择，同样需要跨学科专业人士的共同努力，需要国际、国内的赤诚合作。"ICOMOS-Wuhan 无界论坛"在理论上和技术方法上的探讨，若是能有所突破，其意义将不止于中国。

如此"无界"，功莫大焉。

权以为序。

Preface

Dr. Siegfried RCT Enders,
ICOMOS ISCSBH President

ICOMOS, the International Council on Monuments and Sites, is an advisory body to the World Heritage Committee for the implementation of the UNESCO World Heritage Convention. As such, it evaluates World Heritage nominations for the cultural properties and advises on the state of conservation of properties already inscribed on the World Heritage List.

As the most influential NGO in the field of protection of cultural heritage in the world, ICOMOS is the output of the famous Second International Congress of Architects and Specialists of Historic Buildings held in May of 1964 in Venice, Italy where the famous Venice Charter inaugurated. ICOMOS Wuhan Research Center of Shared Heritage continued this tradition and got established after the successful ICOMOS-Wuhan Crossover Symposium in 2012.

As one of the 27 scientific committees of ICOMOS, ISCSBH is the committee that represents ICOMOS in matters of shared built heritage across the world. Since 2008, SBH has adopted the policy of shedding light on the issues of shared built heritage across the globe by conducting its annual meeting/symposium in every continent of the world. After successful SBH symposia / conferences in Europe in 2009 (Gdansk, Poland), in South America in 2010 (Paramaribo, Suriname) and in Africa in 2011 (Cape Town, South Africa), SBH annual meetings were held 2012 in China and 2014 in Malaysia and Indonesia. Shared Built Heritage in China could be found in places where migration caused by for instance colonization, trading or other economic issues took place. In China Macao, Hong Kong, Guangzhou, Xiamen, Gulangyu, Shanghai, Nanjing, Wuhan, Beijing, Tianjin and Qingdao are good examples for this development.

Among these Chinese cities, Wuhan turned out to be one of the most important places with rich cultural heritage which could be considered as being internationally shared with many other countries. Geographically, Wuhan is located in the center of East China and regarded as one of the most important trading cities in China. In the 19th century it attracted many foreign countries to request concessions. Trading posts were opened and new industries and infrastructure were constructed and developed. This went along with enormous building activities and left a great deal of built heritage with outstanding architecture and design. That is why Wuhan today presents rich built heritage with a shared aspect which should be preserved and carefully included in the fast urban development.

Within the framework of ICOMOS Wuhan Research Center of Shared Heritage, experts in Wuhan and from all over the world are making great efforts to build a professional platform which could combine the international prospect and the local characteristics. One of the most substantial parts of this platform is the ICOMOS-Wuhan Crossover Forum. "Crossover" here means the cross-cultural, cross-disciplinary, and cross-institutional collaboration. We hope that with the aid of this platform, Wuhan could bring to the world's undertaking of heritage conservation and development a lot of precious experience, samples and inspirations.

中文翻译：

国际古迹遗址理事会(ICOMOS)是世界遗产委员会的专业咨询机构，执行联合国教科文组织世界遗产方面的评估、提名，并对已列入《世界遗产名录》的遗产地的保护状态给出相应的建议。作为国际文化遗产保护领域最有影响的专家组织，ICOMOS是以1964年5月份在威尼斯举办的"第二届国际建筑师与历史建筑专家大会"和著名的《威尼斯宪章》为起点发展起来的。ICOMOS武汉共享遗产研究中心延续了这个传统，也是在2012年"ICOMOS-Wuhan无界论坛"成功召开后得以成立的。

共享遗产委员会(SBH)是ICOMOS的27个科学委员会之一，主要致力于跨文化遗产的研究和保护。自2008年以来，共享遗产委员会在世界各大洲进行年度会议，探讨文化遗产保护的政策问题，并成功地在欧洲(波兰的格但斯克，2009)，在南美洲(帕拉马里博，苏里南，2010)和非洲(开普敦，南非，2011)，亚洲(中国，2012；马来西亚和印度尼西亚，2014)举办学术研讨会。在中国，很多城市都可以找到共享遗产，而这些地方大都是源起于殖民、贸易，或者其他经济方面原因而引起的迁移，比如中国的澳门、香港、广州、厦门、鼓浪屿、上海、南京、武汉、北京、天津、青岛。

在众多的中国城市中，武汉被公认为共享遗产最为丰富的地方之一。在地理上，武汉地处中国东部的中心，并且是中国最重要的贸易城市之一，在19世纪，有很多的欧洲国家要求在这里设立租界。贸易的发展带来了新兴工业与基础设施的发展，随之而来的是大量建筑活动的开展。武汉留给了世界一个巨大而杰出的建筑和设计遗产群落，它在今天快速发展的语境中尤显得弥足珍贵。

在ICOMOS武汉共享遗产研究中心的框架下，来自武汉和世界各地的专家们正在努力打造一个国际学术前瞻性和地域特色相结合的学术平台，这一平台最主要的组成部分之一即为"ICOMOS-Wuhan无界论坛"。此处的"无界"意指跨文化、跨学科、跨机构的国际合作。希望借助这个平台，武汉能为全世界文化遗产的保护与发展事业提供宝贵的经验、样本与启发。

国际古迹遗址理事会共享遗产委员会主席
西格弗瑞德—安德斯博士

工程与文化相互促进的武汉倡议

2013 年 11 月,第二届"ICOMOS-Wuhan 无界论坛"在华中科技大学召开。本届论坛的主题为"工程·文化·景观",来自德国、比利时的国际著名遗产保护专家与我国的工程院院士、勘察设计大师及专家、学者共聚一堂,围绕"大型工程建设与文化遗产保护"这一主题展开充分讨论和深入交流,会议达成以下共识:

工程建设,特别是大型工程建设中所遇到的文化遗产保护问题,往往涉及因素复杂,牵涉面广,保护难度大,质量要求高,是一个世界性的难题。中国作为《世界遗产公约》缔约国,政府和设计研究人员在工程项目的规划和建设过程中,经过艰苦努力,使一批具有极高价值的人类文化遗产得以妥善保存和科学利用。我们十分欣喜地看到这次研讨会集中展示了以"白鹤梁题刻水下原址保护"工程为代表的一批水利、铁路、桥梁等工程与文化遗产保护相结合的高水平案例,不仅仅是对中国,而且对世界范围的文化遗产保护事业同样有着示范和推动作用。本次论坛代表共同发出"武汉倡议":

1. 整合社会各界力量,实现遗产保护与发展的跨学科、跨行业联手,以敬畏的心态、传承的责任、无界的情怀,通过科学的保护手段,让工程项目(特别是大型工程项目)在建设的同时,维护好文化遗产安全和健康的生态环境。

2. 实现工程与保护的相互促进,工程技术人员要以保护文化遗产为己任,在工程设计和实施过程中,进一步实现遗产的价值,扩大遗产的影响,为保护和传承中华民族优秀的历史文化遗产而不遗余力。

3. 实现工程与艺术的相互关联,工程技术人员在项目规划设计和建设实施过程中,要努力发现美和创造美,让这个时代的美丽工程成为未来的文化遗产。

4. 欢迎公众参与,积极构建专家、政府、大众间的互动平台,实现工程与文化的相互促进,政策决策的民主性和科学性的和谐统一。鼓励公众与专家共同参与遗产保护和利用的宣传,用文化遗产提升地区形象,营造良好社会环境。

以上为论坛全体代表的心声,我们呼唤社会各界人士加入这一行列,共同努力,推动中国遗产保护事业的可持续发展,实现中华文明的永续流传!

第二届 ICOMOS-武汉"无界论坛"

2013 年 11 月 16 日

Wuhan Proposal on the Mutual Promotion of Engineering and Culture

In November 2013, the second session of ICOMOS-Wuhan "Crossover Forum" was held in HuaZhong University of Science and Technology. The theme of this forum is "Engineering, Culture, Landscape". The forum gathers world-renowned experts in historic preservation from Germany and Belgium, academicians of the Chinese Academy of Engineering, specialists in Exploration Design and many scholars from China. Through an open and in-depth discussion on the topic of "large construction and cultural heritage preservation", researchers and scholars have reached the following consensuses:

Cultural heritage preservation in construction process, especially in large-scaled construction process, is often complicated and involves many factors. It is a worldwide problem to protect heritages that are difficult to preserve yet require high quality preservation process. China is a member of "World Heritage Convention". Chinese governments, designers and researchers have successfully preserved a batch of highly valued cultural heritages of human kind in planning and construction process. We are pleased to see a number of excellent practices in which cultural heritage preservation is integrated with water conservancy projects, railway construction and bridge construction represented by The Site Protection of Baiheliang Museum of Underwater Heritage. These practices serve as examples and promotions for cultural heritage preservation industry in China as well as the rest of the world. The representatives at the forum initializes "Wuhan Proposal":

1. Integrate all kinds of social forces to achieve the combination of interdisciplinary and cross-industry in the development of heritage protection. With the respect mentality, inheritance responsibility and unbounded feelings, through scientific means of protection, safeguard cultural heritage and keep healthy environment for the projects (especially for large projects) in construction at the same time.

2. To achieve the mutual promotion of projects and protection, engineers and technicians should take the protection of cultural heritage as their own responsibilities. In engineering design and implementation process, realize the values of heritage further and expand the impact of heritage. Spare no effort to protect and pass on the fine Chinese historical cultural heritage.

3. Realize the integration of engineering and art. Engineers and technicians should look for and create beauty in the process of design and construction in an effort to make contemporary projects the cultural heritages in the future.

4. Experts in construction, social activists, politics and wide range of public representatives are welcomed to participate and exchange their points of view on a joint platform and for further

promoting of policy and scientific knowledge. Participation of both public representatives and experts in the processes of cultural and historic heritage preservation and exploitation could promote regional image of heritage, help to build an advantageous social environment.

The above is the voice of all the representatives. We call for the society to join us in promoting cultural heritage preservation industry in China in an effort to pass on Chinese culture and tradition.

The 2nd Session of ICOMOS-Wuhan "Crossover Forum"
November16, 2013

起草:丁援,何依,Siegfried Enders, Pierre Laconte
审议:唐惠虎,葛修润,秦顺全,徐麟祥,王玉泽,徐恭义,孙明,吴建军,黄盾,莫文竞,宋奕,彭朝晖

目　录

新 闻 篇

Contents

Part I Practices

Part II Theories

Part Ⅲ　Contributions in English

Part Ⅳ　Press Coverage

实　践　篇

白鹤梁古水文题刻原址水下保护研究与工程实践

葛修润(中国工程院院士)

章荣发(长江勘测规划设计研究院,教授级高级工程师)

摘要:三峡水利工程建成后,水库正常蓄水位将提高到175 m,库区有大量的文物需要保护。白鹤梁题刻既是国家级文物,也是三峡工程文物保护的重点,然而由于其特殊的地理条件和保护要求,保护方案几经论证才最终形成。本文主要介绍了用"无压容器"概念修建白鹤梁题刻原址保护工程方案的设计理念及主要设计成果。工程于2003年2月开工建设,2009年5月建成开馆。这一极具创新设想的工程实践,成为世界上唯一的遗址类水下博物馆,为水下文化遗产的原址保护提供了成功的工程范例。

关键词:白鹤梁题刻 水下文化遗产保护 工程设计 三峡工程

Design of Underwater In-situ Protection Works for White Crane Ridge Inscription in Three Gorges Reservoir Area

Ge Xiurun, Zhang Rongfa

Changjiang Institute of Survey, Planning, Design and Research

Abstract: After the completion of the Three Gorges Project (TGP), the normal storage level of reservoir will be raised to 175 m and a large number of cultural relics need protection in TGP reservoir area. Due to the special geographic conditions and protection requirements, the protection schemes are formed finally after repeated proof. We describe the design idea and main design result of in-situ protection scheme of White Crane Ridge Inscription with the concept of *Non-Pressure Vessel*. The construction began in February of 2003 and the museum opened in May of 2009. It becomes the only relics-type underwater museum in the world and provides an example for the in-situ protection of underwater culture heritage.

Key words: White Crane Ridge Inscription, underwater cultural relic protection, scheme design, Three Gorges Project

1 概 述

1.1 白鹤梁古水文题刻

白鹤梁位于重庆市涪陵城北长江之中,因早年白鹤群集梁上而得名。白鹤梁是一砂岩天然石梁,白鹤梁背脊标高约为138 m,天然状态下它长年淹没在水中,仅在冬末长江枯水季节露出水面。题刻记载了唐广德元年起1 200余年间的72个枯水年

葛修润院士在论坛发言中

份的水位资料,堪称保存完好的世界"第一古代水文站"和世界罕见的"水下碑林"。白鹤梁古水文题刻是三峡库区的全国重点文物保护单位,在科学、历史和艺术等方面,都具有极高的价值。

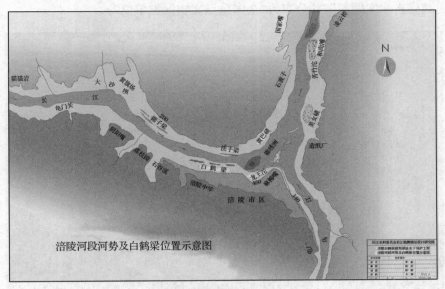

白鹤梁位置示意图

白鹤梁古水文题刻

　　白鹤梁称谓的演变,书志所载,略有不同。北魏郦道元著《水经注》记述:"白鹤梁,尔朱真人修炼于此,后乘鹤仙去。"南宋祝穆著《方舆胜览》记述:"州(涪陵)西一里白鹤滩,尔朱真人冲举之处。"皆言尔朱真人"仙去"、"冲举"之处为"白鹤滩"。前人编著的北宋地理总志《太平寰宇记》记载:"开宝四年,黔南上言,江(长江)心有石鱼见。上有古记云:广德元年二月,大江水退,石鱼见……"王象之编著的南宋地理总志《舆地纪胜》记载:"在涪陵县下,江心有双鱼,刻石上……"据此,白鹤梁也曾有过"涪陵石鱼"的称谓。清同治版《重修涪州志》在"白鹤梁"条目下注释:"尔朱真人浮江而下,渔人有白石者举网得之,击磬方醒,遂于梁前修炼,后乘白鹤仙去,故名。"民国版《涪陵县续修涪州志》也注释:"白鹤梁石鱼,在城西江心,旧志:尔朱真人浮江而下,渔人有白石者举网得之,击磬方醒,遂于梁前修炼,后乘鹤仙去,故名。"而直接把"白鹤梁"三字镌于石梁上的,则是清光绪辛巳年间的孙海。1988 年,国务院正式定名为"白鹤梁古水文题刻",并公布为"全国重点文物保护单位"。

白鹤梁题刻文保单位标识

白鹤梁古水文题刻,从唐至今逾 1 200 余年,发现有题刻 174 段。其中文字题刻 170 段(内有 7 段题刻查于资料记载,无拓片),石鱼 4 段(12 尾,其中附于文字题刻的线刻鱼 8 尾),观音像 1 段,白鹤梁图 1 段。共约 3 万余字。在现存的题刻中,唐代题刻遍搜石梁亦无明迹可寻。但是,在南宋王象之《舆地纪胜》中则有"唐大顺三年镌古诗甚多"的记载,在白鹤梁现存题刻和《太平寰宇记》中也有"(唐)广德元年二月江水退,石鱼见"的文字。说明白鹤梁上的题刻,在唐广德元年前就有了。

白鹤梁题刻之一

据"白鹤梁古水文题刻"辨认与有关书志资料记载,宋代题刻有 103 段,元代有 5 段,明代有 17 段,清代有 24 段,民国有 11 段,新中国有 3 段,年代不详的有 11 段。这些题刻,排列无序,依地就势,参差不齐。文字大者幅约 2 m 见方,小者幅长宽均不盈尺。最大圆雕石鱼长 2.8 m、宽 0.95 m,其余为浮雕线刻鱼,长 0.3~1 m 不等。题刻记载了自唐广德元年以来历代石鱼出水状况,当地农业丰歉与水位尺度等情形,是我国古代少有的长江枯水水文站,是珍贵的历史记录和难得的书法瑰宝。

在 174 段题刻中,有枯水水文价值的 114 段,它记录了历史上 74 个年份的枯水水位。在 12 尾石鱼中,以清康熙二十四年(公元 1685 年)涪州牧萧星拱重刻之双鲤的水文价值最高。据长江流域规划办公室重庆水文站实测,这对石鱼的眼睛海拔高程为 137.91 m,与现在水位标尺零点的海拔高程相差甚微。

白鹤梁题刻之二

1.2 白鹤梁古水文题刻科学、历史及艺术价值

(1) 科学价值

据目前所知,白鹤梁水文题刻不仅是我国而且是世界上目前所发现的时间最早、延续时间最长,而且数量最多的枯水水文题刻(埃及尼罗河中有类似的水文石刻题记,但数量远逊于白鹤梁),其历史价值已为世人瞩目。

白鹤梁题刻之三

在唐代,我们的祖先就创立了在白鹤梁上刻以"石鱼"为长江枯水水位标志的观察方法,在世界水文观察史上占有重要地位。这里的"唐代所见石鱼水标"要比 1865 年我国在长江上所设立的第一根水尺——武汉江汉关水尺早问世 1100 多年。据有关部门观测,白鹤梁唐代石鱼的腹高,大体相当于涪陵地区的现代水位站历年枯水位的平均值,而清康熙二十四年所刻石鱼的鱼眼高,又大体相当于川江航道部门当地水位的零点。根据这些石鱼水标及题刻,可以推算出共 72 个断续的枯水年份的水位高程。

白鹤梁所记载的 1200 多年的历史水文资料,系统地反映了长江上游枯水年代水位演化情况,为研究长江水文、区域及全球气候变化的历史规律提供了极好的实物佐证,也是葛洲坝、三峡工程设计的重要历史水文资料,具有极高的科学价值和应用价值。

(2) 艺术价值

白鹤梁古水文题刻具有很高的艺术价值,特别是书法艺术价值。

白鹤梁古水文题刻多出自历代文人墨客之手,在诸多人物题名中,以北宋著名文学家、书法家黄庭坚的"元符庚辰涪翁来"的题名最为著名。题刻内容或诗或文,或记事或抒情;题刻文字隶、篆、楷、行、草皆备,还有八思巴文字等;石鱼雕刻精巧流畅,颇具功力。因此,白鹤梁又被誉为"水下碑林"。

白鹤梁题刻之四

（3）人文价值

白鹤梁自古就是一处闻名胜景。据《涪陵县志》记载"涪陵八景"中的三景:"鉴湖渔笛"、"白鹤时鸣"、"石鱼出水"是围绕白鹤梁古水文题刻所形成的独特人文景观,也反映了白鹤梁与水域环境之间的相互关系。随着时代的发展和环境的变化,"鉴湖渔笛"和"白鹤时鸣"已淡化或消失,"石鱼出水"更是成为涪陵的重要景观。

白鹤梁题刻之五

1.3 工程保护前白鹤梁古水文题刻现状

1.3.1 白鹤梁地质状况

白鹤梁上部为较坚硬的石英砂岩,下部为较软弱的页岩。页岩易风化,被江水冲蚀和推移磨蚀形成凹槽,而砂岩突出于两侧凹槽之间形成石梁,白鹤梁古水文题刻就刻于该层砂岩上。

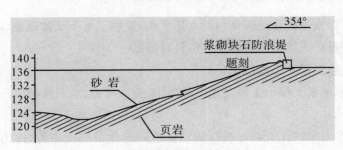

白鹤梁工程地质剖面图(东段)

白鹤梁北坡在宽 40 m 的范围内为石英砂岩形成的层面坡,坡度 15°～17°(从高程 138 m 左右降至 124 m 左右),在此斜坡上没有松散物堆积,在 40 m 以外,高程 124 m 以下,地形变缓,形成较平坦的河床,始有砂卵石堆积。

白鹤梁南坡呈低矮的陡坎,一般高 1.0～1.6 m,并有少量崩积石堆积,其与南岸之间的水道宽 100～150 m,为较平坦的河床,古称鉴湖,湖底高程 134.0～137.0 m,下游局部低至 130.0 m,鉴湖湖底多有砂卵石和块石堆积,局部含较多粉细砂,覆盖层厚度多小于 1m,靠南岸厚 1～3 m,局部厚达 5 m,鉴湖湖底基岩高程一般为 134～135 m,湖底基岩为页岩、粉砂岩和泥岩,因岩石多相变,抗冲刷能力也较差,局部被冲成浅坑,坑底高程可达 130～132 m。

1.3.2 题刻状况

白鹤梁古水文题刻长期淹没于水中,历经 1 200 余年,保存情况尚好,绝大多数题刻仍清晰可见,然而,长期受波浪冲刷和江水侵蚀等自然营力的破坏,题刻所在岩体表面已产生了各种环境地质病害。

主要问题有:裂隙变切;板、片状剥落;表面侵蚀岩体崩塌;船只撞击、锚爪刻画;游人践踏。

1.3.3 题刻本体保护

白鹤梁古水文题刻本体保护包括表面保护、整体加固处理。表面保护采用注射黏结和点滴渗透增强结合的方案;整体加固采取砂浆锚杆支护、块石砌筑与裂缝灌浆相结合的方案。

题刻本体保护工作由重庆市文物局组织实施,对白鹤梁古水文题刻原址水下保护工程设计及实施不构成影响。

1.4 白鹤梁古水文题刻保护工程研究内容

1.4.1 白鹤梁古水文题刻保护工程方案

1994 年以来,有关主管部门及科研单位为此开展了大量的研究论证工作,提出了许多方案,归纳起来有"水晶宫"方案和"就地保护、异地陈展"方案两类。第二类方案因存在重大技术、安全、经济及文物保护的原真性等问题而被否定。

如何实现深水下文物的原址、原样、原环境保护和观赏是一个世界性难题,国内外无可供借鉴的工程实例。2001 年葛修润院士提出"无压容器"概念修建水下原址保护工程,为保护工程的实施提供了可能。

"无压容器"方案是在白鹤梁原址上修建的内充长江清水的永久性保护方案,充分体现了文物保护"原址、原样、原环境"的保护原则,解决了以往"水晶宫"方案存在的重大技术及经济问题,避免了"就地保护、异地陈展"方案的"不保护"遗憾,使得白鹤梁古文物保护"绝处逢生"。"无压容器"处于

40 m深水下,通过平压净水系统保持壳体内外水压平衡,克服了水下文物原址保护所面临的地质和航运等方面的不利因素,保护壳体结构简单、经济,且可修复。

1.4.2　白鹤梁古水文题刻保护工程概况

涪陵白鹤梁题刻原址水下保护工程由地面陈列馆、交通廊道、水下保护体三部分组成。

（1）地面陈列馆

地面陈列馆沿长江南岸滨江大道与长江防洪堤之间绿化带部位布置,作为水下参观出入口及水下保护体之地面标志建筑。主要功能为人流集散、为水下保护体提供设备支持、办公及管理、陈列与展览。同时提供沿江观景平台,改善沿江景观,形成以白鹤梁题刻为背景的人文景点。

（2）交通廊道

为就近观赏题刻,提供上、下游两条交通通道,以承压廊道自地面陈列馆至水下保护体内环绕一周,连接地面陈列馆与保护体为交通廊道;保护体内近题刻处为参观廊道,以承压窗口通视题刻。

（3）水下保护体

水下保护体由保护壳体结构、参观廊道和鱼嘴防撞墩三部分组成。水下导墙平面由四段圆弧相切组成弧状;钢筋混凝土穹顶平面呈椭圆布置;水下保护体平面长轴70 m、短轴23 m,顶标高143 m;鱼嘴防撞墩位于水下保护体上游,平面由四段圆弧相切形成凸凹弧状。

参观廊道与钢筋混凝土水下保护体对应布置,采用钢结构管道的承压结构,并开设承压玻璃窗满足通视要求,整体平整布局为"U"字形,沿外江侧水下混凝土导墙内壁单边设置。

白鹤梁地面陈列馆鸟瞰图

1.4.3　白鹤梁古水文题刻保护工程研究内容

如何实现深水下文物的原址、原样、原环境保护和观赏是一个世界性难题,国内外无可供借鉴的工程实例。2001年至2008年,全国30多家科研、设计、工程单位通过多种方式合作研究与实践,集成文物、水利、建筑、市政、航道、潜艇、特种设备等多专业、多学科的技术,采用"无压容器"概念修建水下原址保护工程,实现了白鹤梁古水文题刻的原址、原样、原环境保护和观赏。

(1)"无压容器"工程方案研究

按照"无压容器"原理,确定保护工程方案布置,进行水工模型试验研究、通航影响论证与研究、三维非线性有限元数值分析、水下参观廊道方案研究、安全监测系统方案研究和施工方案研究等。

(2)平压净水系统方案研究

为确保40 m的深水下保护壳体结构的安全,实现内外水压的动态平衡,平压净水系统保证了壳体内水质的清澈透明,提高水下观赏效果,维护了白鹤梁与长江水环境之间的相互关系。

(3)深水照明及遥控观测方案研究

针对白鹤梁古水文题刻的特点,从文物保护、设备安装维护方便和安全等因素考虑,深水照明系统采用了可靠性高、寿命长、耐高压(承受5 MPa压力)、亮度高、显色性好、水中维护方便的LED照明方案。采用大功率节能LED为光源的照明灯具,便于水中安装和更换灯具,供电方式采用先进的水中插拔技术。

(4)白鹤梁文物保护工程涉及文物、水利、建筑、市政、航道、潜艇、特种设备等多专业、多学科的技术,为了实现国家重点文物白鹤梁题刻的水下原址保护,长江勘测规划设计研究有限公司还邀请了多家科研单位、大学开展了多项专题研究:

a. 白鹤梁文物保护工程对航道条件影响及航道安全保护措施论证研究;

b. 白鹤梁文物保护工程三维非线性结构分析;

c. 白鹤梁文物保护工程水平交通廊道(沉管方案)专题研究;

d. 白鹤梁文物保护工程参观廊道专题研究;

e. 白鹤梁文物保护工程模型试验研究;

f. 白鹤梁文物保护工程安全监测专题研究;

g. 白鹤梁文物保护工程施工专题研究。

2 "无压容器"工程方案研究

2.1 "无压容器"方案

2001年2月国家对白鹤梁古水文题刻决定采取就地泥沙掩埋、修建复制品白鹤塔的保护方案。白鹤梁将被泥沙长久掩埋在长江中,在此关键时刻,葛修润院士提出了具有创新意义的"无压容器"原址水下保护概念方案,并得到时任国务院总理朱镕基同志的肯定。国务院三建委于2001年9月同意对"无压容器"方案进行可行性研究。

a. "无压容器"概念

使水下保护体内的水压力与长江水压力保持平衡,即保护壳内外压力平衡——"无压容器"。

b. "无压容器"保护方案的基本原理

水下保护工程是在拟保护的白鹤梁上兴建一座"无压容器",容器内是过滤后的长江清水,通过专门的循环水系统按需要定期将滤过的江水泵入或泵出容器,保持容器内水压与外部的江水压力平衡,使白鹤梁仍处于长江水的保护之中。

水下保护体结构处于内外水压平衡的工作状态,只承受水库风浪力及淤积泥沙作用于外侧的压力、自重荷载等,壳体结构简单、经济,且具有可修复性。

水下保护体内设承压的参观廊道,并设计了水下照明和水下摄像系统,人们通过参观廊道玻璃观察窗观赏题刻,也可通过水下摄像系统实时观赏题刻。在参观廊道内设置蛙人孔,供工作人员或其他人员潜水进入保护体内开展研究、观赏和维修工作。在低水位情况下,进行水下工程的维护工作。建设地面陈列馆为交通廊道和水下保护体提供参观展览、设备维护和研究管理空间。

"无压容器"方案解决了"水晶宫"方案存在的重大技术及经济问题,避免了"就地保护、异地陈展"方案的"不保护"遗憾,使得白鹤梁古文物保护"绝处逢生",符合文物原址原样原环境的保护原则,且工程投资较低,成为实施方案。

2.2 工程总体设计

2.2.1 工程建设条件

白鹤梁所处的涪陵江段位于三峡水库的变动回水区下段。白鹤梁上部为较坚硬的石英砂岩,下部为较软弱的页岩,地质条件较差。在江水的长期冲刷下,页岩掏蚀,砂岩崩塌,已使部分题刻损坏。虽然对白鹤梁石刻进行了表面保护和整体加固处理,但经过一二百年淤泥埋藏,水下环境复杂,将无法确保题刻的完好,再挖掘难度亦更大。

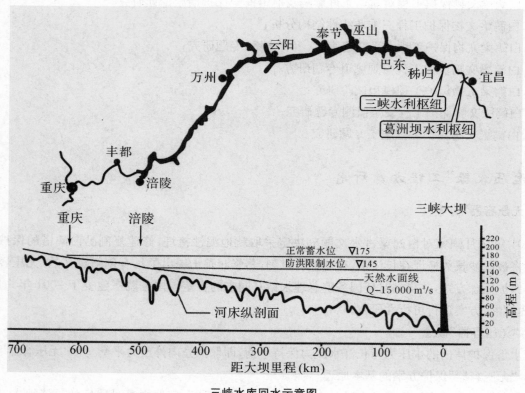

三峡水库回水示意图

白鹤梁紧靠涪陵深水航道

三峡水库蓄水后的白鹤梁

2.2.2　工程保护范围

　　白鹤梁古水文题刻长约 1 600 m，宽约 10～15 m，距南岸 150 余 m，石梁与江水平行，呈东西走向，长期受江水冲刷自然形成上、中、下三段，主要题刻分布于中段。其中中段东区长约 45 m、宽约 10 m 范围为石刻密集区域，包括著名的唐代双鱼等重要题刻 138 则，为题刻重点保护区。从题刻重要性、工程一次性投资及运行维护费用等综合分析，以题刻主要分布的中段东区为工程保护范围，对其他区域零散的脱落题刻拟搬入陈列室陈展。

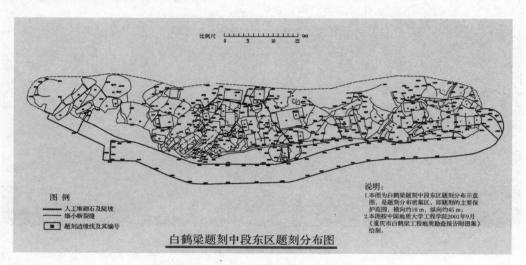

白鹤梁古水文题刻中段东区题刻分布图

2.2.3　题刻本体保护

　　白鹤梁古水文题刻长期淹没于水中，历经 1 200 余年，保存情况尚好，绝大部分仍清晰可见，然而，长期受波浪冲刷和江水侵蚀等自然的破坏，题刻所在岩体表面产生了裂隙变切、剥落、侵蚀、崩塌、撞击、刻画等环境地质病害。

　　在保护工程实施前，对白鹤梁古水文题刻本体采用了表面保护和整体加固处理，为保护工程的设计及实施创造了良好条件。

2.2.4　总体布置

　　本工程应具有原址保护和展示的功能，工程由地面陈列馆、交通及参观廊道、水下保护体三部分组成，并选定 143 分廊方案即水下保护拱顶高程 143 m，上、下游分开设置交通廊道方案作为实施方案。

　　(1) 水下保护体

　　水下保护体为椭圆形平面的单跨拱形壳体结构，覆盖在白鹤梁古水文题刻正上方，壳体内置换清水，满足参观通视要求，内外水压平衡形成"无压容器"，永久保护题刻不受泥沙淤埋和冲淘破坏。

　　水下保护体处于约 40 m 深的长江水中，位于长江主航道一侧。三峡工程蓄水后，它将在变动深水中长期运行。

　　根据水工试验，确定了保护体外轮廓尺寸及各部位高程，不影响航道和防洪要求前提下，椭圆保护体内径长轴 64 m、短轴 17 m，外径长轴 70 m、短轴 25 m，拱顶高程 143 m。水下导墙厚 3～4 m（兼作纵向施工围堰），采用水下混凝土浇筑，水下钻孔小型钢桩锚固。水下保护体穹顶拱壳采用钢桁架与钢筋混凝土联合结构，承担壳体中央下缘的拉应力。在保护体上游方向布置鱼嘴以防止船只撞击，同时壳体结构承受一定的船只撞击。工程中交通廊道采用砌石体、混凝土护面保护。

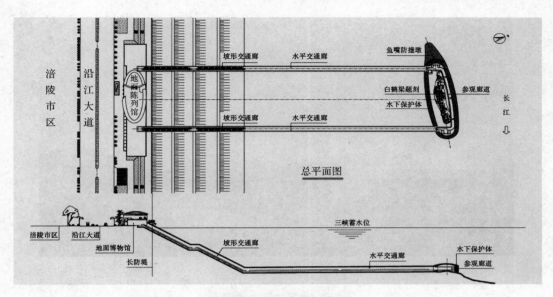

白鹤梁题刻博物馆整体剖面图

（2）参观及交通廊道

参观廊道采用钢质管道结构，沿水下保护体外江侧内壁成"U"形布局，靠题刻侧开设承压玻璃窗满足对题刻的观赏要求。参观廊道按能承受 60 m 水头的潜水器标准进行设计，既要满足游客参观的需求，又要使潜水员能出舱进入保护体内进行潜水作业，应用了特殊的潜艇技术，采用了耐压金属结构和特种玻璃窗技术。参观廊道两端局部放大形成"8"字形设备间，并设蛙人出入口。全长由 4 道水密门将舱壁分为三个独立舱室，保证特殊情况下安全。参观廊道迎向题刻一侧设 23 个观察窗及 4 座与水下摄像系统连接的遥控观察台。

交通廊道分上、下游两条垂直堤岸布置，连接参观廊道和地面陈列馆形成交通与疏散环路。交通廊道结合自然地形布置，沿长江防护堤坡段为坡形交通廊道，江底段为水平交通廊，为钢筋混凝土承压廊道。坡形交通廊道设步行梯道及自动扶梯。

（3）地面陈列馆

地面陈列馆沿长江南岸滨江大道与长防堤之间绿化带部位布置，作为水下参观出入口及水下保护体之地面标志建筑。主要功能为人流集散、为水下保护体提供设备支持、办公及管理、陈列与展览。同时提供沿江观景平台，改善沿江景观，形成以白鹤梁古水文题刻为背景的人文景点。

2.2.5 城市景观设计

由于工程需要，地面陈列馆拟建于沿江大道与长防堤之间的绿化带中，景观设计尤为重要。设计中遵循重庆市涪陵滨江区规划思想，结合长防大堤及沿江大道建设要求，将白鹤梁题刻原址水下保护工程作为沿江观景带上的一个重要节点，强调建筑与周边环境协调统一。

（1）总体布置上保持沿江景观带的连续性，保证观景平台和人行道高低两条观赏路线的贯通。

（2）在保护工程设计过程中，尽量缩减建筑体量，降低建筑高度，避免对环境的破坏。坡形交通廊道采用浅埋式，部分体量埋入长防大堤。岸上陈列馆主要为一层空间，通过立面的虚实处理，分解成多个不同形式的构图要素，减少建筑体量。

（3）注重第五立面设计，结合陈列馆的建设，设置开放性绿化屋面，保持绿化带的连续性。

白鹤梁题刻博物馆

（4）注重多个角度、方位的景观设计。在建筑两侧与大堤的衔接部分,采用坡形绿化保证视觉景观的顺利过渡,外江侧坡形交通廊道与观光平台连接处,通过局部悬挑处理,使得江上景观更加完美。

（5）注重自身建筑形体的塑造,挖掘白鹤梁丰富的历史文化内涵。从高处远眺,演示厅为头,水景内院为身,岸上陈列馆与水中保护壳体在空间、形式上互动。

（6）注重保护工程内部空间的组织,特别是椭圆形内院的景观设计。水景庭院周围环廊高达两层,中部布置有一处参观塔,为游客提供丰富多彩的视觉空间。

（7）设计中将水平向交通廊道的高程适当调低,水下保护壳体仅在三峡水库初期蓄水枯水位时主体外露。

2.2.6 竖向设计

在白鹤梁题刻地段,涪陵沿江大道地面高程 175.7 m,地面陈列馆临沿江大道布置,室外地面高程

175.9 m,以 0.3‰坡向沿江大道。地面陈列馆室内±0.000 相当于绝对高程 176.2 m,室内外高差 0.3 m。

2.2.7 交通设计

（1）室外交通流线

沿江大道→入口广场,分流至主入口、办公入口、疏散出入口

（2）地面陈列馆交通流线

主入口→水景内院,分流至水下参观入口门厅、地面展示厅、水下参观出口门厅、演示厅、办公入口、设备用房出入口

（3）水下参观流线

水下参观入口门厅→下游交通廊道→题刻参观廊道→上游交通廊道→水下参观出口厅→疏散出口

水下保护工程方案一效果图

2.3 建筑设计

根据建筑物重要性及运行维护等因素确定建筑物等级为一级,耐久年限为 100 年以上。

考虑水下交通及参观廊道火灾危险性及疏散和扑救难度确定水下建筑耐火等级为一级,地面建筑耐火等级为二级。地面陈列馆屋面防水为一级防水,水下建筑物抗渗等级为 S12。

（1）地面陈列馆:主要功能为展示、水下参观出入口、办公及设备用房。同时提供沿江观景平台,改善沿江景观,形成以白鹤梁题刻为背景的人文景点。

（2）交通廊道:提供地面陈列馆与水下题刻参观廊道连接通道,提供水下部分设备通道。要求满足消防疏散要求及设备运行要求,并应线路简洁,减少线形空间压抑感,提高舒适度。同时也要减少对长防大堤结构、长江行洪、沿江堤岸景观的不利影响。

（3）参观廊道:作为近题刻观赏空间,要求具有较好的观察角度及适宜视距,满足站位观赏及交通流线所需适宜空间尺度,具有较好的舒适性。同时要具有防火功能,防突发事故功能,以及对水下承压窗等进行检修更换的功能。

（4）水下保护体以壳体结构覆盖白鹤梁题刻，永久保护题刻不受泥沙淤埋和冲淘破坏，要求壳内置换清水满足参观通视条件，保持内外水压平衡，内空尺寸能满足参观廊道布置，能使参观廊道有良好的题刻观察点。

2.3.1 平面设计

（1）地面陈列馆：总建筑面积 1 650 m²，长 98 m，宽 17 m，由参观展览用房、设备用房、办公管理三大功能区组成。一层布置主入口、水景内院、水下参观出入口厅、地面展厅、演示厅及水、电、空调及消防设备用房，二层为屋顶花园及办公管理用房。参展空间集中于廊道出入口部位，设备及办公管理用房分置两翼。城区方向设主入口，以水景内院组织人流。功能分区明确，交通流线简洁。

（2）交通廊道：分上、下游两条设置，连接地面陈列馆与水下参观廊道形成环形通道。沿堤坡为坡形交通廊道，沿江底为水平交通廊道，均为线形平面，总长 290 m，宽 2.7 m。内部空间分为 1.4 m 宽双人步道（或梯道）及 0.9 m 宽单人自动扶梯（分段预留）。扶梯与步梯步道共用休息平台，长 6.5 m，宽 2.7 m。交通廊道单侧设展示空间，以拓展视觉空间，形成展廊式通道，改善空间的压抑感与单调感，提高舒适性。

（3）参观廊道：平面为"U"形，支撑于保护体内壁，围绕题刻布置。廊道净宽 2 m，总长约 80 m，按潜艇分舱方式以承压水密门分为三个舱室。靠题刻侧以间距 1.2 m 开设 D=0.6 m 圆形承压玻璃窗。上、下游方向各设支舱作设备用房及车用卫生间。上游出口处设蛙人进出检修舱。廊道外侧沿观察窗下部连接蛙人出口处设置水下观察窗检修平台，廊道上方设手动吊物滑道。

（4）水下保护体：根据内部题刻分布形状及外部水流条件，拟定保护体采用椭圆形平面、拱壳顶结构，内空长轴 64 m，短轴 17 m，满足参观廊道布置要求，并能取得较好的观察窗视角视距，能保证参观廊道距题刻及拱顶的基本安装净空要求。保护体拱顶位于蛙人出口处上方设吊物孔，配合设备安装检修使用。

2.3.2 立面设计

建筑立面设计综合考虑白鹤梁保护工程独特的历史文化特点，以简洁、朴素、现代为主基调。水下保护壳体和交通廊道由于功能要求，以实体混凝土为外表面，不做任何修饰处理。地面陈列馆为了满足观光游览休憩的需要，通过空间的封闭和开敞，创造协调多样与具识别性的新颖建筑形式，利用连续、序列、节点、对景、标志物设置等处理手法，形成活泼丰富的专业博物馆形象。

立面处理上针对沿街立面低长的特点，设计将其分为三个部分：两端均以实墙为主，中间变虚形成陈列馆的主入口，入口右侧的弧形墙与左侧外挑的波形薄膜结构产生强烈的视觉呼应，从而将游客自然地引入。整个沿街景观高低错落、变化有致，并试图在具体手法上借鉴白鹤梁题刻丰富多彩的历代书法雕刻艺术作品，通过形式多样的线面组合弱化建筑体量，使工程融入自然、融入历史。

2.3.3 剖面设计

（1）地面陈列馆：为局部二层框架结构，室外地面 ▽175.9 m，室内地面高程 176.2 m，一层层高 5.4 m，二层局部办公用房层高 3.6 m。

（2）坡形交通廊道：坡形廊道外露尺寸的降低，有利于长江行洪过流，也有利于沿江景观，但埋深过大会对工程实施及地面陈列馆进深带来不利影响。经综合比较，本方案用贴坡浅埋方式，埋深约 2 m，以不影响防洪。

（3）水平交通廊道：为避免水下基岩过大开挖，保证交通流线便捷，以直线连接坡形交通廊道及参观廊道。拟定水平交通廊道地面高程自 ▽136.2～137.2 m，纵坡 0.7% 作为地面排水坡。

（4）水下保护体：拱顶高程受枯水位通行条件控制，可研及专题研究确定最大拱顶高程不超过 ▽143.0 m，为最大限度改善参观题刻视角并兼顾结构受力条件，以 ▽143.0 m 作水下保护体拱顶高程。

（5）参观廊道：保护体拱顶▽143.0 m时，从协调结构受力及施工安装工艺要求等因素考虑，参观廊道地面高程最大值为▽137.30 m，与水平廊道接口处高程为▽137.2 m，纵坡0.3%作地面排水。参观廊道横断面净宽2.0 m，净高2.2 m。送排风、强弱电、喷淋水系统沿吊顶内布置。

3　工程实践

3.1　工程运行情况

白鹤梁水下博物馆各系统设备有：水下照明系统、水下摄像系统、循环水系统、供气系统、工程安全监测系统、给排水系统、安全防范视频系统、防雷与接地系统、通讯系统、配电系统、自备发电机组、自动扶梯、通风与空调系统、自动喷淋系统、火灾自动报警及联动控制系统、防烟与排烟系统、文物清洗系统、潜水员舱控制系统、紧急救援系统、照明系统等20项，总配电负荷758 kW。上述各系统设备，技术先进、自动化程度高，除特殊设备外，操作简便，但维护、维修强度大。

3.1.1　深水照明系统

负荷8 kV/L，平均每天运行近9小时。出现故障的两盏灯具已用备用灯更换，运行基本正常。

3.1.2　水下摄像系统

负荷6 kV/L，平均每天运行9小时。在水下保护体内28个摄像机有3个出现故障，已排除并在使用中。运行基本正常。

3.1.3　供气系统

负荷30 kV/L，平均每60天运行10天，每天8小时。按期将各压力仪表报送当地技监单位测试，定期清洗过滤网，更换滤芯3次，制气、储气、管路输送及控制运转正常。

3.1.4　循环水系统

负荷40 kV/L，除停电外，一直在运行中。平均每月排泥10次，反冲洗2次。精密过滤器滤芯更换4次，活性炭更换1次。运行基本正常。

3.1.5　水下保护体内"清洁"维护

潜水员对水下保护体内的文物题刻表层进行清洗，水下照明系统灯具、水下摄像系统机具擦拭，对观察窗迎水面玻璃进行清洁、取样，检查设备设施等。

3.2　工程运行效益

重庆白鹤梁水下博物馆于2010年4月24日开放运行。截至2011年4月30日，累计接待观众12万余人次，实现门票收入290多万元，除每周一闭馆维护设备设施外，基本保持天天开放。完成了一级接待3次，二级接待6次，三级接待27次。出色完成了接待党和国家领导人李长春、吴官正、孙家正，原国家文物局局长单霁翔，重庆市市长黄奇帆，重庆市政协主席邢元敏和国家机关、兄弟省市领导同志，中科院、中国工程院院士4人，同行业单位领导及专家600余人次，国外领导人、国际友人、国外同行，水下文化遗产保护展示与利用国际学术研讨会等10余个国家的专家学者、海峡两岸交流团体等接待任务。在接待观众中，70岁以上的老年人、军人、残疾人等免费观众3万余人次，单位团体参观600余次，58个旅行社组团参观200余次。接待电视媒体、网络媒体、平面媒体等国内外记者700余人次，并相继进行了专题报道，取得了较好的社会效益和一定的经济效益。2011年4月荣获"重庆文明风景旅游区"称号。

3.3　工程观测及监测

根据光纤传感监测数据分析,测点反应的应变状态为受压状态,受压应变幅值不大,全部测点反应变化在合理范围内,特别是白鹤梁工程经历了汶川大地震余震和三峡大坝蓄水的考验,工程应变变化较小,表明结构安全。

电测传感数据表明,钢筋计最大压应力 22.89 kN,基岩变形计表现为闭合状态,界面应力表现为受压,测缝计表现为闭合。说明水下保护体形成以后到现在,数据变化在设计允许范围内,结构处于弹性状态,结构物处于安全状态。

4　结　　论

白鹤梁题刻是1988年国务院公布的第三批"全国重点文物保护单位"之一,题刻记载了自唐广德元年起 1 200 余年间的 72 个枯水年份的水位资料,堪称保存完好的世界"第一古代水文站"和世界罕见的"水下碑林"。题刻囊括了各派书法,尤以宋代大文学家黄庭坚的题名为典型。其水下碑文多、题记内容丰富、水情记录翔实,与长江及环境浑然一体,具有极高的历史、艺术、科学和社会价值,在 1 087 处三峡库区需抢救和保护的文物中位列第一。2001 年 2 月,在决定放弃白鹤梁题刻原址保护的关键时刻,葛修润院士创新性提出了采用"无压容器"概念兴建原址水下保护工程。该方案在充分尊重和研究文物价值的前提下,最大限度地保留了白鹤梁题刻的历史信息,既满足了三峡工程蓄水的需要,同时保证了文物保护的真实性、完整性、观赏性和延续性,符合国际文化遗产保护《威尼斯宪章》的要求。

白鹤梁题刻原址水下保护工程融合了全国 30 多家科研、设计、工程单位的智慧,集成文物、水利、建筑、市政、航道、特种设备等多学科专业的技术,解决了在深水条件下保护古代遗存的世界性难题,目前国内外尚无可供借鉴的工程实例。

三峡水库蓄水后,白鹤梁题刻将永久淹没在 40 余米深的江水下,如不及时保护,文物将掩埋在三峡水库泥沙之中,其科学和人文价值将受到无可挽回的损失。经充分研究论证,采用"无压容器"方案对白鹤梁题刻进行保护:在白鹤梁题刻上兴建一座壳体容器,容器内是通过专门的平压净水系统过滤后的长江清水,保持容器内水压与外部的江水压力平衡,题刻处于平压状态;水下保护壳体结构处于内外水压平衡的工作状态,壳体结构简单、经济;水下保护体内设置承压的参观廊道,并设计了水下照明和遥控观测系统,人们经地面陈列馆及交通廊道进入参观廊道观赏题刻,亦可通过遥控观测系统实时观赏;在参观廊道内设置蛙人孔,供工作人员或其他人员潜水进入保护体内开展研究、保护和维护工作。保护工程由水下保护体、交通及参观廊道、地面陈列馆三部分组成,总建筑面积 8 433 m²,工程总投资 1.9 亿元。

白鹤梁题刻原址水下保护工程是世界博物馆类型当中第一座遗址类水下博物馆,2008 年 11 月主体工程调试运行。6 年运行监测资料表明,保护体内外水压达到了动态平衡,水质清澈满足观赏要求,保护工程的变形在允许范围内,工程结构和参观者安全得到保障,船舶航行情况正常,白鹤梁题刻文物保护环境更好、更稳定。

白鹤梁题刻独特的保护方式丰富和创新了国际文化遗产保护理念和成套技术,也向世界展示中国尊重历史文化的文明形象,现已列入国家申请世界文化遗产名录的预备清单。保护工程获 2009 年度全国文物保护科学和技术创新一等奖,列入《中国文物保护准则案例阐释》;《白鹤梁的沉浮》一文已列入小学语文教科书,保护工程也列入高考题目,具有广泛的社会影响。本工程的建成为以后类似的保护工程提供了范例,其"无压容器"理念、工程布局方案、平压净水技术、深水照明与遥控观测技术和水下施工技术等可为文物保护和其他工程的研究、设计、实施提供借鉴。

白鹤梁题刻原址水下保护工程自建成以来,受到了国际文化遗产保护界的广泛关注和高度评价,联合国教科文组织在其网站上对白鹤梁工程进行了高度评价,并于 2010 年 10 月 24 日至 26 日联合中国文化遗产研究院和重庆市文物局,在重庆召开了"水下文化遗产的保护、展示与利用国际会议",总结意见认为:"白鹤梁水下博物馆即是就地保护的典型个案。这是第一座已完工的水下博物馆,是为了保护长江上中国重庆涪陵区的'白鹤梁题刻'而建。这座史上第一座水下博物馆展示了世界上最古老的水文题刻,记录了长江水位 1 200 年间的变化。博物馆的建造采取了拱形的无水压结构,解决了许多工程和技术上的难题,同时也造就了就地保护水下遗产的国际先例。"

联合国教科文组织《保护水下文化遗产公约》秘书乌尔里克·格林评价:"白鹤梁水下博物馆和南海一号沉船博物馆这两座博物馆在其各自类别中都是'世界第一'。"

国际古迹遗址理事会(ICOMOS)共享遗产委员会在 2013 年 11 月 16 日的"工程·文化·景观"国际研讨会的总结文件中指出:"这次研讨会集中展示了以白鹤梁题刻水下原址保护工程为代表的一批水利、铁路、桥梁等工程与文化遗产保护相结合的高水平案例,不仅仅是对中国,而且对世界范围的文化遗产保护事业同样有着示范和推动作用。"

此外,2010 年 11 月,《白鹤梁题刻原址水下保护工程研究与实践》获国家文物局 2009 年度文物保护科学和技术创新奖一等奖。《涪陵白鹤梁题刻原址水下保护工程可行性方案研究报告》获 2002 年度全国优秀工程咨询成果奖二等奖。

白鹤梁题刻原址水下保护工程的创新首先在于:创建性提出"无压容器"的保护原理,实现文物"原址、原样、原环境"保护。

白鹤梁题刻的价值取决于文物的真实性和完整性,异地保护虽然技术和经济方面的问题相对难度低,但无疑将严重破坏文物的历史信息和价值。"无压容器"方案解决了以往原址保护方案("水晶宫"方案)存在的重大技术及经济问题,使得白鹤梁古文物保护"绝处逢生",符合文物"原址、原样、原环境"的保护原则,且工程投资较低,成为可实施方案。

"无压容器"保护方案基本原理:在需保护的白鹤梁题刻上兴建一座保护壳体结构——容器,容器内是经专门的平压净水系统处理后的长江清水,保持容器内水压与外部的江水压力平衡,保护壳体只承受自重荷载、水库风浪力、浮力及淤积泥沙作用于外侧的压力,使容器基本处于平压的工作状态。

保护体结构采用椭圆形平面、拱壳顶结构,内空长轴 64 m、短轴 17 m,由于不再考虑巨大的水头压力,拱壳结构高度大大降低,壳体结构简单、体量较小,所占据的河道过流面积相对较小,不会影响该河段行洪。即使在三峡水库低水位运行条件下,也不影响长江航道的通航,解决了通航给保护工程带来的安全问题。

平压净水系统按需要定期将滤过的江水泵入或泵出保护体内,并通过"双向水质专用过滤器"与外江连通,使保护体内的水压力与壳体外的长江水压力保持平衡,题刻处于水压平衡的状态,避免了题刻受渗透水压力抬动而遭破坏,题刻仍处于长江清水的保护之中。

为满足游客、专业研究及潜水员出舱进入保护体内进行潜水作业的需要,在保护体内设置了承压的金属参观廊道,参观廊道上设置了供参观的玻璃观察窗。

保护体内设计了水下照明和遥控观测系统,人们经岸上的地面陈列馆及交通廊道进入参观廊道,通过玻璃观察窗观赏题刻,也可通过遥控观测系统在参观廊道或陈列馆内实时观赏题刻。

在参观廊道内设置蛙人孔,供工作人员或其他人员潜水进入保护体内开展研究、观赏和维护工作。

其次,白鹤梁题刻原址水下保护工程创建了独特的平压净水系统,实现"无压容器"构想和原环境保护。

白鹤梁题刻的原环境构成了文物的独特背景。按照《威尼斯宪章》、《世界遗产公约》等国际公约的要求,文化遗产的背景环境与文物应一体保护。平压净水系统集成了安全保障系统等成套技术,适应了三峡水库水位涨落和泥沙变化,维持保护体内外水压平衡,净化了水下保护体内水质,为文物提供了更好、更加稳定的保存环境,并确保主体结构和人员的安全。为今后进入《世界遗产名录》打下了坚实的基础。

第四,白鹤梁题刻保护工程水下施工难度大,为最大限度地保证文物安全,在施工技术上,采用围护壳体与围堰相结合方案,实现水平廊道干地施工;采用了水下不分散混凝土新材料、新工艺。

水下保护体(围护壳体)采用椭圆形平面、拱壳顶结构,内空长轴 64 m、短轴 17 m,水下导墙建基面高程约 131~136 m,墙厚 3.0~4.5 m,保护壳体厚 1.0 m,尺寸较大,水下导墙混凝土为水下施工,保护壳体混凝土需整体浇筑。

水下保护体和交通廊道为水下建筑物,施工难度大,同时为适应三峡工程提前蓄水要求,本工程需在 2 个枯水期施工完成,工期紧。

根据白鹤梁水下保护体结构平面布置特点,鉴于文物保护工程的特别重要性和事故后不可修复性,为确保工程质量,经专题研究和多种方案比选,确定采用修筑围堰,实现主体工程干地施工方案。

考虑到长江水位变化情况,在枯水期修筑围堰。施工围堰由两道横向围堰和一道纵向围堰组成。传统围堰是指修建临时围堰,主体工程与围堰相对独立,在水下保护体外侧用混凝土或土石修建顺流向纵向过水围堰,在水平交通廊道上、下游各修建一道土石过水围堰,并进行防渗处理,形成一个大的封闭圈,然后抽干基坑,使水下保护体及交通廊道均在干地施工。但形成大基坑抽干后,渗水压力对文物所在岩体有较大的顶托力,将对文物造成损害,纵向土石围堰防冲难度较大,同时受到航运影响,本项目采用传统围堰是不合适的。

为解决以上诸多矛盾,在施工技术上采用围护壳体与围堰相结合方案:利用水下保护体导墙作为纵向围堰一部分,在导墙上下游修筑混凝土纵向围堰,水下交通廊上下游各修建一道土石过水围堰,并进行防渗处理,然后抽干基坑,使水平交通廊道实现干地施工,顶拱施工也基本上在水上进行。经工程实践,确保了工程进度和质量。

采用水下不分散混凝土施工水下导墙,使混凝土在水中不分散、不离析,流动性好,自流平,自密实,不需振捣,减小了施工难度,缩短了施工工期。

白鹤梁题刻原址水下保护工程项目研究与国内外同类研究的比较:

白鹤梁题刻位于涪陵城北长江水中,长江主航道边,水文地质条件复杂。三峡工程正常蓄水后白鹤梁题刻将隐于水下 40 m 深处,此类水下文化遗产保护问题在国内乃至全世界罕见,亦无成功范例。白鹤梁题刻原址水下保护工程研究采用"无压容器"概念兴建,保护方案解决了复杂软弱地质条件下文物的安全保护,达到了"原址、原样、原环境"的保护目的,实现了人们常年观赏白鹤梁题刻的梦想,是我国也是世界博物馆类型当中唯一的遗址类水下博物馆。

平压净水系统适应江水涨落变化,维持保护体内外水压平衡,保护体结构处于无压差工作状态,确保主体结构及文物在变动深水中的长期运行安全;平压净水系统还净化了水下保护体内水质,让题刻处于长江水的保护之中,实现了观赏白鹤梁题刻的目的,该系统为国内首创。

深水大功率 LED 照明系统为观赏题刻提供了可能,是国内最早成功应用 LED 照明技术的照明工程,也是国内唯一的深水大面积大功率 LED 照明工程。

埃及亚历山大港发现的水下皇宫从提出至今已经多年,迟迟没有进展,重要原因就是技术和经济问题——挑战这一海湾昏暗水域以提高隧道内的能见度,如何确保博物馆的坚固性,以经受住水流考验,以及建设所需的高昂费用。

墨西哥海滨旅游胜地坎昆水下博物馆于 2011 年 11 月建成开馆,号称世界首创海底博物馆,它仅仅是将当代艺术家雕刻的人体雕像放入海底,目的是把大量游客从珊瑚礁吸引过来,保护海洋生态环境。

在 2010 年水下文化遗产保护展示与利用国际学术研讨会上,专家们一致认为"白鹤梁水下博物馆是三峡文物保护工作的重点工程。这座博物馆按照'原址建馆、原环境保护、原状态展示'的全面保护理念建设,与联合国教科文组织《保护水下文化遗产公约》(2001 年)中强调的'让公众了解、欣赏和保护水下文化遗产,鼓励人们以负责的和非闯入的方式进入仍在水下的文化遗产,以对其进行考察或建立档案资料'的理念是完全一致的"。

参考文献

[1] 中国文化遗产研究院. 2010 年水下文化遗产保护展示与利用国际学术研讨会论文集[C]. 北京:文物出版社,2011

[2] 重庆文物局,重庆市移民局. 忠县石宝寨[M]. 北京:文物出版社,2013

[3] 国家文物局水下文化遗产保护中心. 水下文化遗产行动手册[M]. 北京:文物出版社,2013

[4] 中国国家博物馆水下考古研究中心. 水下考古学研究:第一卷[M]. 北京:科学出版社,2012

[5] 广东省文物考古研究所. 2011 年"南海一号"的考古发掘[M]. 北京:科学出版社,2011

[6] 赵亚娟. 联合国教科文组织《保护水下文化遗产公约》研究[M]. 厦门:厦门大学出版社,2007

[7] 无锡文化遗产局. 文化线路遗产的科学保护论文集[C]. 南京:凤凰出版社,2010

[8] 镇雪峰. 文化遗产的完整性与整体性保护方法[D]. 上海:同济大学,2007

[9] 丁援. 文化线路——有形与无形之间[M]. 南京:东南大学出版社,2011

附：工程照片

1. 下游围堰施工

2. 水下导墙整体模板

3. 水下导墙完工情况

4. 上下游水平廊道施工

5. 参观廊道生产、运输和安装

6. 保护体穹顶施工

7. 白鹤梁工程施工夜景

8. 2005 年底白鹤梁工程进入尾工

9. 坡形交通廊道和自动扶梯

高速铁路选线与古遗迹保护

——以京沪高速铁路安徽凤阳段选线与明皇陵保护为例

王玉泽　黄盾

（中铁第四勘察设计院集团有限公司总工程师，全国工程勘察设计大师）

摘要： 本文重点阐述京沪高速铁路安徽凤阳段选线过程中正确处理好铁路线位与全国重点文物保护单位——明皇陵的关系的过程及其绕避方案，并就如何处理好铁路建设与各类保护区、古迹、文物等的相关关系进行讨论。

关键词： 高速铁路　选线　明皇陵　保护

High-speed Railway Line Selection and Protection of Historical Sites

Taking Selection of Anhui Fengyang Section of Beijing-Shanghai High-speed Railway and Protection of Imperial Tombs of Ming Dynasty for Example

Wang Yuze, Huang Dun

China Railway SIYUAN Survey and Design Group Co., Ltd., Wuhan　430063

Abstract： This paper puts emphases on how to deal well with the relationships between selection of Anhui Fengyang Section of Beijing-Shanghai High-speed Railway and protection of Imperial Tombs of Ming Dynasty, a national key cultural relics protection site, and how to determine a bypassing scheme. It also discusses on how to deal well with the relationships between railway constructions and various nature reserves, historical sites and cultural relics, etc.

Key words： high-speed railway, line selection, Imperial Tombs of Ming Dynasty, protection

目前，中国已建成并运营的高速铁路（含客运专线、城际铁路）总里程已达 1 万多 km，这几乎是世界上其他国家现有高速铁路里程的总和。根据中国调整后的《中长期铁路网规划》，到 2020 年包括客运专线、城际轨道交通和客货混运快速线路组成的快速客运网络总里程将达 5 万 km 以上，其中，四纵四横的高速铁路网络总里程达 1.6 万 km 以上。如此规模的建设，由于高速铁路平顺、安全、舒适等运营特征，对技术标准如线路最小转弯半径、纵坡等要求很高，由于工程障碍物、特定保护区和古遗迹避绕的控制因素繁多

王玉泽大师在论坛发言中

等诸多原因,不可避免地要与沿线各类保护区、古迹、遗迹及各类文物等发生矛盾和冲突。如何协调好高速铁路选线与古遗迹保护的关系,达到既保证建设工程的顺利推进,又能依法切实有效地做好古遗迹保护工作,是铁路建设者面临的全新课题。本文以京沪高速铁路在安徽凤阳段选线过程中妥善协调好铁路线位与全国重点文物保护单位——明皇陵的关系为例,阐述高速铁路合理避绕明皇陵线路方案研究和实践成果,并就如何协调好高速铁路选线与古遗迹保护有关问题进行讨论。

1 京沪高铁相关线位情况

京沪高铁的建设是中国现代化建设的一个标志性工程,它位于我国东部,北起北京,南至上海,线路全长约 1 318 km,设计时速 350 km,是目前世界上一次建成里程最长、标准最高的高速铁路。京沪高速铁路是我国"四纵四横"高速铁路网的南北向主骨架,连接环渤海、山东半岛和长江三角洲三大经济带。沿线是我国经济最为活跃的地区,在整个国民经济和社会发展中具有举足轻重的地位。京沪高铁的建设对促进我国经济社会发展尤其是东部地区率先实现现代化意义重大。

京沪高铁线位由北向南自江苏省徐州进入安徽省宿州、蚌埠、滁州,然后经南京至上海。在安徽省蚌埠凤阳县境内,线位在全国重点文物保护单位——明皇陵附近经过,对明皇陵保护区控制范围有影响。原具体线位见图 2。

2 明皇陵概况

明皇陵位于安徽省蚌埠凤阳城西南约 7 km 处,陵墓中安葬着朱元璋父母及兄嫂、侄儿的遗骨。朱元璋出身贫寒,元至正四年(公元 1344 年),其父母、兄嫂相继去世。朱元璋年仅 10 余岁,无力大办丧事,仅以"被体恶裳,浮掩三尺"之礼,安葬亲人。20 多年后,朱元璋受封吴王,命大臣汪文等赴濠州修缮父母陵寝。洪武二年(公元 1369 年),当了皇帝的朱元璋下诏在家乡兴建中都城,同时诏谕在旧陵之地,培土加封。洪武八年(公元 1375 年),罢建中都,又用中都余材,再次营建父母之陵。到洪武十二年(公元 1379 年),皇陵的总体格局基本形式,外有城垣,内有护所、祭祀设施;又在陵前竖起高大的皇陵碑和成双成对的石像生。

明皇陵整体平面为南北向长方形,它改变了过去帝陵内城平面方形的做法。皇陵中轴线两旁,建设了不少祭祀、护卫、住所建筑,形成规模宏大、森严壮观、气象巍峨的皇陵建筑群。

明皇陵一直受到明王朝的悉心保护。明朝末年,张献忠起义军攻占凤阳,火烧皇陵,享殿等建筑为之涂炭,之后又屡遭毁坏。抗日战争时期,侵华日军大肆砍伐陵园松柏,使郁郁葱葱的陵园变成光秃秃的土堆,荒芜不堪。

新中国成立后,国家设立了明皇陵文物管理机构,经过各级政府对周围环境的治理,既有文物古迹得到了妥善保护。1982 年明皇陵成为国务院公布的第二批全国重点文物保护单位。所在地的安徽省凤阳县政府和文物保护行政主管部门也相继发布了一系列的保护法规和措施,明皇陵的原址原貌得到了有效的保护。

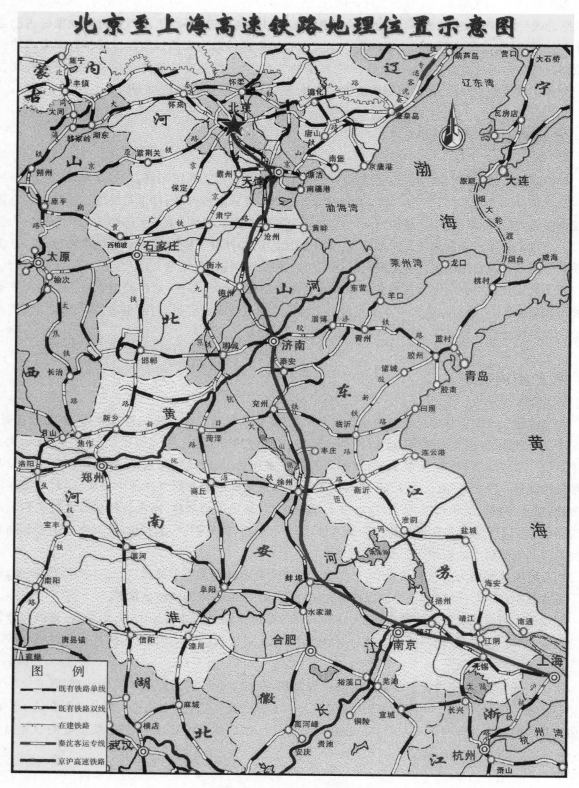

图1 京沪高速铁路地理位置图

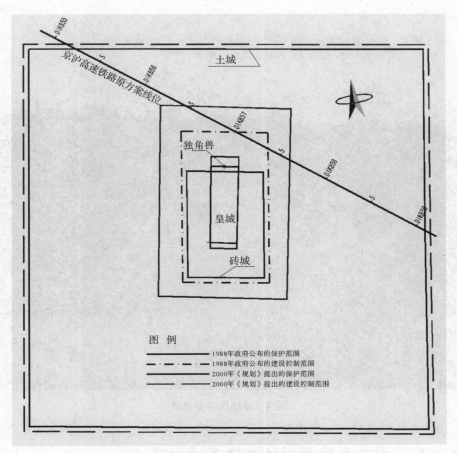

图2 京沪高速铁路原线位与明皇陵位置关系图

图3 明皇陵外观

图4 中轴线两旁景象

3 京沪高铁线位对明皇陵的影响及避绕方案研究

根据《中华人民共和国文物保护法》和地方保护法规的相关要求,我们就京沪高铁线位对明皇陵的影响及避绕方案进行了深入分析研究,在满足京沪高铁建设标准且技术经济合理的前提下,尽量绕避明皇陵的保护控制范围,取得了满意的效果。

京沪高铁原线位方案位于明皇陵北侧,如图5所示:

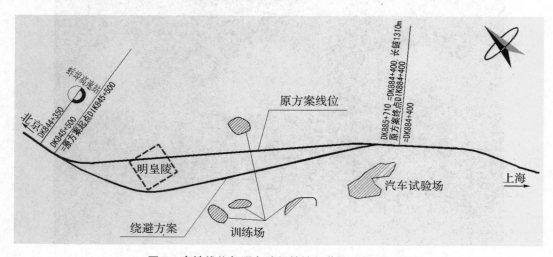

图5 高铁线位与明皇陵保护控制范围位置关系图

由图 5 可知,线位略微侵入当地政府 1988 年公布的建设控制范围(没有侵入保护范围内)。但较多侵入了当地政府 2000 年的《规划》提出的建设控制范围。由图 5 可知,从文物保护和保存历史风貌的角度看,高速铁路从明皇陵建设控制范围地带穿过,不仅会使整个景区的历史风貌和环境风貌毁坏殆尽,高铁路堤和桥梁构筑物难以与文物景观、观赏环境相协调,破坏了人们对文物欣赏的氛围和环境。

为了绕避明皇陵的建设控制范围,在补充勘测和征求文物部门意见的基础上,我们进行了大量方案研究和技术经济比选,初步选定了在明皇陵南面避绕的方案。此方案完全绕避了 1988 年政府公布的保护范围和建设控制范围和 2000 年《规划》提出的保护范围和建设控制范围,见图 5。避绕方案尚需跨越河流和水库,桥梁长度增加约 5 931 米,隧道增加 285 米,主要工程费增加约 23 078 万元。

绕避明皇陵线路方案比较表

项　　目		单　位	原方案	推荐绕避方案
线路长度		km	66.1	67.41
路基土石方	填方	10^4 m³	665.99	611.01
	挖方	10^4 m³	74.06	65.9
桥涵	大中桥	延米	19 460	25 390
隧道	双线隧道	延米	0	220
主要工程费		万元	230 028	253 106

综上所述,新方案彻底绕避了 1988 年政府公布、2000 年《规划》提出的明皇陵保护范围和建设控制范围,线路距建设控制范围在 500 m 以远,较原方案主要工程费多 23 078 万元,投资适中,方案稳定性强,完全满足文物保护要求。绕避的线位方案得到推荐采用并实施。

4 关于处理好铁路选线与文物保护关系的思考

铁路建设项目在建设过程中要与各类保护区、古迹、文物等发生矛盾和冲突,这在我国这样一个有五千年文明历史的古国是不可避免的。如何正确地处理好这些问题,既保证建设工程的顺利推进,又能依法切实有效地做好保护工作,对国家、对历史、对后人负责,这是我们铁路工程建设者义不容辞的历史责任。

(1)更新理念、熟悉法规,铁路建设前期工作不仅重视地形选线、地质选线,更应加强环保选线、文物选线。随着经济的发展,和谐社会的建设,环境、文物保护政策的提升和进一步深化,法律法规的要求也在不断加强完善。在这样的大背景下,仅仅考虑单一专业技术要求的理念,已很难适应当前工程建设的要求。因此,我们必须要不断地学习新知识、掌握新法规,特别是要熟悉并理解环境、文物保护等方面的新要求,贯彻到实际的线路选线过程中去。

(2)将环保选线、文物选线理念贯彻到选线的全过程。过去有一种错误的认识,认为环保、文物的保护与工程技术关联度不大,必要时采取工程措施来解决。在我们的各级技术负责人中,这种认识也普遍存在。然而,铁路选线是一个过程,而且往往是一个相对漫长的过程,比如京沪高铁的线位方案前后就历经了十多年。选线过程又是一个艰苦的过程,它是集政治、经济、军事、文化、社会、领导、部门、地方、公众、地形、地质、环保、文物等各项因素于全过程的一个庞大的系统工程,需要工程技术人员综合各方因素,系统考虑问题。对于铁路这样的线状工程,它还需要考虑包括沿线的振动、噪声、电磁干扰、生态、景观、地下文物及特定保护目标等方面的保护要求。因此,最终的线位往往是各类综合因素妥协的结果,是一个相对合理的方案。但一定要明白,在涉及诸如环保、文物等刚性较强的法规规定时,是不能妥协的。

（3）环境和文物保护工作要尽早介入选线过程。我们不仅要强调将环保选线、文物选线的理念贯彻到选线的全过程,同时我们更强调环境和文物保护工作要尽早介入选线过程,而且越早越好。选线工作要尽可能多地收集沿线大量的环境敏感点、保护区、文物、古迹等相关资料,及时与属地相关行政主管部门取得联系和沟通,征求各相关方意见,将工作成果转化为选线的设计输入,使整个选线过程科学、高效、有序、合法、输入充分,增加选线的环境可行性和文物可行性,尽早促使线路方案的稳定。

参考文献

［1］全国人大. 中华人民共和国文物保护法［S］. 2002

［2］国务院. 中华人民共和国文物保护法实施条例［S］. 2003

［3］中铁第四勘察设计院集团有限公司. 北京至南京段高速客运系统规划方案研究报告［R］. 武汉:铁四院,1991

［4］中铁第四勘察设计院集团有限公司. 沪宁段高速客运系统规划方案研究报告［R］. 武汉:铁四院,1991

［5］中铁第四勘察设计院集团有限公司. 京沪高速铁路徐州至上海段可行性研究和深化可行性研究报告（送审稿）
　　　［R］. 武汉:铁四院,1992—1994

［6］中铁第四勘察设计院集团有限公司. 京沪高速铁路徐州至上海段初步设计［R］. 武汉:铁四院,1996—1997

［7］中铁第四勘察设计院集团有限公司. 京沪高速铁路徐州至上海段环境影响报告书［R］. 武汉:铁四院,2006

［8］中铁第四勘察设计院集团有限公司. 京沪高速铁路徐州至上海段施工图设计［R］. 武汉:铁四院,2004—2009

［9］安徽省人民政府. 安徽省凤阳县明皇陵规划［R］. 2000

［10］国家文物局. 关于安徽省凤阳县明皇陵规划的批复［S］. 2000

三峡工程文化遗产保护与利用

徐麟祥,吴建军

(长江勘测规划设计研究院总工程师,全国工程勘察设计大师)

(长江勘测规划设计研究院副总工程师,教授级高级工程师)

摘要:三峡工程是当今世界最大的水电站,被誉为中华民族伟大的标志性工程。三峡工程在创建了一系列世界水利工程的纪录的同时,也保留了大量的珍贵的文化遗产和建设文化遗产。本文全面回顾了三峡工程中文化遗产保护和利用的典型案例,石宝寨、白鹤梁、张飞庙、大昌古镇,以及三峡工程的相关保护展示区和三峡博物馆等。

关键词:三峡工程 文化遗产保护

The Protection and Application of the Cultural Heritage of Three Gorges Project

Xu Linxiang, Wu Jianjun

Abstract:Being the largest hydropower station in the world, Three Gorges Project (TGP) is known as the Chinese national great landmark project. During the long construction period, it has created a series of world water conservancy project records, at the same time, it retained a large amount of precious cultural heritage and construction heritage. The paper reviews the typical cases and the protection of the cultural heritage of the TGP, Shi Baozhai, White Crane Liang, Zhang Fei Temple, the Dachang ancient town, as well as the related conservation and display areas and the Three Gorges Museum etc.

Key words: Three Gorges Project, cultural heritage protection

长江是中华民族的母亲河,长江三峡水利枢纽工程位于长江西陵峡中段的湖北省宜昌市三斗坪,上距西南最大城市重庆市约 620 km,下距宜昌市 40 km。

三峡工程是治理开发长江的关键性工程。工程的主要任务是防洪、发电、航运、供水等。

防洪:三峡水库防洪库容 221.5 亿 m³,可有效地控制上游洪水,缓解对中下游地区的心腹之患。

发电:水电站装机容量 22 500 MW,年发电量可达 900 亿 kWh,将对国民经济发展和减少大气污染起重大作用。

徐麟祥总工在作会议发言

三峡工程全图

航运：显著改善川江 650 km 航道，可使万吨级船队直达重庆，并较大改善中、下游枯季航运条件，航道单向通过能力可提高到 5 000 万 t/年，通航成本降低，使长江成为真正的黄金水道。

三峡工程是当今世界最大的水电站，被誉为中华民族伟大的标志性工程，工程论证和建设期长，它创建了一系列世界水利工程的纪录，留下了大量的建设文化遗产。三峡地区上承巴蜀天府之国，下连湖广鱼米之乡，是华夏民族开发较早的地区之一，形成了独具特色的三峡文化。三峡地区丰富的文化遗产是我国古代文化的重要组成部分，三峡工程的兴建将淹没秭归、巴东、巫山、奉节、云阳、万州、忠县和丰都等地区，大量的文化遗产将被淹没。

保护好这些文化遗产是一项利在当代、功在千秋、惠及子孙、造福人类的事业，既是历史赋予我们这一代人的责任，也是三峡工程建设本身的要求和全国人民的共同心愿。三峡工程在规划设计论证及实施过程中，不仅注重发挥工程的主体效益，同时也注重历史文化遗产和工程水电文化的保护。

三峡工程船闸部分效果图

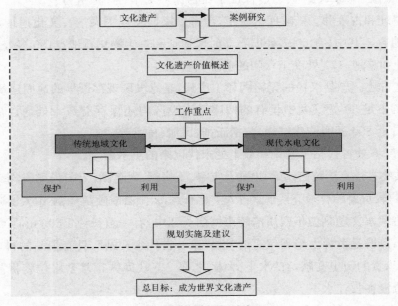

三峡工程保护框架示意图

1 三峡库区历史文化遗产保护

长江流域是中华民族文明的重要发祥地之一,历史文物分布广、数量多、价值大,汇集了一大批国宝级的珍贵文物。三峡工程的兴建将淹没秭归、巴东、巫山、奉节、云阳、万州、忠县和丰都等县、市、区,形成 1 084 km² 的三峡水库,淹没区是古代先民们劳动耕作、休养生息的重要地区,有着数千年历史的古城,地面有异彩纷呈的民居、古庙、桥梁和碑刻等,地下有遗址、墓葬、石器等,这些文物古迹从旧石器时代、新石器时代一直跨越到明清,时间跨度之长,堪称一部"中国实物通史"。

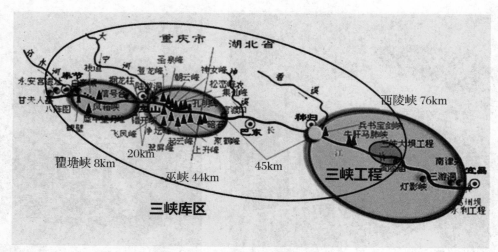

三峡库区示意图

1994 年开始,为保护好三峡库区淹没文物,国务院三峡工程建设委员会采取了先对三峡地区文物开展地毯式调查,探明文物"家底",然后组织专业团队系统地进行规划,再按规划内容实施的保护模式,即"先规划、后实施"的计划管理模式,保证了文物保护工作有序地进行。

(1)古文化遗址和古墓葬。三峡库区一带,考古专家们发现了大量古文化遗址,大量秦汉至明清时代的地下文化遗存。其中,有 60 多处旧石器时代遗址和古生物化石地点;80 多处新石器时代遗址;100 多处巴人遗址和墓地;470 处汉至六朝的遗址和墓地。

(2)地面文物古迹。忠县汉代的无铭阙和丁房阙,是淹没区现存最早的地面建筑,为重檐结构,这是国内目前找到的不足 30 处汉阙中仅有的两座。淹没区内还保存有数十处唐以后的摩崖造像、碑碣、摩崖诗文题刻;近 300 处明清建筑物,包括庙祠、民居、桥梁等。

(3)水文文物。6 处古代枯水题刻和数十处宋代以来的洪水题刻。

其中重要的文物古迹有涪陵白鹤梁,忠县石宝寨、丁房阙、无名阙,云阳张飞庙,奉节白帝城,巫山大昌古镇等;地下文物较重要的有奉节县草堂古人类化石点,云阳县故陵楚墓、巫山大溪遗址等。

涪陵白鹤梁古代水文题刻位于四川涪陵市城西长江中,有一道长约 1 600 m,宽约 15 m 的天然水下石梁。白鹤梁石刻既是世界上绝无仅有的"世界第一古代水文站",具有很高的科学价值,同时又是珍贵的石刻艺术、珍贵的历史文献,有"水下碑林"之称。三峡库区正常蓄水位将提高到 175 m 后,白鹤梁题刻将永远淹没在长江水下。

巫山县大昌古镇有 1 700 多年历史,是重要的物资集散地和历代军事重地,其中的温家大院是当地清代民居典范。

云阳县张飞庙汇集了唐宋元明清建筑精华,庙内有大量字画碑刻珍品,有"文藻胜地"之称。

被誉为"世界奇异建筑"的石宝寨,是我国现存体积最大、层数最多的穿斗式木结构建筑。

三峡库区文物保护按照"保护为主,抢救第一","重点保护、重点发掘,既对基本建设有利,又对文物保护有利"的原则,结合文物本身的价值、类别、保存状况及文物所处的不同位置,分别采取了不同的保护措施:

对于地下文物进行考古勘探、考古发掘、登记建档方式保护。

对于地面文物的保护主要分为三类进行保护:

一类是原地保护。主要针对石刻、古栈道等不宜移动的文物,按 1964 年通过的《威尼斯宪章》中有关"一座文物建筑不可以从它所见证的历史和它所产生的环境中分离出来"的原则,在对三峡库区地面文物保护中,凡受影响的但对文物主体影响不大的文物及异地保护困难的采用原地保护。如白鹤梁古水文题刻采取原地"无压容器"理念修建,且供游人上下观赏和研究;石宝寨寨门海拔高程173.5 m,在水库蓄水前对寨楼所在的玉印山体采取围堤加固措施,石宝寨不仅依然重檐飞阁,风光迷人,而且会因水的上升而濒临水边,坐船可直达那里。

第二类是搬迁保护。主要针对古建筑、古桥梁等相对能移动的文物,是指为了重大的国家利益,一些地面文物不得不从原址搬出来而采取异地建设的保护措施。如张飞庙、大昌古镇、屈原祠等进行整体搬迁,秭归县胡家大屋、兴山县吴宜堂老屋等采取了部分搬迁。

搬迁保护应尽最大可能保持文物对象的原真性,从复建地址的选择、拆迁工艺,到传统建筑材料的利用与传统工艺的使用等方面,尽可能保证原汁原味,严格按照文物修缮的"三原则"(原规模、原材料、原工艺)实施。

复建时要求做到"四保存":保存建筑形制的原貌(平面布局、造型、艺术风格);保存建筑物的结构;保存原有的建筑材料;保存原有的建筑工艺技术(雕塑、彩画、油漆、盖瓦、做脊)。

第三类是留取资料保护。对那些保存现状残破或改动较大以致无法辨识原貌的地面文物,采取收集史料整理建档的方式予以保护,或将有价值的构件收集后异地保存,为以后的研究提供原始依据。如对未能保护的白鹤梁其他石刻采取拓片、拍照、收集方式保护。

案例一:石宝寨保护工程

石宝寨位于重庆市忠县境内长江北岸石宝镇的玉印山山顶。玉印山孤峰拔地、山形怪异,四周峭壁、形如印玺,山顶海拔高程为208.00～211.04 m。据史料记载,玉印山至少在中唐时期就已成为登临游览景点。由于长期自然剥蚀,玉印山四周危岩壁立,山顶33处危岩处于濒临崩塌的境地。

石宝寨建筑群由山下寨门、上山甬道、"必自卑"、石坊门、寨楼、玉印山顶的奎星阁和天子殿几部分组成。寨楼为石宝寨主要建筑物,楼高12层,倚玉印山东南面崖壁而建,正面如一楼阁,由底至上逐层缩减,奎星阁位于玉印山山顶。

石宝寨古建筑以玉印山山体为基础,并巧妙利用玉印山地形条件修建寨楼、上山甬道,加上文人墨客留下的石碑等古迹,形成了集玉印山特殊的自然景观和独具匠心的人文景观于一体的文物体系。

石宝镇街道地面海拔高程150.00～160.00 m,"必自卑"、石坊门地面标高169.38 m,寨门地面高程173.07 m,一般位于建库前天然洪水位以上。

石宝寨全景图

寨楼全景

北侧背面的出口

三峡水库建成蓄水后,石宝镇街道位于正常蓄水位以下,石宝镇全镇迁移,玉印山将成为"库中之岛",石宝寨寨门和寨楼一层地面处于防洪限制水位和正常蓄水位年水位变化区。

淹没直接涉及的古建筑有:"必自卑"、石宝寨寨门、上山甬道。更主要的是周边绿地淹没、玉印山山体下部浸泡于水库中,山脚堆积体失稳、山体变形、危岩崩塌将间接危及古建筑物的安全和石宝寨周边的环境。

保护工程的主要任务:保证玉印山山体稳定和控制山体的变形;采取必要的工程措施,防止库水淹没重要的古建筑;对危岩体进行加固处理;根据具体情况对古建筑进行加固处理;对玉印山周边主要人文环境进行适当保护。

根据地形地质条件,对保护范围比较了"大围、中围、小围"三个方案:

小围方案:主要保护玉印山体、寨楼,高程在 175 m 以上。

中围方案:保护范围扩展至石宝寨门楼、上山甬道、"必自卑"等。

大围方案:保护范围延伸至石宝镇连云街、玉印街。

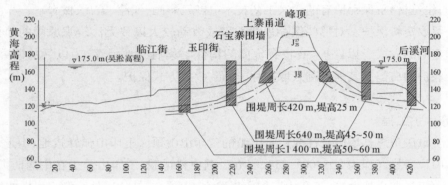

石宝寨工程剖面图

"中围方案"(即盆景方案)保护的不仅仅是玉印山山体和石宝寨主体建筑,还保护了一定区域内的人文环境,体现了整体保护的思想,达到文物保护的目的,技术合理,可实施性好,工程投资较少,运行维护简单,因此作为实施方案。

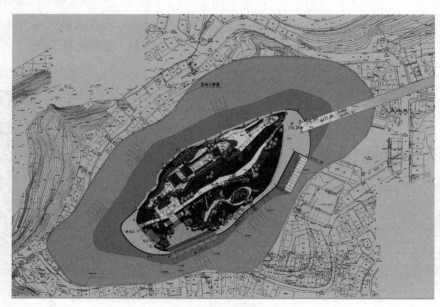

石宝寨工程平面图

石宝寨全图

保护后寨楼

自入口处眺望石宝寨全景

围堤内新建的廊屋园林

案例二：白鹤梁古水文题刻保护工程

白鹤梁是重庆市涪陵城北长江之中的一砂岩天然石梁，因早年白鹤群集梁上而得名。白鹤梁背脊标高约为 138 m，天然状态下它长年淹没在水中，仅在冬末长江枯水季节露出水面。白鹤梁古水文题刻记载了唐广德元年起 1 200 余年间的 72 个枯水年份的水位资料，反映了历代石鱼出水状况、当地农业丰歉与水位尺度等情形，是目前世界上所发现的时间最早、延续时间最长、数量最多的枯水水文题刻，远远超过埃及尼罗河中类似的水文石刻，被誉为世界"第一古代水文站"和世界罕见的"水下碑林"，在科学、历史和艺术等方面都具有极高的价值。

白鹤梁题刻

白鹤梁题刻——石鱼

三峡工程建成后,长江涪陵河段为库区水位变动区,库区正常水位将提高到 175 m,白鹤梁题刻将淹没在 40 多 m 的江水下。

白鹤梁题刻位于三峡库区涪陵江段,因其特殊的地理环境和保护要求,保护难点主要体现在五个方面:

(1)工程所处河道环境复杂。白鹤梁紧邻长江主航道,其上下游码头密布,过往船只较多,工程实施及运行环境复杂。三峡水库蓄水后泥沙淤积及水流条件将发生变化,对保护工程及该河段航运产生影响。

(2)地质条件差。白鹤梁上部为较坚硬的石英砂岩,下部为较软弱的页岩,页岩易风化,白鹤梁题刻就刻于该层砂岩上。岩基如需采用高压灌浆密封处理,帷幕施工过程的高压注浆可能危及白鹤梁题刻的安全。同时因为是在薄砂岩上的镌刻,即使建成帷幕,由于内外的压力差很大,总是会有地下水渗流场,地下水会从层状岩体的层间渗漏,导致白鹤梁顶托被毁的可能性极大。

(3)实施时间紧迫。保护工程施工受三峡工程蓄水影响很大。按计划 2006 年 9 月,三峡工程由围堰发电期转入初期运行期,将蓄水至 156 m,达到 110 亿 m³ 防洪库容。为保证白鹤梁题刻保护工程成功,水下部分必须抢在 2006 年 9 月三峡大坝蓄水前完工,留给方案研究、工程勘测设计和项目施工的时间都十分紧迫。

(4)保护经费有限。三峡库区文物保护资金是库区移民资金的一部分,纳入移民资金计划统一管理。重庆市人民政府专门印发《重庆市三峡工程淹没及迁建区文物保护管理办法》,对项目经费进行严格管理。白鹤梁题刻原址水下保护工程保护经费将十分有限。

(5)无水下保护范例。此类淹没文物原址水下文化遗产保护问题在国内乃至全世界罕见,亦无成功范例,缺乏成熟的水下保护技术经验,必须在工程方案研究和论证中逐步探索。

1994 年以来,有关主管部门及科研单位为此开展了大量的研究论证工作,提出了许多方案,以前方案归纳起来有"水晶宫"方案和"就地保护、异地陈展"方案两类。二者各有特色,但都存在重大的问题。

"水晶宫"方案：是在水下兴建钢筋混凝土拱壳结构，壳体内无水，设有过江通道，人员可进入水下壳体近距离参观题刻。这种方案实为一种压力容器，40余m水头的巨大压力差必将造成地下水从层状岩体的层间渗漏，导致文物本体损坏；壳体结构尺度大，作用荷载大，且为长江主航道上的一个大体积空间，一旦发生船只撞击破坏，人员将无法幸免。该方案可原地保护，但工程技术难度极大，实施过程中可能造成文物破坏，耗资巨大。

"就地保护、异地陈展"方案：在目前的施工技术条件及经济条件下，由水下泥沙自然淤积保护白鹤梁题刻，待条件成熟后再挖掘，现阶段采用岸上修建陈列馆（复制模型）或在水位消落区复建白鹤梁平台及白鹤楼。"就地自然保护"方案实质上是不保护，留待水库蓄水后有条件再建，以后实施难度更大。复制人工景观难以体现真实的效果。

在决定放弃原址保护的关键时刻，葛修润院士经过充分研究后提出用"无压容器"概念修建原址保护工程，其原理是在拟保护的白鹤梁上兴建一座"无压容器"水下保护体，容器内是过滤后的长江清水，通过专门的循环水系统按需要定期将滤过的江水泵入或泵出容器，保持容器内水压与外部的江水压力平衡，白鹤梁仍处于长江水的保护之中。

水下保护体结构处于内外水压平衡的工作状态，只承受水库风浪引起的压差力及淤积泥沙作用于外侧的压力、自重荷载等，壳体结构简单、经济，且具有可修复性。

水下保护体内设承压的参观廊道，并设计了水下照明和水下摄像系统，人们通过参观廊道玻璃观察窗观赏题刻，也可通过水下摄像系统实时观赏题刻。

在参观廊道内设置蛙人孔，供工作人员或其他人员潜水进入保护体内开展研究、观赏和维修工作。在低水位情况下，进行水下工程的维护工作。

"无压容器"方案是在白鹤梁原址上修建的内充长江清水的永久性保护方案，解决了以往压力容器方案存在的重大技术及经济问题，避免了"就地保护、异地陈展"方案的"不保护"遗憾，使得白鹤梁古文物保护"绝处逢生"，符合文物原址、原样、原环境的保护原则，且工程投资较低，成为实施方案。

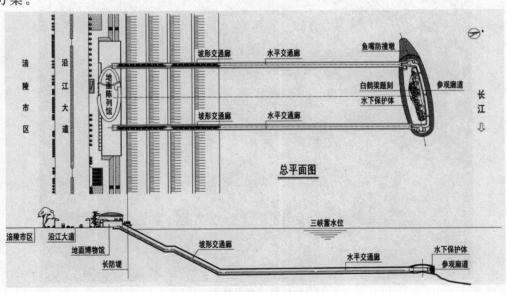

白鹤梁题刻博物馆总平面图

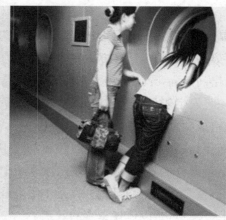

水下文化遗产展示图

"无压容器"方案创建了平压净水技术,保持水下保护体内外水压平衡,保证了结构安全和水质,维护了白鹤梁与长江水环境之间的相互关系;创建了深水照明和摄像技术,攻克了水下观察、照明等方面的技术难题。工程实施集成文物、水利、建筑、市政、航道、潜艇、特种设备等多专业、多学科的技术,实现了白鹤梁题刻的原真性保护和观赏。

案例三:张飞庙保护工程

张飞庙又名张桓侯庙,是国家重点文物保护单位,系为纪念三国时期蜀汉名将张飞而修建。始建于蜀汉末期,后经宋、元、明、清历代扩建,已有 1 700 多年历史。

张飞庙原位于云阳老县城南岸,海拔高程在 130～160 m,现存建筑面积 1 400 m²,庙宇多为1870 年水患后重建。琉璃粉墙、金碧辉煌的殿宇群,依山取势,气象巍峨,庙内碑刻书画丰富。张飞庙建筑既有北方建筑雄奇的气度,又有南方建筑俊秀的质韵,更有园林点染、竹木掩映、曲径通幽,素有"巴蜀胜境"的美称,是三国旅游线和三峡旅游线的重要景点,蜚声国内外。

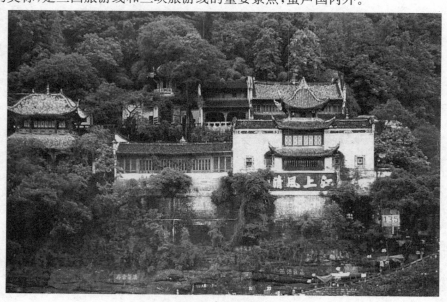

张桓侯庙原址原貌

　　因三峡工程建设,张飞庙作为库区唯一远距离整体搬迁的文物单位,于2002年10月8日闭馆拆迁,溯江而上30 km,从原云阳老县城对岸的飞凤山搬迁至盘石镇龙安村的狮子山下,保护工程按照"搬旧如旧"原则组织实施,依然坐岩临江,与新县城依然隔江相望。2003年7月19日新张飞庙正式开馆。

复建后的张桓侯庙全景

复建后的张桓侯庙正面

复建后的张桓侯庙大门

　　对文物的保护与未来对文物的利用和开发结合起来,带动旅游、城市建设的发展,体现"集中保护,规模发展"的思想,将张飞庙由单一的景点打造成以张飞文化为核心,以"张飞"为品牌,发展多元化、复合型目的地旅游景区。

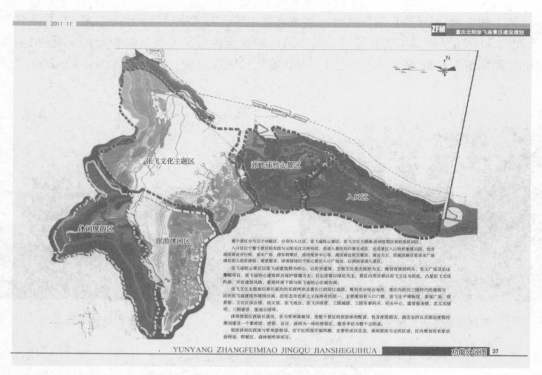

功能分区图 37

YUNYANG ZHANGFEIMIAO JINGQU JIANSHEGUIHUA

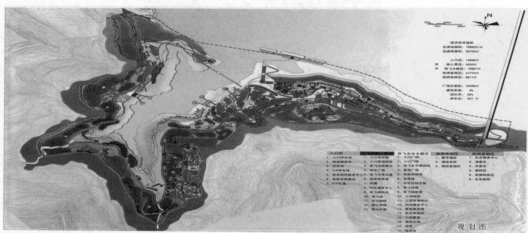

规 划 图

重庆云阳张飞庙景区鸟瞰图

案例四：巫山大昌古镇搬迁保护工程

大昌古镇地处重庆巫山县境内长江支流大宁河中游北岸，小三峡风景区，距巫山县城 60 km。大昌古镇古城藏在巫山山脉的一个平坝里，1 700 多年前，大昌的先民在此筑城，滔滔的大宁河下连长江，上通陕西镇平、湖北竹溪，在水路交通一统天下、诸侯割据争雄的时代，大昌堪称"咽喉"要地。

大昌古镇保存有东、西、南三座城门，由东、西、南三条街道形成"丁字街"，此城是"一灯照全城，四门能通话；堂上打板子，户户能听见"的"袖珍古城"。建筑依山傍水，绿荫掩映，青墙黛瓦。海拔高程 142～150 m，处于三峡库区 175 m 水位，此保护方案遵循了"重点保护、整体搬迁、整旧如旧"原则。

对 35 处古建筑（其中民居 30 处，庙祠 2 处，城门 3 处）实施异地搬迁保护。

新址位于原址东 8 km 的大昌新镇包岭处，高程在 175～210 m。

典型节点有南门、东门、西门、丁字街口及以温家为代表的南街古民居群。

此方案保持了原古城"丁字街"的布局形式及古朴厚重的历史风貌。

大昌古镇新址新貌

关帝庙与西门

复建的古民居

复建的古民居

复建的古民居

2　三峡工程现代水电建设文化遗产保护与利用

三峡工程是当今世界最大的水利枢纽工程,凝聚了几代人的梦想,建设工期长达17年,它创建了一系列世界水利工程的纪录。三峡工程相关设施、重要工程建筑、工程施工遗迹和记录工程建设过程的史料、图片、音像等资料都体现了三峡工程管理区现代水电文化。

三峡工程集高科技、环保、建筑、美学等多种文化内涵于一体。从施工场景到建成构筑物,都留下了许多宏伟景观。三峡大坝、五级船闸、升船机、电站厂房等诸多构筑物以及高峡平湖、泄洪场面等,构成了现代水电景观。

三峡工程景观图

建设过程的施工场景,包括采石的破碎及加工,混凝土的制冷及搅拌、传送及浇注等,以及留存的施工机械设备、生活设施等,也构成了现代水电文化的组成部分。

三峡工程的发电机组、蜗壳、截流四面体等设施表现了水电科技和水电语言。

重要工程建筑包括大坝主体、五级船闸、升船机、电站厂房等。工程施工遗迹包括98.7拌合系统、84拌合系统、望家坝生活区、古树岭碎石加工系统等。

规划目标

强调以保护枢纽工程主体为前提,以列入世界文化遗产保护名录为重要目标,合理发掘利用,展现当代世界水电建设文化。

规划原则

保护文化遗产,继承文化传统。以注重延续文脉以及协调环境为原则,强调有选择的取舍和加工,注重陈列方式、陈列地点、陈列环境的综合评估与选择。

总体格局

根据三峡工程管理区文化遗产资源的特征,强调枢纽主体工程为保护与利用的核心,规划建立大坝主体工程保护区、重要工业遗产保护区、杨家老屋文物保护区三种类型的保护区。

形成点—区—轴的保护与利用结构。

以大坝主体、五级船闸、升船机、电站厂房等枢纽主体工程节点组成的大坝主体工程保护区,是工程区的文化保护与利用的核心,代表了三峡工程的奇迹。

以重要施工遗址和工程设备,即 98.7 混凝土拌合系统、84 拌合系统、三七八联营公司右岸民工营、望家坝小区、工程机械及厂房、以节余材料为景点的截流纪念园等组成的重要施工遗址保护区。

以杨家老屋为保护中心,周围 50～100 m 的范围为杨家老屋文物保护区。

两轴:左、右两岸各形成一条文化保护利用轴。

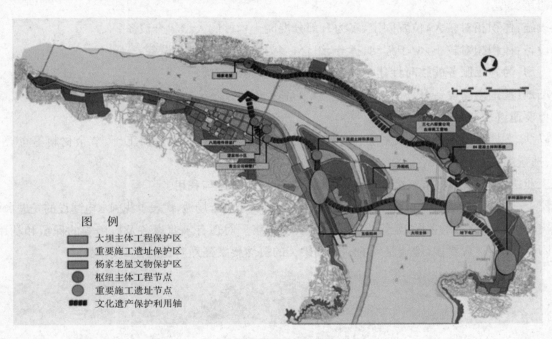

图例
■ 大坝主体工程保护区
■ 重要施工遗址保护区
■ 杨家老屋文物保护区
● 枢纽主体工程节点
● 重要施工遗址节点
■■■ 文化遗产保护利用轴

文化遗产规划结构图

2.1 大坝主体工程区

主要内容:由大坝主体、电站厂房、五级船闸、垂直升船机、茅坪溪防护坝等枢纽主体工程节点组成。它是工程区的文化保护与利用的核心,代表了三峡工程的奇迹。

保护措施:规划主要从安全保护角度考虑,对这些重要的建、构筑物划分安全分区,采用限时、限地、限量的方式进行保护与利用。

综合利用:以观坝为契机,将工程管理区建设成水电文化展示、科技创新成果交流、爱国主义教育的基地。

三峡大坝　　　　　　　　　三峡电站　　　　　　　　　三峡船闸

2.2　重要工业遗产保护区

遗迹类型

设施：体积相对较大，位置固定，多为有部分混凝土构件的大型组合设备；

设备：体积相对较小，便于移动、拆分、组合，多为单个、小型机械设备；

厂房：为施工服务的临时性建筑物，多为一至两层砖混结构；

场地：范围内除设备、设施、厂房占地之外的其他用地。

重要遗迹

以 98.7 拌合系统、84 拌合系统、右岸三七八民工营地、工程机械及加工厂、节余材料等重要施工遗址、遗迹组成。

工业遗产公园——98.7 拌合系统、84 拌合系统遗迹保护与利用

位于三峡工程管理区左、右岸，施工期混凝土拌合的大型施工场地，代表了我国水电建设的先进水平。

突出"工业遗产"的主题，延续三峡建设的历史脉络。对现有工业设备及厂房等的保留和利用，引入果园、竹林等景观要素，塑造坚硬的钢铁和柔美的自然要素强烈对比的独特景观。

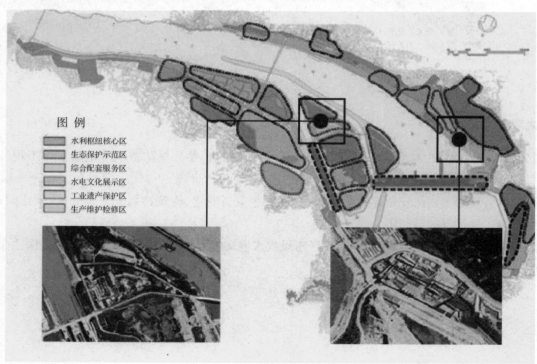

图　例
- 水利枢纽核心区
- 生态保护示范区
- 综合配套服务区
- 水电文化展示区
- 工业遗产保护区
- 生产维护检修区

98.7拌合系统

现状:98.7拌合系统遗迹位于船闸左侧,交通十分便利。此拌合系统在大坝左岸的巨量混凝土浇筑过程中立下了不朽功勋,创造了世界大坝混凝土浇筑上的多个第一。

规划原则及目标:结合原有道路的分隔,通过对现有设施的改造利用,作为"五级叠翠"的组成部分,建设成为综合性的公园。

具体措施:

设施:骨料罐混凝土支架整体保留,整理周边场地,补充必要的安全措施,成为造型稳健的"工业雕塑"。

设备:冷却塔整体保留,改造成为攀爬、游嬉的互动设施。

厂房:保留部分构架,做成景观小品。

场地:仅保留有出入口及部分残断的水泥路面。对环境进行最大限度地保留和再利用,并通过重新设计来强化场地及景观作为特定文化载体的意义。

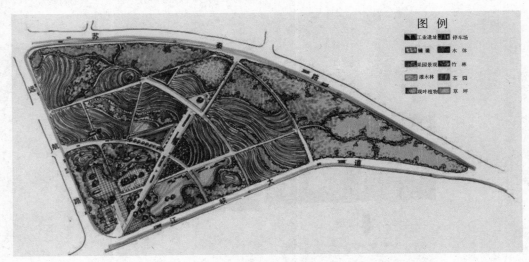

84 拌合系统——工业遗产公园

位于三峡工程管理区右岸,总用地约为 2.53 hm²。

现状:此拌合系统位于大坝下游,依山而建,适宜观赏大坝泄流;设备比较完整,代表了我国水电建设的先进水平。

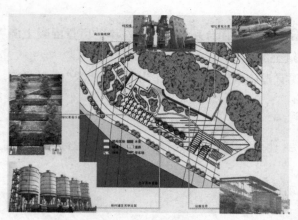

规划原则及目标：定位为施工过程的展示点。局部保留系统外壳和骨架进行改造利用，再现大坝右岸当年施工的情形。同时成为右岸良好观景点。

具体措施：

设施：局部保留拌合楼的外壳、骨料罐的钢支架及部分运输皮带系统等，在必要的维护和翻新之后，成为展示施工过程的重要组成部分。同时，对拌合楼和运输皮带系统增加必要的安全、交通设施，改造成为观景台和观景廊道。保温骨料罐建议拆除。

设备：保留气压罐和混凝土抗压测试块等，改造成景观小品。

厂房：部分保留，通过局部改造，赋予一定功能，如售卖亭、卫生设施等。

三峡博物馆——工程机械及厂房

利用水电八局埋件拼装厂改造成展示场所，其以三峡工程为核心，突出工程的纪念性主题，展示三峡工程建设和水利水电工程技术的大型专题博物馆，结合各种演示手段再现三峡工程建设场景。

清理场地和内部设备,结合博物馆的建设,提供部分接待服务功能,包括咨询、餐饮、寄存、休闲等。

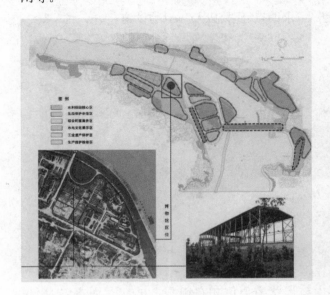

料场公园——施工期砂石料场

料场公园位于左岸中心区域,总用地约为 93.5 hm²。

通过林相改造和地形修整,修复山体被人为破坏的痕迹,营造功能适宜、配套设施齐全、环境优美、具有生物多样性的生态型山地公园。营造"自然、生态、野趣"的公园环境。

全园共可分为主入口及中心设施区、料场遗迹展示区、生态湿地观赏区、VIP 接待中心、植被恢复示范区和登山观赏区。

交通系统

根据不同的使用功能,分为郊游径、健行径、登山径,结合三种路径布置停车场。

景观系统

通过主要道路联系各个景观节点,形成通江景观视廊。精心组织外围绿化景观带,形成料场公园与外围区域的有效隔离屏障。

配套服务设施

结合游览路径,相应布置了电瓶车停靠站、零售点、求助点、座椅以及环卫等设施。

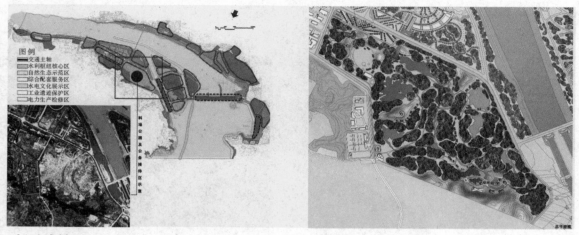

坛子岭景区

坛子岭原为施工测量重要控制点保留,因其山体形状酷似倒扣在山顶上的坛子而得名,海拔262.48 m,是三峡坝区 15.28 km² 征地范围内的海拔制高点,不仅能欣赏到三峡大坝的雄浑壮伟,还能观看壁立千仞的"长江第四峡"双向五级船闸,饱览西陵峡黄牛岩的秀丽风光和秭归县城的远景。

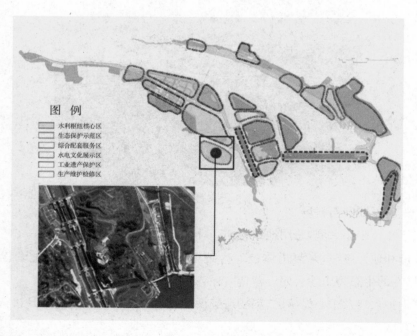

景区总面积约 10 hm²,整个园区分为三层,主要有模型展示厅、万年江底石、大江截流石、三峡坝址基石、银版天书及坛子岭观景台等景观,还有壮观的喷泉、秀美的瀑布、蜿蜒的溪水、翠绿的草坪贯穿其间,综合展现了源远流长的三峡文化,表达了人水合一、化水为利、人定胜天的鲜明主题。

三峡截流纪念园

位于三峡大坝右岸下游 800 m 处,占地面积 93 万 hm² ,是以三峡工程截流为主题,包括截流再现、工程遗址展示、大型工程机械展、工件雕塑群及生态演艺广场等景区,集游览、科普、表演、休闲等功能于一体的国内首家水利工程主题公园,力求表现出长江、大坝、工程等鲜明的形象特征,保持自然、流畅、质朴、大气的大坝风貌。由于地理位置毗邻大坝,因此成为了观赏大坝另一风光的绝佳场所。

三峡截流纪念园力图体现人定胜天、天人合一的截流文化主题精神。在整个园区的景观设计上,紧扣截流主题,力求表现出长江、大坝、工程等鲜明的形象特征,营造出水利工程所特有的遗迹景观效果。

工程实施图

节余材料利用：通过各类艺术手法将废弃的建筑构件及材料重新组成工业雕塑小品。尽可能保留了原址上遗留工程堆料和物件，保留了用于支撑堆放砂石料的隔墙、100 多个截流时余下的四面体，并展示 77 t 装卸车和平抛船等大型施工机械。

"截流再现"放映厅采用现代高科技的幻影成像技术，直观生动地向人们再现长江三峡截流。游客目睹这些，仿佛身处那热火朝天的建设场景。三峡截流纪念园建成开放，丰富了三峡工程的文化内涵，为三峡工程游增添了一道靓丽风景。

工程实施图

2.3 杨家老屋文物保护区

主要内容：加强对杨家老屋建筑风貌和内部格局的保护。规划控制周边的环境，使其与杨家老屋相协调。

保护措施：杨家老屋原址保留，本着修旧如旧的原则对其进行维护；通过专业的评估，对杨家老屋的文化价值给出评价，定出文物等级，划分保护区域。

综合利用：结合管理区参观接待功能，将杨家老屋建设成人文观光景点。同时将保护与利用结合，从而达到文物的可持续保护。

杨家老屋文物保护区：杨家老屋位于工程管理区右岸，杨家湾码头南侧。本着保护历史文化遗存，继承优秀历史传统，发扬历史文化特色的"保护、继承、发扬"的原则，将其建设成为集中展示三峡地区传统地域文化的文化公园。按照片区的文物及保护建筑布局，该片区的保护措施采取分级保护的模式，划分为保护主体、保护核心区、保护缓冲区。

3 几点体会

三峡工程建设其影响除了工程建设区外，还包括淹没影响库区，涉及因素复杂，牵涉面广，要求高。保护好其文化遗产是一项艰巨而复杂的任务，也是对中国文化的发展乃至世界文化遗产的保护事业的特殊贡献。

大型水利水电工程建设周期长、投入资源多、占地范围广、社会影响大，主体工程完工后，这些区域会留下许多的建设遗迹，就地保护和利用好这些遗迹既是对环境的有效保护，也具有观赏、科普和教育意义。

参考文献

[1] 镇雪峰.文化遗产的完整性与整体性保护方法[D].上海：同济大学，2007
[2] 重庆文物局.巫山大厂古镇[M].北京：文物出版社，2013
[3] 重庆文物局，重庆市移民局.忠县石宝寨[M].北京：文物出版社，2013

桥梁工程与文化环境协调统一的设计实践

徐恭义，粟晓

（中铁大桥勘测设计院集团有限公司副总工程师，全国工程勘察设计大师）

（中铁大桥勘测设计院集团有限公司）

摘要：本文简要介绍了世界知名桥梁如何融合景观环境，将工程演变成为世界文化遗产的相关实例，并通过新建桥梁工程与文化环境协调统一的设计实践，阐述了桥梁工程设计需因地制宜，尊重文化环境，保护自然原生景观，做到工程、景观、文化的有机融合，有利于打造城市名片，进而形成文化遗产。最后提出倡议，保护武汉长江大桥，争取尽早成为世界文化遗产。

关键词：桥梁　景观　文化　环境　协调统一　文化遗产

Designing Practices on the Harmonious Relationship between Bridge Construction and its Cultural Environment

Xu Gongyi

China Railway Major Bridge Reconnaissance & Design Institute Co., Ltd., Wuhan 430056

Abstract：This paper briefly introduces engineering practices where well-known bridges integrate into landscape environment and change themselves world cultural heritages. Through design practices of harmonious culture environment with bridge projects, this paper concludes that bridge engineering design expounds should be tailored to the environment, respect cultural environment, protect natural landscape, and realize integration of project, landscape, and culture. This effort in engineering design can help to build urban business cards, and then change into cultural heritages. Finally a proposal for protection of the First Yangtze River Bridge is raised, which can help it become the well-known cultural heritage.

Key words：bridge projects, landscape, culture, environment, harmony, cultural heritage

徐恭义大师在论坛发言中

0 引 言

桥梁是土木工程领域其中的一个分支，也是人类最早的建筑类型之一，不仅是具有跨越河流、深谷等障碍物的交通运输功能的工程实体，还表征着人类的智慧和创造力，是人类科技和艺术的结晶，是历史和文化的见证。

早在现代桥梁发展初期,工程师们和公众就认识到,一座桥梁不仅为了使用,而且也是一项艺术品。美国著名悬索桥设计师 D. B. Steinman 指出:"没有任何人可以保持在美丽桥梁的景色前不受感动。""桥是显示人类渴望不断进取的纪念碑。"

如今,一些历史悠久的桥梁已成为世界文化遗产,承载历史的印记;有些桥梁也已作为地标建筑,是城市的象征和名片。

桥梁的空间跨越使交通立体化,而桥梁所跨之处的地理、地貌或城市空间环境以及当地风土文化均有其特指性,桥梁与特指的环境和文化有机融合,将蕴生出具有地方性的景观。桥梁对地形、地貌的适合,桥梁景观对文化环境的尊重与共生,以及桥梁建设对建设地点的自然原生景观的保护,将使得自然环境中的桥梁景观与地景有更多默契,而文化环境中的桥梁景观与城市则更加和谐。

1 世界著名桥梁遗产及其与景观文化环境融合的成功实例

1.1 中国古代赵州桥

由隋代工匠李春设计和主持建造的赵州桥是世界上现存的最古老的石拱桥,"奇巧固护,甲于天下",在中外桥梁史上占有十分重要的地位,对我国后代的桥梁建筑有着深远的影响,是国务院公布的第一批全国重点文物保护单位,美国土木工程学会命名的世界第十二处、国内唯一一处"国际土木工程历史古迹",无论是建筑的艺术方面还是构造的精巧程度在国际桥梁工程界无不交口称赞。它是一座由 28 道石砌拱券组成的单孔弧形大桥,在大桥洞顶左右两侧拱肩里,各砌有两个圆形小拱,用以加速排洪、减少桥身重量、节省石料,这在建桥史上是个创举。20 世纪初,赵州桥岌岌可危,在梁思成大师保护中华民族历史文化遗产的呼吁下,建国之初由我国著名桥梁泰斗茅以升主持对其进行了全面修缮,修缮后的赵州桥基本保持了隋代的原始风貌,已成为当地名片,承载千古悠悠岁月。

图 1 赵州桥

另外,颐和园昆明湖上的十七孔拱桥,恰似玉带卧波,肃然雅静,与山水共融共生,堪称中国古代园林桥梁美学的典范。

图 2 昆明湖上的十七孔拱桥

1.2 美国旧金山金门大桥

美国旧金山金门大桥(Golden Gate Bridge),雄峙于美国西海岸加利福尼亚州奥克兰海湾出口位置,面对太平洋,跨越 1 900 多 m 的金门海峡通道之上,于 1937 年建成通车,是近代桥梁工程的一项奇迹,被认为是旧金山的城市象征,即便是非桥梁从业者,一看此桥就会想到旧金山。金门大桥桥身全部颜色选择甚为独特的铅丹红,这在当时也颇受争议,但建筑师艾尔文·莫罗坚持认为此色不仅和周边环境协调,又可使大桥在金门海峡常见的大雾中更加醒目和突显。由于这座大桥新颖的结构和超凡脱俗的外观,被国际桥梁工程界广泛认为是桥梁建筑美学的典范,更被美国建筑工程师协会评为现代的世界奇迹之一,同时也是世界上最上镜的大桥之一。它不仅仅是一个土木工程建筑,还是一个国家科技成就的标志物。

图 3　美国旧金山金门大桥

2　我国新建桥梁工程与文化环境协调统一的设计与实践

将工程建设成为地标建筑、城市名片、文化遗产,是工程师、设计者的无上荣耀,也是我们应该为之奋斗的目标。中铁大桥勘测设计院在桥梁设计过程中,一直致力于将桥梁设计与当地风土人情有机融合,做好周边自然环境的保护,以期达到工程、景观、文化的和谐统一。

2.1 澳门西湾大桥

澳门由北部的澳门半岛、中部的氹仔岛和最南面的路环岛组成,南侧两岛通过围海造田修建公用设施早已基本连通。澳门半岛与氹仔岛间原先已有两座桥作为过海通道,一座是 20 世纪 70 年代由葡萄牙公司设计的嘉乐庇总督桥,两条汽车道;另一座是修建于 20 世纪 90 年代的友谊大桥,四条汽车道。由于澳门人口稠密,尤其在高峰期间过海交通十分拥堵,亟须提高过海交通能力。

2001 年,澳门提出修建第三座澳氹大桥的计划,并要求:一是具有六车道跨海交通功能,相当于前两座跨海大桥交通量之和;二是能够承担未来的城市轨道交通功能;三是能够在台风暴雨等恶劣天气期间不中断交通,能全天候担负起车辆过海的交通任务;四是需担负供水管道过海功能。此桥工程技术复杂,特面向全球进行设计和施工总承包招标,国际上11个联合投标集团共提交了23个设计方案参与竞标,最终由中铁大桥勘测设计院、中铁大桥工程局及中铁(澳门)有限公司联合体提交的设计方案成功夺标中选。

设计实施的澳门西湾大桥采用竖琴式斜拉索,预应力混凝土箱形主梁,并在箱梁顶底板同时布置双层桥面行车,这种类型的斜拉桥结构属于国际首创。这座桥的多项技术创新也是在国际招标这一优胜劣汰的竞争机制下催生的结果,设计方案极具竞争力。

图4 澳门西湾大桥

大桥总长2 200 m,宽28 m,采用双主梁双层桥面结构,上层为双向6车道,下层箱内布置双向4条车道行车,可以实现在8级台风时保证全天候正常交通,同时还预留铺设轻型轨道交通空间。大桥主梁采用左右双幅分离式布置,与全桥采用一个大的整体箱梁的常规做法相比,化整为零,化一为二,可使结构受力更加简单明确,梁体自重量减轻,施工更加简便。再利用两主梁之间的空当,布置大直径过桥水管和各类线缆过海。考虑到大桥需抵御强烈的海上台风,要提高结构横向刚度,设计把通常分离布置左右两幅斜拉桥的主塔合并在一起,使其在横向布置上成为联体结构。其中主塔中柱位于两幅桥的中央分隔带内,中央塔柱承担锚固双主梁内侧的斜拉索;两外侧塔柱位于双主梁的外侧,承担锚固桥体外侧的斜拉索。这使原本左右两幅分离式的桥梁通过联体主塔又有机结合成为一个受力整体,大大提高了抗风能力,大桥更加稳固。

而在桥梁的外观方面,主塔联体自然形成的拱门式的"M"造型,完全是出于上述受力的需要,同时为使主塔横梁不要对过桥者产生视觉压力,因此采用了椭圆的、有上升动感的拱门造型。而此造型又与澳门教堂的拱形门廊窗户形状类似,将现代土木工程建筑赋予了当地传统文化色彩。这样,两个拱门造型的桥塔隐语为代表澳门称谓的英、葡文Macau的首个字母"M"。引桥桥墩外观呈莲花造型,也有澳门莲花的寓意,极富澳门地方特色。

大桥工程设计和修建期间正值澳门历史城区申报世界文化遗产,由于注重了现代新建构筑物与当地传统文化、周边环境及历史遗迹的协调统一,不仅未对申遗造成不利影响,反而起到助推作用。2004年12月29日大桥建成后,"M"型桥塔和总体匀称协调的建筑造型得到了澳门当地各界的广泛赞誉,被誉为澳门的新地标。澳门邮政局为大桥专门发行了纪念邮票和首日封,澳门商业界也将其作为推介新产品的背景图案,旅游部门更是将其纳入了澳门旅游新景观。澳门历史城区世界文化遗产也于大桥通车后的2005年7月正式申报成功。

图5 澳门西湾大桥落成典礼何厚铧致辞

2.2 东莞东江大桥

澳门西湾大桥修建过程中,东莞市也计划修建莞深高速跨东江大桥,并希望采用类似澳门西湾大桥的双层结构。为此,业主邀请 5 家设计院进行方案竞赛,中铁大桥勘测设计院设计的钢性悬索加劲连续钢桁梁方案再次胜出。该桥东江水域主桥长 432 m,设计采用了悬索加劲钢桁拱架的桥梁结构形式,是国内首创的第一座全新钢结构双层公路桥。上层的莞深高速为双向 6 车道,下层的北五环路为双向 8 车道,全桥共 14 个车道,而桥宽仅 36 m,上下双层桥面叠置布置,结构共同受力,为发展城市交通与节约国土资源提供了新的思路。东江大桥采用了在悬索曲线上加劲弦的全新结构,兼有悬索桥的建筑景观,丰富了桥梁的结构形式,并按地方要求将原设计的蓝白涂装改为明亮的大红色,外观色彩更加显眼夺目。东江大桥于 2009 年 9 月 28 日正式通车,现已成为东莞市一处独特的城市地标和名片。

图 6 东莞东江大桥

3 武汉长江大桥的至尊经典设计及其申遗的倡议

中国近代桥梁中的至尊经典设计还要数万里长江第一桥——武汉长江大桥。20 世纪初,北洋政府和国民政府曾先后五次研究修建武汉长江大桥的问题,皆因资金或战乱问题无果而终。新中国成立后,在政务院和铁道部的直接领导下,中铁大桥勘测设计院在苏联专家的指导下进行大桥的勘测设计工作,完成了现在的实施方案。"从此,武汉三镇不再隔水相望,平汉(京汉)、粤汉两条纵贯全国的铁路不再受大江阻隔,而成为畅通无阻的京广运输大动脉,对新中国的建设发挥了巨大作用。"这个方案的特点,一是桥址位于江面最窄处,工程规模最小;二是桥址河道稳定,水流顺直;三是两岸地形有利于接线,利用长江两岸的蛇山、龟山以缩短公路和铁路引桥和路堤的长度,经济节约;四是桥身结构合理,为三联连续钢桁桥梁,每联 3 孔,共 8 墩 9 孔,每孔跨度为 128 m,通航适应性强。大桥为双层钢桁梁桥,上层为双向 4 车道公路桥,两侧设有人行道;下层为京广铁路复线,两列火车可同时对开。总长 1 670 m,其中正桥 1 156 m,西北岸引桥 303 m,东南岸引桥 211 m。8 个桥墩除第 7 号墩外,其他都采用"大型管柱钻孔法",这是由苏联专家提出和我国桥梁工作者共同研究试验后在国际上首创的新型深水基础施工方法。

武汉长江大桥于 1957 年 10 月建成,毛泽东主席在此写下"一桥飞架南北,天堑变通途"这一脍炙人口的诗句,表达了对武汉长江大桥的由衷赞美。大桥荣获新中国成立 60 周年"百项经典建设工程",并于 2013 年入选"第七批全国重点文物保护单位",成为武汉市 29 处国保文物中最年轻的工程建筑。

图 7 武汉长江大桥通车

武汉长江大桥凝聚着设计者匠心独运的机智和建设者们精湛的技艺。8 个巨型桥墩矗立在大江之中,米字形桁架与菱形结构使巨大的钢梁透出清秀的雄姿;35 m 高的桥台耸立在两岸,简约庄重;桥面两侧灰色铸铁桥栏上,雕刻有丹凤朝阳、孔雀开屏、雄鸡报晓、鸟语花香等吉祥图案的镂空花栏板,秀美精致。从汉阳的古琴台、晴川阁到龟山,经过长江大桥,将武昌的黄鹤楼、蛇山和红楼蜿蜒连接,组成一片气势磅礴、宏大连绵、美丽动人的历史文化景点建筑群。它不仅是长江上一道亮丽的风景,而且也是一座历史丰碑,具有丰富的文化艺术内涵。60 多年来,历经风雨沧桑的武汉长江大桥巍然立于大江之上。尽管武汉长江大桥原设计使用年限为 100 年,但只要保养得当,还可再用 100 年。它既是武汉的城市地标,也是武汉人民的自豪。

图 8 武汉长江大桥

目前世界上已有多座桥梁入选世界遗产名录,比起这些世界知名桥梁遗产,无论从工程设计还是文化内涵、历史记忆,武汉长江大桥都毫不逊色。在此提出倡议,考虑以武汉长江大桥为核心整理相关资料,对武汉长江大桥进行更好的文化传承和保护,争取尽早成为全人类的文化遗产。

城市轨道交通设计与文化遗产保护

吕晓应

（中铁第四勘察设计院集团有限公司，教授级高级工程师）

摘要：城市轨道交通线路和站位的设置及施工方案经常与地下文物、古迹发生交叉干扰，如何保护这些文物和古迹，本文以郑州轨道交通紫荆山站为例，通过合理的线路站位选择、平面布局、竖向设计并结合可行的施工方案，说明城市地铁的选线、站位设置对保护文物古迹的重要性。

关键词：城市轨道交通 地下车站 方案研究

Urban-track Design and the Protection of Cultural Heritage

Lv Xiaoying

China Railway SIYUAN Survey and Design Group Co. , Ltd. , Wuhan 430063

Abstract：It is normal that the construction of urban track line and stations discords with the underground cultural relics and monuments. How to protect these cultural relics and historical sites? The author is taking Zijingshan Station of Zhengzhou Rail Transit as an example to go through the reasonable line station location selection, layout, vertical design and construction scheme. The urban subway line, chosen according to the importance of protecting the cultural relics and monuments, should be taken into the design in the very first stage.

Key words：urban track, subway station, design

吕晓应教授在会议发言中

1 工程简介

根据郑州市城市总体规划，郑州市规划中心城区的空间布局结构为"两轴三带多中心"，紫荆山位于城市东西发展轴的中部，周边最典型的建筑为紫荆山公园（如图 1 所示）和紫荆山立交桥（如图 2 所示）。

图1　紫荆山公园

图2　紫荆山立交桥

根据建设规划,1号线本段线路沿人民路敷设,经紫荆山立交折向金水路向东;2号线呈南北走向,沿花园路和紫荆山路敷设(如图3所示)。1、2号线在紫荆山立交附近交叉换乘,并设置联络线,共享运营控制中心。

紫荆山立交桥连接花园路、紫荆山路、金水路、人民路。其中南北走向的花园路—紫荆山路是郑州市南北向交通的主干道,为主要的公交、客流走廊,也是南北向跨铁路通道中最拥挤的道路;金水路作为郑州市重要的运输通道,承担着全市东西向交通和跨越京广及陇海铁路通道的双重功能,区域地位十分重要,交通量巨大。

图3　郑州轨道交通线网规划图

紫荆山周边轨道交通线网主要由1、2号线组成。1号线贯穿城市东西发展主轴,覆盖城市东西主轴客流走廊,强化东西方向城市轴线发展。2号线贯穿城市南北发展轴,覆盖城市北向放射客流走廊和西南放射客流走廊,联系惠济片区、金水中原片区、中原二七片区,为核心区与北部地区、西南部地区提供快速联系,引导促进惠济片区和城市南部地区的发展,南北方向拓展城市空间。

2　周边文物古迹及保护要求

2.1　商代遗址

紫荆山公园内包含一部分商城遗址,位于金水路以南,紫荆山路与城东路之间。郑州商代遗址是1961年国务院公布的全国第一批重点文物保护单位,由内城和外郭城组成;内城近似长方形,其东北部是商城宫殿区,其中北城垣遗址长1 692 m,西城垣遗址长约1 700 m,南城垣和东城垣长均为1 870 m,周长近7 km。城墙东段、南段、北段部分残存于地表以上,西段大部分位于地下,地面残留的墙垣最高处达5 m,墙基最宽处达32 m。

郑州商代遗址是郑州作为商朝政治经济中心的历史见证,是郑州市最重要的文化遗产(如图4所示)。

图 4 商代遗址保护范围

2.2 黄河博物馆

黄河博物馆位于郑州市紫荆山路东侧,场馆占地约 7 000 m²,是我国唯一一座以黄河治理和开发为专题的科学技术博物馆。原有建筑约 2 900 m²,其中陈列面积 1 200 m²。作为世界上最早建立的水利行业博物馆,黄河博物馆经过四十多年的风雨历程,已成为具有鲜明特色和一定影响力的国内外知名博物馆,于 2008 年 11 月被评为省级文物保护单位(如图 5 所示)。

图 5 黄河博物馆

2.3 保护要求

商城遗址的保护要求：轨道交通构筑物顶部埋深应尽量大于 20 m，不得低于 15 m；在对现有城墙地面遗存严格保护的同时，划定两侧各 20 m 的核心保护范围；对地面遗存已不复存在的城墙原址，按 70 m（其中城墙底宽 30 m）宽度划定核心保护范围。

黄河博物馆保护要求：建设工程选址应当尽可能避开不可移动的文物；因特殊情况不能避开的，文物保护单位应当尽可能实施原址保护。

3 轨道交通线站位与文物的关系

城市轨道交通线网规划中郑州地铁 1 号线和 2 号线在紫荆山站相交并形成换乘，以紫荆山立交桥为中心，以东西向的金水路为横轴、以南北向的花园路—紫荆山路为纵轴，在紫荆山地区形成四个象限。

综合考虑工程的可实施性、文物的保护要求、地铁换乘的便利性、工程投资等多方面的因素，推荐 1 号线和 2 号线在东南象限的紫荆山公园设站（如图 6 所示）。

从图 6 可以看出，郑州轨道交通 1 号线自西向东经人民路过渡到金水路，地铁 2 号线自北向南经花园路过渡到紫荆山路，两条地铁线在东南象限设紫荆山站并形成换乘。1 号线在紫荆山站地铁区间下穿地下商城遗址，2 号线在紫荆山站北侧区间下穿地下商城遗址，车站部分与黄河博物馆交叉干扰。

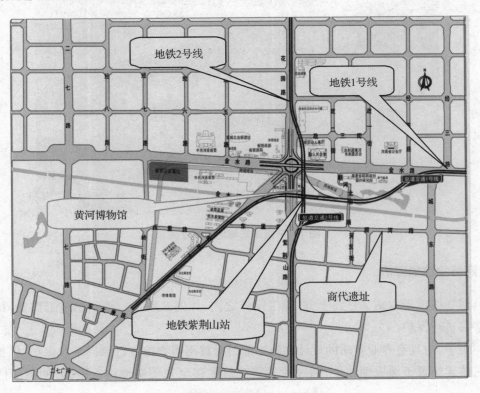

图 6 轨道交通线站位与文物的关系

4 文物保护方案

从上图中可以看出,地铁 1 号线、2 号线势必要下穿地下商城遗址和黄河博物馆,设计中采用了合理布局平面、竖向绕避、合理的施工工法等措施、原样平移保护等方案对地下和地上文物进行保护。

4.1 对地下商城遗址的保护

采用平面合理布局、区间下穿采用盾构法施工、竖向绕避。

从图 7 看出,1 号线和 2 号线紫荆山站主体平面和附属地面建筑(包含出入口、风亭等)均已绕避了地下商城遗址,采用明挖法施工;为顺利下穿金水河并确保区间隧道下穿遗址处满足"埋深应尽量大于 20 m,不得低于 15 m"的要求,1 号线车站按地下三层设计、2 号线车站按地下四层设计,通过加大埋深和盾构施工法从商城遗址处下方穿越,同时轨道采取高强度减震措施,这样既可以保护遗址不受到侵害,同时亦满足文物部门遗址的保护要求。

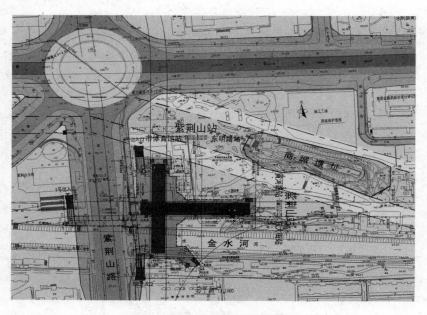

图 7 平面布局与地下商址关系

4.2 对黄河博物馆的保护

有黄河博物馆位于本站 2 号线上方,施工围挡之内(如图 8 所示),因明挖施工需要,黄河博物馆采用原地平移进行保护。

设计施工中,由具有专业资质的设计和施工部门对黄河博物馆进行原样平移保护,保护方案将黄河博物馆主体建筑置于两根钢轨上,通过滑轮将建筑平移至东侧空地内,平移后的黄河博物馆保护完好。

图 8　平面布局与黄河博物馆关系图

5　结论与思考

（1）地铁设计基本穿过城市的功能区，与地上、地下文物不可避免地会产生交叉干扰，为此在前期的规划中要做好文物古迹调查，选线中要尽量避免对文物古迹的破坏。

（2）随着社会的发展和人们认知度的提高，设计者要充分认识到环保选线和文物选线的重要性，熟知对环境、文物保护等方面的要求，即通过合理选线，同时采取切实可行的施工工法，并报主管部门审批同意，方可施工。

参考文献

[1]郑州市规划局.郑州市城市总体规划（2008—2020年）

[2]郑州市人民政府.郑州市城市快速轨道交通线网规划（2008年2月）

[3]郑州市人民政府.郑州市城市快速轨道交通建设规划（2008年2月）

[4]郑州市公共交通规划

[5]郑州市文物考古研究院.郑州市轨道交通沿线文物调查报告

[6]中铁第四勘察设计院集团有限公司.郑州市轨道交通1号线一期工程初步设计

南水北调大型水利工程与文化遗产保护
——武当山遇真宫保护工程

高洪远　邓东生　马昌勤

（长江勘测规划设计研究有限责任公司，教授级高级工程师）

摘要：南水北调是缓解中国北方水资源严重短缺局面的重大战略性工程。本文以位于水源地的遇真宫保护工程为实例，介绍了如何对水利工程中所遇到的文化遗产进行保护，并通过多种方案比较，得到因地制宜的最佳保护方案，在实施中采取了整体顶升的核心技术，有效地解决了工程建设和文化遗产保护的矛盾，对于类似文物的保护具有一定的借鉴意义。

关键词：南水北调　文化遗产　遇真宫　保护

South-to-North Water Transfer Project & Cultural Heritage Conservation

—Yuzhen Palace Protection Project of Wudang Mountain

Gao Hongyuan, Deng Dongsheng, Ma Changqin

Changjiang Institute of Survey Planning Design and Research, Wuhan　430010

Abstract：This paper takes Yuzhen Palace protection of South-to-North Water Diversion Project as an example, and introduces how to protect cultural heritage in water conservancy project. The best plan is chosen by comparing protection plans. The upraise technology is adopted in the construction plan, which is useful to other cultural relic protection of analogous project.

Key words：South-to-north water diversion, cultural heritage, Yuzhen Palace, protection

0 引　言

1952 年，毛泽东在视察黄河时提出"南方水多，北方水少，如有可能，借点水来也是可以的"宏伟设想。1972 年，中国在汉江兴建丹江口水库，为南水北调中线工程的水源开发打下基础。几十年来，广大科技工作者做了大量的野外勘察和测量，在分析比较 50 多种方案的基础上，形成了南水北调东线、中线和西线调水的基本方案。南水北调中线工程的水源地为汉江中上游的丹江口水库，主要向输水沿线的河南、河北、北京、天津四省市的 20 多座大中城市提供生活和生产用水。为实现南水北

邓东生教授在论坛发言中

调,丹江口大坝从162 m加高至176.6 m,大坝蓄水位抬高至170 m。

遇真宫位于丹江口库区,是具有600多年历史的世界文化遗产,其地面高程在160～163 m,宫内现存建筑物高程在161～163 m之间,如不对其进行保护则会全部淹没。

1 南水北调工程概况

南水北调工程是把中国长江流域丰盈的水资源抽调一部分送到中国华北和西北地区,从而改变中国南涝北旱和北方地区水资源严重短缺局面的重大战略性工程,也是迄今为止世界上规模最大的调水工程,不仅可以解决我国北方地区,尤其是黄淮海流域的水资源短缺问题,还可以促进中国南北经济、社会与人口、资源、环境的协调发展。工程横穿长江、淮河、黄河、海河四大流域,涉及10余个省(自治区、直辖市),输水线路长,穿越河流多,工程涉及面广,效益巨大。工程规划最终年调水规模448亿m³,其中东线148亿m³,中线130亿m³,西线170亿m³,建成后1.1亿多人直接受益。东、中线一期工程直接供水的县级以上城市达253个,将使700万人告别长期饮用高氟水和苦咸水的历史。

南水北调东线一期工程于2002年12月开工,2013年11月建成通水;西线工程实施难度较大,还没有开工建设;中线一期工程于2003年12月开工,主体工程已于2013年12月基本完工。

1.1 南水北调中线一期工程概况

南水北调中线工程是整个南水北调工程的有机组成部分。中线一期工程任务是向华北平原包括北京、天津在内的19个大中城市及100多个县(县级市)提供生活、工业用水,兼顾生态和农业用水。工程首先将丹江口水库大坝加高,利用新开的人工渠道(局部管道)输水。输水总干渠自丹江口水库陶岔渠道引水,在方城垭口穿江淮分水岭,从郑州西边的孤柏嘴处过黄河,之后大体平行于京广铁路(位于京广铁路以西),北上至北京团城湖,天津干渠从河北省徐水县西黑山处分水至天津外环河。输水工程全长1 421 km,其中引水渠道至北京长1 267 km,天津干渠长154 km。其中,丹江口大坝将按正常蓄水位170 m一次加高,工程完成后任务调整为防洪、供水为主,结合发电、航运等综合利用。

图1 南北水调中线工程线路图

1.2 丹江口大坝加高工程概况

丹江口大坝,位于湖北省丹江口市城区,汉江中上游,是汉江流域最大的水利枢纽工程,由混凝土坝、电站厂房、升船机提升系统及上游 30 km 的两座引水渠道组成。为了南水北调中线工程的顺利实施,大坝坝顶高程由过去的 162 m 增加到 176.6 m,蓄水从 157 m 提高至 170 m,抬高 13 m,水源基本可以自流到广大的北方地区,库容从 174.5 亿 m³ 增加到 290.5 亿 m³,一期工程年均可向河南、河北、天津、北京等省市调水 95 亿 m³,最终将达到每年 130 亿 m³,将有效缓解我国北方水资源严重短缺的局面,有利于湖北防洪、汉江中下游综合治理和库区群众脱贫致富。

混凝土大坝加高中,由于新老混凝土弹性模量的差异,在内外部温差的作用下,对新老混凝土接合面和坝体应力产生不利影响。在进行大量计算分析研究的基础上,结合大量试验室和施工现场原位试验,提出了满足设计要求的新老混凝土接合的具体结构措施。在不影响大坝正常运行的情况下,完成混凝土大坝裂缝检查、修补和大坝加高,其建设难度在大坝加高史上可谓世界之最。

丹江口大坝 2005 年开始加高,历经近 8 年的建设,目前大坝"长"高了近 15 m,从 162 m 加高至 176.6 m。由于水位的抬高,丹江口库区水域面积由 745 km² 扩大到 1 050 km²,淹没范围涉及三省七县,淹没耕地 1.98 万 hm²,动迁移民 28.7 万人。

图 2　丹江口大坝鸟瞰图

2　遇真宫简介

遇真宫位于丹江口库区内的湖北省武当山风景区,是世界文化遗产武当山古建筑群主体建筑"九宫八观"之一。武当山是道教发源地,1994 年被评为世界文化遗产之一,旅游业比较发达,是我国重要的历史文物。遇真宫位于武当山脚下,背依凤凰山,面对九龙山,左为望仙台,右为黑虎洞,山水环绕如城,旧名黄土城。相传当年武当鼻祖张三丰曾在此处修身养性,遇见了太上真人,故此曰"遇真宫"。

遇真宫作为武当山古建筑群九宫之一,始建于明朝永乐年间,于永乐十五年(公元 1417 年)竣工,共建殿堂、斋房等 97 间。到嘉靖年间,遇真宫已经扩大到 396 间,院落宽敞,环境幽雅静穆,当时有殿堂、斋堂、廊庑、山门、楼阁等大小建筑 296 间。现存宫墙较为完整,长 697 m,高 3.85 m,厚 1.15 m,顶残破。由前至后,有琉璃八字宫门、东西配殿、左右廊庑、斋堂、真仙殿、山门等。院落宽敞,道房幽雅。见下图 4——遇真宫平面示意图。

现存大殿为砖木结构,歇山顶,抬梁式木构架,四周饰斗栱,后檐毁,现封檐。面阔进深均为 3 间,面阔 20.30 m,进深 11.15 m,高 11.23 m。单檐飞展,彩栋朱墙,巍立于饰栏崇台之上。现存庙房 33 间,建筑面积 1 459 m²,占地面积 56 780 m²。见下图 5、图 6——遇真宫现状照片。

图3 遇真宫山形地势图

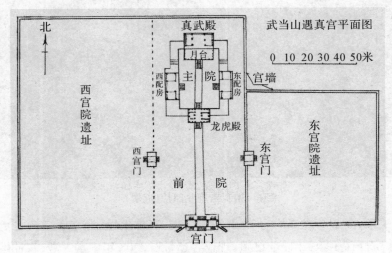

图4 遇真宫平面示意图

图5 遇真宫现状照片(远景)

图6 遇真宫现状照片（近景）

真仙殿为庑殿式顶，面阔与进深均为3间，单檐飞展，彩栋朱墙，巍立于崇台之上，古朴典雅，庄严肃穆。东宫、西宫建筑群在1949年以前已毁，现仅存遗址。2003年中宫大殿（真仙殿）被大火焚毁，现仅存八字照壁、宫门、龙虎殿、东西配殿、东西廊庑以及斋堂等建筑，现状见图7~图12。

图7 真武殿

图8 东配殿

图 9　西配殿

图 10　山门正立面

图 11　山门背立面

图 12　西宫门正立面

丹江口水库大坝加高后,遇真宫处在水库淹没线以下,必须进行抢救性保护。

3　问题的提出

南水北调重点工程的实施将使丹江口水库的正常蓄水位从 157 m 提高到 170 m,"遇真宫"海拔只有 155 m,其地面高程在 160～163 m,宫内现存建筑物高程在 161～163 m 之间,如果不采取保护措施,将淹没在水下。在建设现代文明的同时应保护好古代文明,对于遇真宫这样具有 600 多年历史的世界文化遗产进行保护是必需的,也是很有历史意义的。

遇真宫是以木及砖石为主要材料的建筑,上部主体以木结构为主,木结构属于可拆卸结构,而作为具有悠久历史的建筑宜于保持原貌,以期保护永久的文化。遇真宫保护的首要任务是其在丹江口水库运行过程中不致淹没,保护重点文物及不可再生的土地资源。

2003 年长江勘测规划设计研究有限责任公司开始对遇真宫的文物保护方案进行研究,2005 年提出了围堰保护方案;2006 年湖北省文物局委托清华大学做了原地抬升方案;2006 年湖北省文物局委托西安文物保护研究所做了移址重建方案。下面分别对这三种方案进行介绍和比较。

4 保护方案

文物保护工程类型分为：保养维护工程、抢险加固工程、修缮工程、保护性设施建设工程、迁移工程等。围堰防护方案属于保护性设施建设工程，原地抬升方案和移址重建方案均属于迁移工程。

4.1 围堰防护方案

围堰保护方案共比较了三个方案。在介绍方案之前有必要交代一下遇真宫所在区域的水文地质等自然条件，以及保护方案采用的设计标准。

4.1.1 水文地质

遇真宫所在丹江口库区属东亚副热带季风气候区，冬季受欧亚大陆冷高压影响，夏季受西太平洋副热带高压影响，气候具有明显的季节性，冬有严寒夏有酷热。区域降水有三个集中时段，4月下旬至5月下旬为春汛；6月下旬至7月下旬为夏汛；8月下旬至10月为秋汛，其中夏汛时段雨量最大，秋汛次之，但遇降雨天气有异时秋汛雨量超过夏汛。降水年内分配不均匀，5～10月降水占全年的70%～80%，7、8、9三个月占年降水量的40%～60%。遇真宫防护区洪峰流量采用《湖北省暴雨径流查算图表》的方法计算。其中：

（1）区内设计洪水：采用 20 年一遇设计，方案一～方案三洪峰流量分别为 44.20 m^3/s、31.10 m^3/s、26.44 m^3/s。

（2）区内校核洪水：按 100 年一遇洪水校核，方案一～方案三洪峰流量分别为 59.21 m^3/s、41.70 m^3/s、35.45 m^3/s。

遇真宫防护工程区四面环山，为一呈 NW—SE 向展布的山间侵蚀—剥蚀盆地地形，地面高程151～164 m，纵向长约 1 450 m，横向宽300～600 m。遇真宫建筑群坐落于盆地上，其所处部位地面高程 161 m 左右。工程区四周山坡地形较陡峻，坡度一般 30°～50°，局部呈陡崖。

工程区出露地层为中元古界武当群（Pt2wd）和第四系（Q），由下到上依次为：工程区基岩为中元古界武当群（Pt2wd）石英绢云片岩、绢云片岩、钠长片岩；第四系主要有中-上更新统冲积层（Q2 - 3al）粉质黏土、全新统下段冲积层（Q41al）粉质黏土及壤土、砾质土、沙砾石层；全新统上段冲积层（Q42al）粉质黏土及壤土、砾质土、沙砾石层；此外零星分布有崩坡积层（Qcol - dl）、坡洪积层（Qdl - pl）、人工堆积层（Qml）。

工程区位于秦岭褶皱系东南缘。根据国家地震局 2001 年 1：400 万《中国地震动参数区划图（50年超越概率 10%）》，地震动峰值加速度为 0.05 g，地震基本烈度为 Ⅵ 度。

4.1.2 设计标准

防护工程等级：按照《防洪标准》，国家级文物为 Ⅰ 等工程，防洪标准不低于 100 年一遇。遇真宫作为武当山古建筑群的组成部分，被列入世界文化遗产，应等同于国家级文物，工程等级应为 Ⅰ 等工程，防洪标准按 100 年一遇设计。按照《水利水电工程等级划分及洪水标准》SL252—2000 相应防护工程应为 2 级建筑物；防护堤、排水闸、泵站等主要建筑物按 2 级建筑物设计。

防洪除涝标准：遇真宫防护工程外江设计洪水受丹江口水库水位控制，防护堤设计洪水位按丹江口水库枯水期控制水位水面曲线确定。丹江口水库坝前 100 年一遇设计水位 169.93 m（吴淞171.7 m）时，遇真宫防护区附近的回水水位与坝前水位相近，即防护区 100 年一遇外江设计水位为

169.93 m。

防护区内排水闸、泵站按汛期区内20年一遇24 h暴雨设计,100年一遇24 h暴雨校核。

4.1.3 方案一(推荐方案)

规划　工程规划范围内大致可分为:重点保护区、一般保护区、建设控制地带、防护林地、现状农田、调蓄池、人口景观绿化和防护堤等版块,见图13。

这些版块以遇真宫中轴线为结构主轴,以新建排水闸、泵站、调蓄池等人文景观为结构次轴。依据遇真宫相关保护规划,确定保护范围,并在外围以步道的形式加以界定。结合现状地势和功能要求,在遇真宫西侧布置防护林地,以阻挡西北风对宫殿的侵袭,使国道与宫殿之间形成一道绿色屏障,减轻道路对遇真宫的影响。在遇真宫东侧,结合防护堤布置进宫道路,并对这一区域作景观绿化。同时修建停车设施和集散广场,以满足旅游接待的需要。遵循我国传统风水理论,并结合防护堤内排涝需要,在遇真宫南侧设置三清池,既体现了背山面水的传统风水格局,又很好地解决了区内渍水的调蓄问题。西南角的现状农田予以保留,以延续场地历史记忆。

在交通组织上,力求迎合并延续原有的田园径道系统。为了畅通遇真宫与外部的联系及消防需要,修建一条连接道路,改造原有游憩步道,尽可能把自然、生态的环境原汁原味地予以保留。

防护工程　由防护堤、排水闸、泵站、截洪沟、排水沟组成,防护堤设计堤型为黏土心墙砂卵石堤,堤基砂卵石层采用混凝土防渗墙进行垂直防渗,透水性较大的岩层采用灌浆处理。在高程172.0 m附近开挖截洪沟,拦截汛后来水,以减小泵站装机容量。在防护堤后顺堤轴线方向开挖排水沟,汇集区内来水通过闸、站排出区外。

图13　围堰保护方案

堤线布置　堤线自遇真宫东边自南向北布置,至遇真宫小学接172.3 m高程止,堤线全长847 m,防护区面积0.39 km²。最大堤高13.7 m,平均堤高12.6 m。对防护区内地形略作整理,使区内来水均能通过田间沟渠汇集于排水沟之中,实现区内统一排水。排水闸布置在堤内低洼处,泵站与排水闸合建,布置在排水闸一侧。防护区内水位高于外江水位时由水闸自排入江,低于外江水位时由泵站抽排。

排水设计 在防护区后缘沿 172.0 m 等高线附近开挖截洪沟高水高排,截洪沟顺两堤肩直接自流排入丹江口水库。在防护堤后顺堤轴线方向开挖排水沟,对区内地形略作整理,使区内来水可全部通过田间沟渠汇入排水沟,通过闸、站排出区外。

排水闸 设计流量按汛期 20 年一遇洪峰流量设计。根据水文资料计算,汛期 20 年一遇洪峰流量为 44.20 m³/s,则排水闸设计流量按 44.20 m³/s 考虑。根据闸址处地面高程,区内排渍等要求,确定闸底板高程为 155.5 m。

排水泵站 汛后丹江口水库蓄至坝前正常水位时,区内来水不能自排,需由泵站抽排,泵站设计标准按 20 年一遇 24 h 暴雨设计。防护区内水沟基流主要为地下水、生活及生产排水,流量按 0.05 m³/s 考虑,则每天需排走水量 0.43 万 m³,调蓄容积足够容纳(高程 160 m 以下容积约 17.84 万 m³),本阶段拟定最低水位 154.0 m,起排水位 157.5 m,排涝设计水位 158.0 m,排涝设计高水位为 160.0 m。

景观 在水磨河边筑堤挡水,保持遇真宫自然风貌。保护堤脚距离遇真宫约 440 m,对遇真宫周边环境基本没有影响,能最大限度保持遇真宫自然风貌,仅对堤内沿堤脚布置绿化带、堤外植生块绿化护坡。

防护堤作为新建构筑物一定程度上会影响到区域内的景观格局,为了减轻防护堤对区域内景观的影响,在护堤背坡面填土改坡,以周边自然坡面为参照,构建连续起伏的缓坡护堤,并对坡面进行绿化改造,以与场地所处的自然环境完美结合,与场地的特质相融合,形成"自然的场所"。在护堤迎水面,设计防洪水位以上部分采用亲环境植生块护面,并采用阴阳互补的图案形式进行植草,以丰富护堤景观,弱化堤防存在感。使遇真宫在防护工程过后恢复原有环境品质,依山临水,山水环绕,幽雅静穆。

结论 本方案保护范围适中,可以较好地体现文物保护原址、原样、原环境的基本准则,对周边环境影响有限,采取生态措施后可以起到改善环境、提升文物品质的效应,投资适中,静态总投资为 7 912.25 万元。

4.1.4 方案二

堤线自遇真宫南边的水磨河左岸Ⅰ级阶地自西向东布置,至东侧玄岳门接 170.2 m 高程止,堤线全长 1 320 m,防护区面积 0.66 km²。最大堤高 18.6 m,平均堤高 13.6 m。对防护区内地形略作整理,使区内来水均能通过田间沟渠汇集于排水沟之中,实现区内统一排水。根据丹江口水库调度规程,夏季防洪限制水位为 160.00 m(吴淞),将排水闸布置在高程 155.50 m 附近,泵站布置在堤内低洼处,与排水闸分建。防护区内水位高于外江水位时由水闸自排入江,低于外江水位时由泵站抽排。

本方案防护范围大,能够最大限度保护遇真宫的原貌,但投资在三个方案中最大,达到 11 294.95 万元。

4.1.5 方案三

堤线自遇真宫南边的水磨河自西南向东北布置,至遇真宫小学接 172.3 m 高程止,堤线全长 844 m,防护区面积 0.32 km²。最大堤高 13.0 m,平均堤高 11.6 m。对防护区内地形略作整理,使区内来水均能通过田间沟渠汇集于排水沟之中,实现区内统一排水。排水闸布置在堤内低洼处,泵站与排水闸合建,布置在排水闸一侧。防护区内水位高于外江水位时由水闸自排入江,低于外江水位时由泵站抽排。

本方案虽然投资最小,约 7 516.39 万元,但对遇真宫的保护范围较小,对遇真宫的周边环境有一定影响。

4.2 原地抬高方案

原地抬高的保护方法由北京清华城市规划设计研究院文化遗产保护研究所提出完成,比较了两种方案:原地顶升方案和原地垫高复建方案。因库区蓄水位抬高至 170 m,两种方案皆将遇真宫垫高范围内地面由 160 m 高程垫高至 175 m 高程,这样避免了 100 年一遇洪水淹没的风险,同时降低了局地气候变化对建筑的影响。其中,垫高方案首先要对遇真宫现有建筑遗址解体重建,然后填土垫高,再将文物建筑复建到原地。在此过程中,不可避免地对原有建筑构件造成一定程度上的负面影响;原地顶升方案虽对遇真宫现有建筑遗址采用整体顶升的方法,但在施工过程中会对文物建筑的台基部分及其下夯土层造成一定的损坏,对于中宫内大面积的地面铺装等仍需同样采用编号、拆卸、复位的方法。

综合比较诸如工程费用、施工技术难度、文物安全系数、工程潜在风险以及可操作性等各方面因素,决定采用垫高与顶升结合的方法。对现存主要建筑:东西配殿、龙虎殿、八宫门等拆解,垫高后原址重建;对山门、东宫门及西宫门采取整体顶升的保护方案。该方案虽然保持了建筑原地不动,但是须对主要建筑进行拆解,会对文物有一定的损坏。该方案效果图见图 14。

图 14　原地垫高方案

4.3 搬迁重建方案

搬迁重建方案由西安市文物保护考古研究所完成,将遇真宫整体迁至距离现址 5 km 的朱家洼重建。该方案完全避免了洪水淹没风险,最大限度地降低了局部气候对建筑的影响,同时保护经费最低,施工难度也最小。最大缺点是对文物损伤最大,改变了遇真宫原来的选址地点和朝向,对遇真宫及其原有周边环境的真实性造成较大的负面影响,不符合文物保护原则。失去与遇真宫相伴 600 个沧桑岁月的大量历史信息的同时,搬迁占地必然增加移民,加大库区环境容量的压力。方案见图 15。

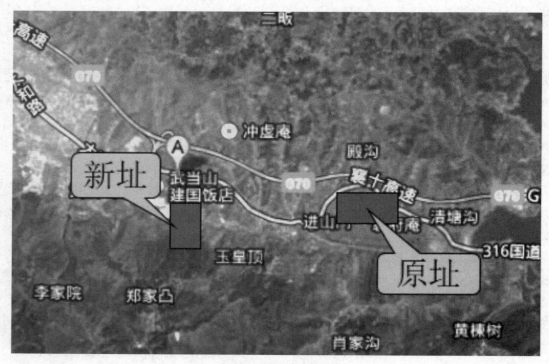

图 15　搬迁重建方案

5　方案选择

文物保护的主要原则有:①保护为主、抢救第一、合理利用、加强管理;② 严格采用传统工艺和传统材料;③严格遵循不改变文物原状的原则;④ 安全性原则;⑤真实性原则,保证历史信息的完整真实,包括物质实存和记录。

以上三种方案中,异地搬迁是最省钱的方案。据估算,换个地方重建耗资不到 1 000 万元。但是,该方案并不被文物专家看好,"如果异地搬迁,遇真宫就不是原来那个遇真宫了"。专家们综合考虑各方面因素,最先否决了异地搬迁方案。一是因为武当山下没有足够大的地方用来"复制"一座遇真宫,更重要的是,遇真宫异地搬迁后不但离开了这一古文明所依存的环境,也违背了保持古建筑原真性的文物保护原则。

由于异地搬迁和原地抬升将改变遇真宫所处位置和环境的真实性,不少文物专家更倾向于采用围堰保护方案。2006 年下半年,国家文物局原则上同意对遇真宫进行围堰保护。

但在进行具体工程设计时,发现围堰保护方案不利于遇真宫保护。其具体缺陷有三:一是按照围堰保护方案,该工程将按百年一遇的洪水设防,但是如遇超过百年一遇的洪水,遇真宫将受灭顶之灾;二是如果堰内因大雨出现积水,其排水问题也无法解决;三是遇真宫一带地质状况不太好,如修围堰可能出现渗漏等问题。

围堰防护方案建成后,遇真宫建筑群将长期处在库周环境及围堤环境内,其气候变化既受库周局地气候变化影响,又受防护区内局地气候变化影响,在这两种气候叠加作用下,遇真宫建筑群将长期处在高湿度的环境中,加上通风条件不良,对于以木结构为主的古建筑群,容易引起霉变、腐烂甚至倒塌等破坏,在不采取针对性保护措施的情况下,其稳定的保存情况将改变,重点部位的主要材料将在50年的时间内迅速遭到破坏,因此围堰防护方案也被放弃。

原地抬高的方案,对主要建筑可以采取拆卸垫高后重建,对于像宫门这样可以整体移动的建筑采取顶升方案,该方案对文物的损伤相对最小,可以最大限度地保护文物,虽然本方案投资费用高昂,但最符合文物保护原则,为最佳方案。2010年2月,国家文物局最终确定采用原地垫高的保护方案。

2010年10月,受业主委托,长江勘测规划设计研究有限责任公司与清华设计院共同承担遇真宫垫高保护工程实施阶段设计工作。

6 方案实施

垫高保护方案在文物保护工程类型上属于文物迁建工程,包括历史研究与现状测绘、病害勘察分析、编制修缮设计方案三方面工作。

修缮原则 保护为主、抢救第一、合理利用、加强管理

严格采用传统工艺和传统材料

严格遵循不改变文物原状的原则、安全性原则、真实性原则

修缮方法 对文物建筑进行拆解编号,分建筑按部位进行存放,完成构件修缮和补配工作,新址复原;对建筑遗址区进行分区编号,记录完整坐标,对各区遗存进行测绘记录和详细拍照;复原时结合建筑测绘图分区复原。

6.1 工程布置

岸线围绕遇真宫自西向东布置,形状自由布置,南侧较为开阔,至遇真宫围墙达119 m,岸线全长770 m,边缘处高程垫高至171 m,中心处垫高至175 m,垫高区总面积83 830 m²。工程布置及效果见图16、图17。

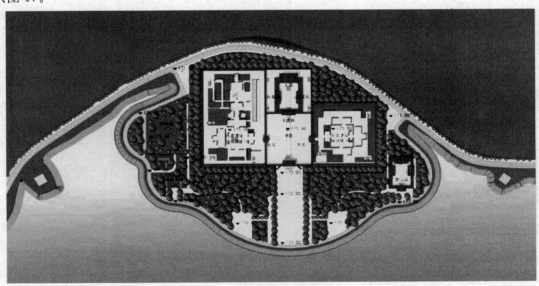

图16 工程平面布置图

图 17　工程效果图

沿遇真宫原围墙位置布置地下室作为文物保护设施,底板高程为 169 m,顶板高程为 175 m,地下室总面积约为 2.4 万 m²。

在遇真宫围墙西侧布置排水涵洞,将后山来水通过涵洞排向水磨河方向,涵洞总长 280 m,进口高程 16.40 m,出口高程 159.50 m。

6.2　文物测绘

在采用原地垫高方案的实施中,对于现存主要建筑——东西配殿、龙虎殿、八宫门等进行拆解,在拆解的过程中对建筑构件进行编号,分建筑按部位进行存放,完成构件修缮和补配工作,同时对建筑遗址区进行分区编号,记录完整坐标,对各区遗存进行测绘记录和详细拍照,复原时结合建筑测绘图分区复原(见图18)。

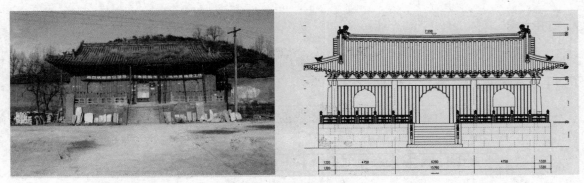

图18　文物测绘示意图

在勘察记录阶段，首先按照建筑学方法，对建筑遗址进行测绘制图记录，注重尺度空间关系。同时结合考古学方法，对遗址区进行分块划分，用定位坐标确定各块范围并相互连接，对各块进行测绘编号和详细拍照记录。保证在还原遗址过程中结合建筑学和考古学方法，在大地坐标系统内进行分块放样并精确复原（见图19）。

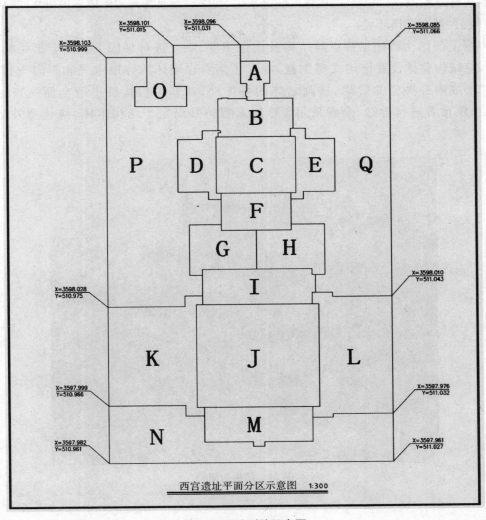

图19　遗址测绘示意图

6.3 顶升方案

对于山门、东宫门及西宫门等建筑采取整体顶升的保护方案。为此对该方案进行了深化研究,提出了如下技术解决方案(施工工艺见图 20):

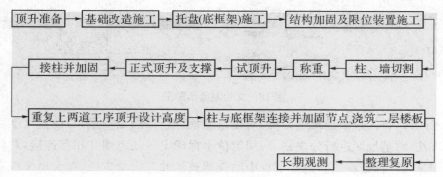

图 20 顶升工艺图

(1)隔水与降水:采用深层旋喷桩深入弱透水层,使之在建筑物周边形成一道隔水帷幕,进而井点降水为施工提供基本操作环境。

(2)根据上部结构和施工特点对结构及构件强度、刚度进行加固。根据上部结构和施工扰动的特点,对结构整体设置格构式型钢箍,并采用钢管在墙体内外以水平和斜向支撑作用于钢箍,对墙体形成内外夹紧的效果,提高墙体的整体性;对非结构构件进行全面检查,少数残损且安全隐患较重者进行拆卸,余者采用柔性绳索等将其固定于结构本体,防止意外坠落(见图21)。

图 21 结构加固图

（3）采用人工挖土掘进顶管施工技术顶进预制好的箱梁（或型钢），使箱梁和浇筑后芯梁形成阁体刚性基础（见图22）。

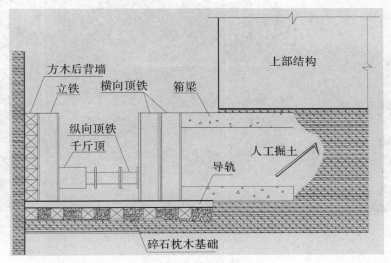

图22　顶管工艺施工图

（4）采用坑式静压桩在建筑物下方逐根压入钢桩，使之承载力达到设计要求的2倍以上；上部结构直接作用于混凝土托盘，并由钢桩基础支撑，完成基础托换的工作。

（5）整体顶升：宫门各设置20组千斤顶于钢桩和混凝土基础之间；山门设置80组千斤顶于钢桩和混凝土基础之间，同步顶升，逐渐完成上部结构整体顶升。每次顶升高度达到600 mm，则焊接横向拉结型钢，支模板，浇筑混凝土。如此循环，上部结构则被逐渐顶升至设计高度（见图23）。

图23　顶升施工照片

（6）加强观测：施工过程进行应力与变形全程监控，预备多种预案，随时根据现场情况进行调整，保证施工过程精确到位（见图24）。

图 24　整体顶升方案实施现场

6.4　垫高填筑

坡顶高程 171.0 m,坡脚高程约 160.0 m,按一般堤防工程的边坡拟定,坡度为 1:3.0,在 165.5 m 高程处设置 10 m 宽平台,平台以下采用浆砌石护坡,平台以上采用植生块护坡,坡脚处设 1.5 m× 1.5 m 浆砌石脚槽。填筑所用碎石土土料采用遇真宫西沟村的西沟土料场,距离工程区约 1 km,由简 易公路相连。

6.5　排水涵洞

排水涵洞布置在遇真宫围墙西侧,涵洞全长 280 m,共分 28 段,每段长度为 10 m。涵洞宽 3.2 m, 底板高程 155.5 m,纵坡 1:200,厚 0.8 m,涵洞顶板、底板、侧墙厚均为 0.5 m,下设 0.1 m 厚的 C10 素混凝土垫层及 0.3 m 厚的碎石垫层。孔口尺寸单孔 3.5 m×3 m,共 2 孔。

上游进口段采用八字口形式,长 5.0 m,底板高程 164.0 m,为钢筋混凝土结构。

下游连接段由消力池和海漫组成。消力池长 10.0 m,扩散角 10°,池深 0.5 m,底部高程 159.0 m,底 板厚度 0.5 m,下设 0.1 m 厚的 C10 素混凝土垫层及 0.3 m 厚的碎石垫层;海漫段全长 20.0 m,厚 1 m。

6.6　地下文物保护设施

地下文物保护设施按遇真宫东宫、中宫、西宫布置,总长度 234.9 m,宽度 134.4 m,层高为 6 m,柱 网以 8.4 m 为主,因山门需要进行顶升,故在山门处避开 2 m。为了控制结构变形,沿纵横两个方向设 置了 6 道后浇带,后浇带宽度均为 1 m。

基础结构形式为桩基承台及梁板式底板,底板高程为 169.0 m,承台一般为 2 桩承台或 3 桩承台, 3 桩承台高度 1 m,2 桩承台高度 0.8 m,底板厚度为 0.4 m,承台梁尺寸为 0.4 m×0.9 m。侧墙厚度 0.4 m,下设 0.5 m×0.8 m 承台梁。

顶板高程为 175.00 m,顶板厚度为 0.25 m,框架柱尺寸为 0.6 m×0.6 m,框架梁尺寸为 0.35 m×0.8 m,由于跨度较大,每跨设置次梁一道,次梁尺寸为 0.3 m×0.6 m。

7 结 论

本项保护工程投资概算 18 524.11 万元人民币,包括文物修缮工程,山门、东西宫门顶升工程,地下基础垫高工程和考古发掘工作,其中顶升工程 1 847.74 万元。南水北调工程涉及多个省市的近千处文物的抢救及保护,其中遇真宫垫高保护工程是南水北调工程中保护级别最高、单体投资额度最大的文物保护项目,体现了我国在大型基本建设中对文化遗产保护的高度重视。

遇真宫抢救保护工程实施以来,媒体、网民对如何科学开展文物保护,如何在专家论证的同时以适当方式听取公众意见,以及加强保护维修后的文物展示等,提出了一些意见和建议,对此,国家文物局表示将认真研究借鉴,努力推进各类文化遗产的科学保护和世代传承。通过本文分析可以得出以下主要结论:

(1) 对于大型水利工程在建设现代文明的过程中应注重保护古代文明,并应遵循文物保护的原则,对于世界文化遗产遇真宫的保护具有重要的历史价值。

(2) 围堰防护方案最大限度地保护了建筑,符合文物保护的原则。但是有淹没风险,以及因局部气候的改变,砖木结构重点部位的主要材料将在 50 年的时间内迅速破坏的风险。

(3) 采用原地垫高方案对遇真宫进行保护最符合文物保护原则,对建筑的损伤最小,为最佳保护方案。

(4) 对于遇真宫中的山门、东宫门及西宫门等上部整体性比较好的历史建筑应采取整体顶升的方案,这样可以最大限度地保护文物的历史原貌。

参考文献

[1] 工程建设征地移民规划设计报告. 长江水利委员会长江勘测规划设计研究院,2005
[2] 武当山遇真宫原地垫高保护方案初步设计. 北京清华城市规划设计研究院文化遗产保护研究所,2007
[3] 丹江口水库遇真宫防护工程物理环境变化影响风险评估. 河南省文物建筑保护设计研究中心,2008

城市更新背景下工业基地的空间记忆探讨[①]

——以宁波市甬江港区北岸工业基地为例

何 依

（华中科技大学建筑与城市规划学院，教授、博士生导师）

摘要：本文结合甬江港北岸工业基地的规划实践，城市更新背景下，提出了工业遗产空间记忆的概念，并分别以公共物品、生产单元、特色景观为导向，从点、线、面三种不同的空间形式，研究工业遗产空间结构的转变逻辑，探讨工业遗产空间记忆的基本方法，为历史要素如何在新的城市空间中以整体的方式继续延续，提供了不同的规划思路。

关键词：工业遗产　空间记忆　甬江港北岸

Exploration of Spatial Reconstruction Planning Mode of Industrial Heritage: Taking an Example of the Industrial Base in North Shore of Yongjiang River Port in Ningbo City

He Yi

Abstract：Combined with the practice of urban planning in the industrial base in north shore of Yongjiang River Port，the authors put forward the concept of "Industrial Heritage Space". Taking public article, production cell, characteristic landscape as the guide respectively，using point，line，surface as the three different spatial forms，the paper studied the logical transformation of spatial structure and discussed the basic approaches of reconstruction in industrial heritage space. It offered a distinct planning guideline for historic elements to be sustainable in new urban space as a complete part.

Key words：industrial heritage space，reconstruction mode，north shore of Yongjiang River Port

20 世纪作为人类社会变迁最剧烈的时期，各种重要的历史变革和科技成果，都以特有的形式折射在工业遗产中。中国的工业遗产除记录人类科学技术进步的历程，往往还承载着特别的历史事件，如新中国成立、"大跃进"、"文化大革命"、三线建设等，是城市社会记忆结构的重要组成部分。当下中国的城市发展，面临城市土地经济导向和环境保护双重压力，"退二进三"仍在持续不断地进行，"新中国时期"大量的产业建筑与环境将从城市空间中消失。如何保留城市记忆，使工业遗产融入现代城市空间，成为了城市规划设计的热点问题。

何依教授在论坛发言中

---

① 国家自然科学基金资助项目：四维城市理论及应用研究（批准号：51278211）

本文结合宁波市甬江港北岸的规划实践,在城市空间大规模更新的背景下,试图通过工业遗产空间重构,保留基地的历史记忆和空间特质。分别以公共物品、生产单元、特色景观为导向,从点、线、面三种不同的空间记忆形式,构建"工业遗产空间"模式,来寻找历史要素在城市空间中新的存在方式,为工业遗产空间的重构提供多元的规划思路。

1 工业遗产空间

1.1 工业遗产空间的概念

相对工业建筑遗产的本体而言,本文所指的工业遗产空间是一个建立在工业生产过程或生产环境基础上的整体性存在,与特定的工艺流程、产业结构、技术水平和社会特征等相关联,由公共物品、生产单元和特色建筑三部分共同组成。其中公共物品是基地内组织生产关系的支持性要素,如道路、铁路、管线、水渠等基础性设施,也可以是俱乐部、教堂、办公楼等公共性设施,反映了基地内在的组织关系和空间逻辑;生产单元是基地内相对独立完整的空间,如设在工艺流程中的独立车间或工业基地中的独立工厂,表现出机械时代的生产工艺和技术水平;特色建筑是生产单元中外形"特异"建筑物或构筑物,如水泥厂的熟料库、面粉厂的立筒仓、冷冻厂的冷却塔等,是生产工艺过程中重要的外部认知符号(图1/表1)。

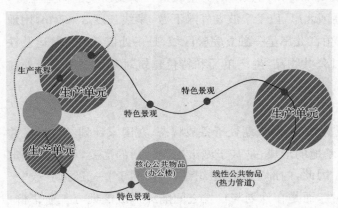

图1 工业遗产空间示意图

表1 工业遗产空间组成的三要素

三要素	存在价值	要素形态	空间属性	开放度	典型代表
公共物品	整体形态	线性/核心	领域	强	道路、铁路、管线等
生产单元	内部结构	面状	场所	弱	车间、工厂
特色景观	外部造型	点式	节点	强	立筒仓、熟料库等

工业遗产空间并非一个完整的工业生产环境,而是在生产功能结束之后,相关历史要素的延续方式,集机械遗产、建筑遗产、工程遗产于一体,具有一定的整体性和共生性特征:一方面,区别于个体的建筑遗产,分散的历史要素要有一定的关联性,互为因果,是一个建立在工业化时代的完整认知过程;另一方面,区别于单纯的历史环境,表现为新旧要素在同一空间内的共时状态,寓旧于新,是现代城市空间的有机组成部分(图2)。

下面通过宁波市甬江港北岸工业基地的更新改造,进一步分析"工业遗产空间"的组成要素及关系。

1.2 甬江港北岸工业遗产空间记忆

在宁波城市形成与发展过程中,港口作为重要的基础设施和支撑条件,勾勒出城市发展的四个阶段:以明州港为代表的宋元港市时期;以老外滩为代表的近代开埠时期;以甬江港为代表的新中国建

图 2 甬江港北岸工业建筑分布图

设时期;以北仑港为代表的改革开放时期,呈现出从江河向大海的时空轨迹。本文研究的时空坐标,是新中国时期的宁波港口工业基地——甬江港区北岸,位于宁波老外滩下游,岸线长度 2 431 m,用地面积 89 hm²,集中分布了 20 多家生产单位,在甬江北岸呈一独立完整区域,是一处依托码头航运及铁路运输发展的仓储物流业基地。下面分别通过公共物品、生产单元和特色建筑对基地空间进行外在的认识和内在的分析。

1.2.1 公共物品

宁波市位于浙东沿海,新中国成立后作为"东海前哨"长期处于备战状态,在国家计划经济时代并没有大规模的投资建设,宁波甬江港北岸工业基地的形成,是基于城市生产生活的需要,在一个特定的空间范围内依托交通运输条件发展起来的。因此,内部空间的组织结构,不同于"一五时期"或"三线建设时期"大型国有企业体现出的高度计划性,而是在计划与自发之间陆续形成的地方工业集群,表现出整体有序、局面混杂的空间组织形式,即沿甬江码头分为三大段功能区,区内则相互交错。总体上看,甬江港北岸不存在核心作用的社会性公共设施,铁路和航道作为仓储物流业形成与发展的支撑条件,是基地内部主要的"公共物品",也是各生产单元的组织者,并构成了基地空间的结构性要素。以基础设施为线索,可以认识基地空间生成的内在逻辑。

航道是基地内部自带的发展条件,沿甬江航道分布有 24 座码头,分属不同的单位,形成了码头割据的空间特征,用地犬牙交错,各自为政,交通自成体系,空间封闭而独立。但甬江航道作为公共物品将码头集结为一体,按照相关行业组织,沿甬江的生产空间分为三大段:镇海港埠码头区、木材及沙石货运码头区、渔业及修造船码头区(图 3)。

铁路是基地建设的外部介入要素,萧甬铁路白沙支线末端由宁波南站伸入甬江港区,分为两股专用线,分别服务于西端的货运站场和东端的冷库区,通过内部交通运输,组织基地内的生产用地和建筑布局,并对外连接公路运输和水路运输,使各分散的仓储关联为一体,反映了单位之间相互协作的工业化程度(图 4)。

1.2.2 生产单元

行业集聚构成了甬江港北岸工业基地中"生产单元",甬江北岸工业发展于 20 世纪 50 至 80 年代之间,分别以宁波铁路货运北站和宁波海洋渔业总公司为主体,于东西两端集中了相关的行业集群,形成了一定规模的产业空间,以铁路仓储和冷冻仓库为特色的生产单元,内部具有相应的独立和完整性。

图3　码头集群要素图

图4　铁路集群要素图

　　西段是宁波铁路货运北站,为铁路货运一等站,始建于1957年,历经多年扩建,形成3个货场,11幢货栈,由于临近甬江港区,依托水陆联运优势,是新中国建设时期宁波城市日用品的集散中心。西段的生产单元包括3个铁路货场和粮食仓库、盐业仓库和棉花仓库等,在铁路的导向下,呈现出一种线性结构特征。单元内部的站台、货栈、仓储成组分布,沿铁路两侧夹道排列,大型门吊和机吊于铁路和码头之间,反映了仓储运输区的生产过程和空间形态(图5)。

图5　宁波铁路货运北站生产单元内部空间

　　东段生产单元是宁波大型冷库区,5座大型冷冻仓库分别建于20世纪50年代至80年代,按先后顺序命名为1至5号冷库,分属食品冷冻公司、海洋渔业公司、水产加工公司3个生产单元。各个生产单元沿铁路分布,但却各自独立完整,有着各自的码头、卸货平台、空中运冰槽等,生产过程则封闭在生产线内完成。冷库制冰主要有两种用途:一是为远洋捕捞的渔船提供储藏条件,满足运输过程中低温保鲜要求,其生产流线包括制冰(制冰机)——储存(冷库)——运输(运冰槽)——碎冰(碎冰机)——装载运输工具(远洋捕捞船),其中冷库还兼顾海产品储存功能。在完整的生产流程中包含了众多的结构要素,组成了以冷库建筑为主体,连续丰富的工业建(构)筑群(图6)。

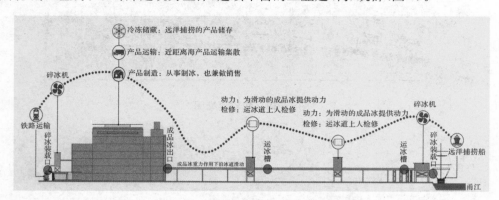

图6 宁波大型冷库生产单元内部流程

1.2.3 特色景观

大型冷库是甬江港北岸工业基地中突出的"特色景观",5座大型冷库是宁波海洋渔业时代的典型代表。尤其是架设在冷库和渔船码头之间高高在上的3条空中运冰道,将冷库中的冰块直接滑送到渔船上,组成了基地内最具行业特色的景观设施,完整而生动地展现了工业时期的技术美,是独具标志性与识别性的景观要素(图7、图8)。

除特殊的行业性特色景观外,这类要素也包括具有普遍性的工业景观,如基地中高大的烟囱、水塔、吊机等基础性的工业构筑物也同样以雕塑方式凸显出场地的特质。

图7 冷库和渔船码头之间的运冰道

1号冷冻仓库　　2号冷冻仓库　　3号冷冻仓库

4号冷冻仓库　　5号冷冻仓库(冷冻总厂)

图8 5座大型冷库是宁波海洋渔业时代的典型代

2 工业遗产空间记忆重构

工业遗产空间重构是基地中各历史要素以一个新的整体,在城市空间中延续的方式。当工业用地转换为其他用途之后,相关的生产空间也面临着整体解构,解构后的部分历史要素将成为未来空间结构的组成部分,重构的目的在于历史要素仍然有整体意义,是从功能性转化为纪念性,从体层面转化为底层面,从全部转化为部分的存在方式。设计过程包括解构与重构两个基本过程:解构主要是选择保留要素,当大量的工业建筑、构筑物和相关设施结束生产功能后,如何进行取舍是一个综合复杂的工作,一般是建立在价值评估的基础上,并兼顾与未来空间及功能的适配性;重构则是寻求到一种新的结构,将保留要素重新进行关联,这是一项既理性又具有创意的工作。

本文以甬江港北岸工业基地为例,分别选择不同的历史要素为导向,从点、线、面三种模式来探讨遗产空间结构的转变逻辑,包括公共物品导向的线性重构、生产单元导向的片区重构、特色景观导向的节点重构。

2.1 线性遗产空间——公共物品导向

甬江港北岸基地内有铁路和码头岸线两类公共性基础设施,以"双线"为结构,决定了历史要素延续的方式之一。依据线性要素的各自特点,在空间重构中形成了一内一外两条廊道:一是保留北站铁路和冷库专用线,保留与铁路关联的建筑物与设施,将各类仓库、货栈、站台、冷库、厂房、龙门吊等要素进行整合,构筑一条穿越基地内部的铁路主题景观廊道;二是利用码头岸线,将码头、塔吊、修船坞、运冰槽等滨水构筑物及场地进行整合,构筑一条沿江的码头主题景观廊道(图9)。

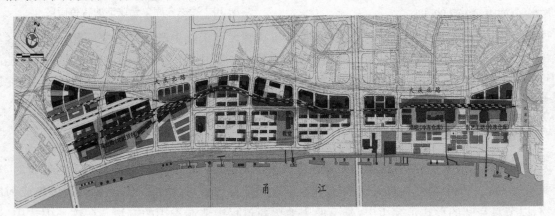

图9 "两线"构架的公开敞空间

本模式中,"线"是一个重要的空间载体,它使得相关的历史要素通过两线得到关联,不仅为城市提供了宝贵的连续性开放空间,也相对完整地保留了基地的内在结构和历史记忆,是一座动态的科技博物馆。"铁路线"作为新区内部的公共空间,经过重构后沿途分别组合形成"线性公园+商区"、"线性公园+住区"、"线性公园+娱乐区"三段公共空间。"码头岸线"是基地边缘的开放空间,其线性构成要素是沿江连续排列的23个码头,与城市滨江绿带并行,嵌入城市休闲活动的"三慢"系统后,形成码头主题的城市公园。

重构中,保留下来的工业设施和构筑物经过"剪辑",按一定的排列组织,制造出所谓的"蒙太奇"效果,让行人在公园行为的体验中感知历史。正如戈登·卡伦在《城镇景观》一书中提到的:理解空间不仅在于看,而是应该通过运动穿越它。因此,线性遗产空间的模式不失为一种整体性方法,对于未来的空间形态,是在保留原空间结构性要素的前提下所进行的重构设计。

2.2 片区遗产空间——生产单元导向

甬江港北岸基地按生产单位的集群特征,形成三大段,西段——铁路货站区,中段——码头堆场区,东段——冷冻仓库区,分别代表宁波市的铁路物流业、码头运输和海洋渔业。空间重构的模式之二是依据片区遗产空间的各自特点,采取最小的预原则,形成三个区域。根据场地情况,由于中段的堆场基本没有保留价值,以拆除重建为主,规划重点选择一东一西两个单元作为特色街区进行重构。

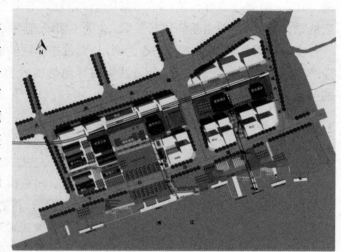

西段主题为"1957·时光站场":通过将50年代铁路站场中极具行业特色的仓库与站台转换为现代商业服务设施,形成新旧结合的时空穿越感,不仅可建立起一种怀旧的历史氛围,也极具商业和旅游价值。东段主题为"1954·冻藏岁月":在冷库片区遴选5座最具行业特色的冷冻仓库,结合城市功能对主体建筑进行适度改造,并完整保留铁路卸货平台——冷库——运冰道——渔船码头这一生产过程的硬件,将宁波市50年的渔业形态进行"冷冻",并通过艺术化加工"解冻",成为一组特色商务空间(图10)。

图10 冷冻仓库单元改造的特色街区

这一模式,重构是在生产单元内完成的,通常与某些大型工业生产单位的空间相重合,片区本身具有相对的独立性和完整性,并且遗产的类型丰富且密集。其中,作为单体的遗产要素价值可能不突出,但整体关联度强,是形成行业遗产特色的重要载体,在更新过程中,往往以整体保留为主,在原有物质空间形态的基础上,对工业建筑进行功能更新。

2.3 节点遗产空间——特色景观导向

城市发展和用地变更,使基地中的工业设施失去了功能,当烟囱不再冒烟,吊机不再卸货时,这些生产要素成为了一个个象征性符号。按照单体要素的景观价值,保留部分工业建筑和设施成为历史纪念物,以节点空间的形式延续历史,是工业用地更新过程中普遍采用的方法。在这一模式中,构成整体性的方式是连续性,即历史要素在未来城市空间中有规律地布局,不断出现的历史信息,在知觉层面上将遗产空间重构为相互关联的一个整体。相对以上的线性空间和片区空间,节点空间是一个零散化的形式,但只要历史纪念物的形态标识性强,空间限定度高,仍然能够成为城市景观的核心。

甬江港北岸工业基地中,这类特色景观包括东段的大型冷库、卸货台,西段的异形仓库,滨水的码头吊机等。保留若干工业建筑和设施,采取象征性手法,通过景观化改造,使之转化为历史纪念物,并成为未来城市空间的节点。关于这点,意大利建筑理论家阿尔多·罗西(Aldo Rossi)认为:"参与事件的相关因素均在该建筑上留下记号及烙印,但它们在使用中并不显现或被认识到,当建筑物失去原有的功能,成为一个纯粹形式呈现在我们面前时,促成它的相关因素作为记忆而显现出来。"在此意义上，工业遗产景观节点作为一个纯粹形式，在新的城市空间背景中，突出地体现了基地历史的"可识别性"和城市环境的"可意象性"（图11）。

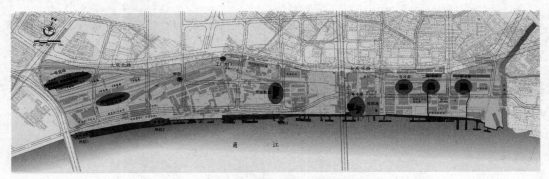

图11　新规划路网中保留的特色景观节点

结语：

在传统产业逐渐衰退，工业企业搬迁持续进行的今天，面对昂贵的城市地价，大多数城市都采取了再开发的形式，将土地进入房地市场。因此，在"新"的城市空间中，"旧"的工业遗产是否能够存在？以什么形式存在？本文通过宁波甬江港北岸的规划实践，在城市规划设计层面上探索工业遗产保护的不同方法，以"寓旧于新"的形式，通过解构与重构，将历史要素融入现代城市空间，为工业遗产的保护与利用提供了不同比较模式。

参考文献

[1] 王建国,蒋楠. 后工业时代中国产业类历史建筑遗产保护性再利用[J]. 建筑学报,2006(08)

[2] 陆邵明. 关于城市工业遗产的保护和利用[J]. 规划师,2006(10)

[3] 何依,李锦生. 城市空间的时间性研究[J]. 城市规划,2012(11)

[4] 张毅杉,夏健. 塑造再生的城市细胞——城市工业遗产的保护与再利用研究[J]. 城市规划,2008(02)

[5] 邓巍,刘娴,何依.工业遗产公园化改造的设计途径[J]. 华中科技大学学报(城市科学版),2010(10)

理 论 篇

关于"工程·文化·景观"的思考

秦顺全 （中国工程院院士）

今天我们在华中科技大学聚首,为了一个共同的话题:工程与文物保护。这是一个崇高并且具有使命感的话题。这个话题无论对城市基本建设,还是处于大建设时期的中国,都是十分重要的;对于今天我们各位来到的中国中部中心城市——武汉,更具有现实意义。

首先我对各位领导、专家、学者长期致力于这一问题所做的工作表示衷心的感谢,对在该问题上所取得的成就表示衷心的祝贺!

工程是人类文明史上的特定艺术。许许多多人类历史文化遗产本身就是有工程性质的,从埃及金字塔到万里长城都是人类文明和智慧的结晶。

在新的工程建设中,特别是大型工程建设中所遇到的文化遗产保护问题特别需要我们认真的思考。这个问题涉及因素复杂,牵涉面广,是一个世界性的难题。在人类不断进步的过程中,

秦顺全院士在论坛发言中

如何对待我们曾经遗留的世界文化遗产,如何利用这些遗产代表的价值,是一个城市发展必须面临的选择。我们需要整合社会各界力量,实现遗产保护与发展的并行,需要我们怀着敬畏的心情,传承的责任,无界的情怀,通过科学的手段,维护文化遗产的安全,维护健康的生态环境,实现工程与艺术的相互融合。在项目规划设计和建设实施过程中,鼓励发现工程思维,让这个时代的伟力工程成为未来的文化遗产。

今天,我们欣喜地看到越来越多的有识之士正在为此做出辛勤的劳动和热忱的呼吁。本次无界论坛以"经典工程"和"文物保护"相结合的案例,让我们感到成功的欣慰和骄傲。在这里,让我们再次向参加这个工作的所有人士表示衷心的感谢,向关心这项工作的人们表示深深的敬意。通过这些案例的宣传和传播,将会不断地引起政府的高度重视,社会的广泛关注,人民的积极参与。

本次论坛的召开得到了武汉市人民政府的高度重视,也得到了工程界、文化界、教育界的积极响应。我们坚信,只要我们不懈努力,不断推动中国遗产保护事业的可持续发展,就会实现中华民族、中华文化的永续流传。

武汉近代工业及其遗产保护利用

唐惠虎

（原武汉市政府副秘书长，法学博士）

2013 年，是武汉近代工业诞生 150 年。

武汉与上海、天津、南京、广州、福州、宁波、厦门等城市是中国近代工业的主要发祥地之一。

武汉成为我国第二大工业重镇后，率先爆发了辛亥革命，推翻了历时 2 123 年的君主帝制，使全球四分之一的人口走向共和制度。武汉工业及其文化转型的意义，具有世界的普范性。

明朝初年以来，我国出现长达数百年的由农业文明向工业文明的缓慢转型。学者冯天瑜认为，这一文明转型是人类发展史上继人猿揖别、农业萌生以后的第三次飞跃。①

武汉是中国中西部最大的手工业中心、贸易中心，在很长的时期里，武汉三镇中的汉口，是这个近代转型的内

唐惠虎博士在论坛发言中

陆中心。汉口在清廷体制内仅为汉阳县下辖九品官员管理的镇，却是拥有 100 多万人口的内陆最大手工业和商业城埠。较大的手工业作坊逐步出现流水线生产，商业资金深度融入传统手工业的采购、储运、初加工、商品生产、销售等环节，行会开始影响大中型作坊的管理制度。大批失地农民成为生产线上的工匠。武汉手工业已具备近代工业的一些基本特征。

但是，率先发生工业革命的不是积淀了上千年农业和手工业文明的中国，而是偏安于北海之隅的岛国——英国。学者钱乘旦、陈晓律认为，这场工业革命不是在新科学、新知识触发下发生的技术大改造，而是把人类已有的知识用于生产；是人们对财富追求的动力使然；是社会创造条件，使人的知识和才能得以应用，鼓励发展生产的结果。②

武汉近代工业的萌芽，源于鸦片战争后屈辱的汉口开埠。武汉的第一批近代企业家和工业资本，来自俄、英、德、法等较早发生工业革命的欧洲列强。清末，主要集中于制茶、制蛋、制烟、制皮、制漆、制油等对欧美、日本贸易行业的十余家工厂。

清末洋务派领袖、湖广总督张之洞实现了武汉近代工业的实质性突破。在举国上下"雪耻强国"的氛围下，张之洞在武汉主导创办了官办或官督商办的 21 家大中型工厂，其中以钢铁、军工、纺织等产业为主。清廷在武汉的工业投资占全国的六分之一。随后，张之洞主持修建了影响深远的京汉铁路，启动了粤汉铁路工程。几乎在同时，武汉民族资本家也先后创办了机械、水电、轻工等一批国内一

① 《中国文化近代转型管窥》13 页，冯天瑜著，商务印书馆 2010 年出版，北京
② 《英国文化模式溯源》55－57 页，钱乘旦、陈晓律著，上海社会科学院出版社 2003 年版，上海

流的大中型企业。清末民初,武汉后来居上,成为中国近代最大的重工业基地,成为仅次于上海,与天津、广州、南京、无锡、苏州等并驾齐驱的近代工业城埠。

亚洲第一家钢铁联合企业——汉阳铁厂旧影

1930 年代,继投资港穗、上海、天津之后,第四次中国民族资本大转移至武汉,带动机械、纺织、航运、建筑、市政等工业行业的大发展。

1956 年新中国实施第一个五年国民经济发展计划,国家在武汉布局 7 个重大工业项目和若干其他项目,总投资逾 15 亿元。武汉工业再度崛起,城市经济总量和工业产值居全国 25 个大中城市第四位,这一优势一直保持到 20 世纪 90 年代。

2010 年国务院批复的《武汉城市总体规划(2010—2020)》中,对武汉有五个城市定位:国家历史文化名城、中部的中心城市、重要的工业基地、科学教育基地和综合性交通枢纽。

工业深深融入城市的灵魂,工人及其家庭是武汉最大的阶层。保护工业遗产,已成为一千多万市民和历届政府的夙愿和实践。

1 武汉是我国重工业的发源地

晚清,汉口成为中国内陆最大的经济城埠,成为我国主要的对外贸易港口城市之一。从 1861—1894 年有统计的 30 多年里,江汉关的间接对外贸易在全国四大海关中,有 21 年次于上海江海关,有 8 年或次于广州粤海关或次于天津津海关居第三位,仅有 1 年位居第四。1895—1914 年的 20 年中,江汉关的对外贸易量也有 12 年居第二位。[①]

张之洞创办汉阳铁厂以后,江汉关的进出口贸易额快速增长。1901 年,江汉关进出口贸易总额突破 1 亿关两;1903 年达到 1.67 亿关两,仅比上海江海关少不到 5%。1905—1907 年时任日本驻汉口总领事水野幸吉在《汉口:中央支那事情》中写道,汉口"位于清国要港之第二,将进而摩上海之垒,使观察者艳称为东洋之芝加哥(美国之第二大都会)"。[②]

---

① 《汉口租界志》5 页,汉口租界志编委会编,武汉出版社 2003 年版,武汉
② 见《汉口——中央支那事情》,(日)水野幸吉著,刘鸿枢、唐殿熏、袁青选等译,上海昌明公司 1908 年版,上海

1906 年京汉铁路全线通车,带动武汉的工业快速发展。

1.1　清末:传统手工业重镇

武汉已有 3 500 多年建城历史。公元前 16 世纪的商朝盘龙城遗址,是经考古发现的南方最早、最大的城埠,历经了 300 多年。近代,武昌是清朝初中期九个总督府所在地之一,1926 年 12 月建市;汉阳是府衙所在地;汉口镇初为汉阳府汉阳县所辖,1926 年 10 月成为国民政府汉口特别市。1927 年初成立的武汉市,由武昌、汉口、汉阳三座城埠组成,并由各城第一个字组成得名。时为武汉国民政府京兆区。

传统工艺的产品,批量生产并进入流通商贸领域就衍生成了手工业。

武昌、汉阳的手工业生产可追溯到汉朝(公元前202—220 年)的米面加工、棉布纺织和酒醋酿制等。到了唐朝(公元 618—907 年),武昌府的紫布、绸缎、绫、绢、纻布、葛布等精致的手工纺织品已远近闻名,成为朝廷贡品。南宋(公元 1127—1279 年)武昌府武昌县湖泗镇的民窑瓷器已形成较大规模。明朝(公元 1368—

1889—1906 年,张之洞出任湖广总督,主持"湖北新政",成效卓著

1644 年)武昌、汉阳两府的手工业已形成大规模生产,武昌府的茶业、印刷业具有全国影响。此时,武汉的商业贸易中心,一在武昌鲇鱼套、一在汉阳鹦鹉洲。隶属于汉阳县的汉口,这时还在蔓延十余里的汉江故道上占地建房。武昌、汉阳两府的手工业品,主要用于周边地区的贸易,具有全国影响的手工产品则被地方官府进贡朝廷,以便取悦皇室和抵减税赋。①

17 世纪以后,武昌府、汉阳府的传统手工业生产主要集中在制茶、纺织、食品加工、榨油、日用品、农用品等六大类。其中,茶叶是中国传统饮品,湖广总督府下辖的湖北、湖南是全国茶叶主产地之一,羊楼洞青砖茶、安化黑砖茶则为主要出口;土布、纱布是城埠乡间制作衣服及妇女包头巾、男人腰缠所用;菜油及酒类、酱醋调味品,是生活必需品;木床、窗饰、漆器、纸张、雨伞、灯具、女妆等是日用品;木船、锄犁、水车、桐油等是南方渔耕用品,等等。清朝中期,这些传统手工业品已成为以销售为目的的商品。清朝咸丰年末、同治年初,即 1861 年前后,武昌城内已有纺织坊近百家,每家少则 1 人,多则 20人,纺织工匠经常保持在 1 000～2 000 人左右。产品远销云贵、川陕、豫赣等省,甚至销往传统手工纺织业发达的江浙地区。

自明末迄清初,汉口已完全取代鲇鱼套与鹦鹉洲的地位。清末,武汉地区手工业的快速发展和领域拓宽,集中发生在汉口。

18 世纪中后期,江浙、晋陕、鄂湘、徽赣、川贵等省市大批商人陆续来到远离官府的汉口,在此设立码头、仓库、作坊和店铺,转运和销售农副产品和生活必需品。汉口的航运地位很快超过武昌、汉阳,成为长江中上游最大的水运码头,也成为长江最大支流汉江的主要码头。全国十余省商人来汉,也带来了各地的手工业技术和工匠,其中许多产品成为畅销全国和周边国家的商品,"汉汾"酒仿制山西汾酒,用大曲酿

---

① 《中国现代化的区域研究:湖北省(1860—1916)》37—38 页,苏云峰著,(台北)"中央"研究院近代史研究所专刊(41),1981 年版

造,醇厚清洌;汉口产"陈老醋"则仿制浙江绍兴醋坊工艺。① 至今在世界著名交响乐团广泛使用的汉口大铜锣,工艺来自山陕高原;170年老店邹紫光阁毛笔,源自江浙等等。这些商品畅销,利润丰厚,又促使各地商人高薪抽调当地的名牌手工业的优秀工匠向汉口会聚,极大地提升了汉口手工业的发展。

清末,武汉手工业已有四十多个自然行业,工匠1万余人。② 其中,逐步具备近代工业一些特征的行业主要有:

造船水运业。主要服务于长江、汉江运输。宋元明时期,武昌、汉阳已经拥有可以制造近千吨载重量的木帆船的造船坊,其规模较大,雇佣工匠数十人。清末造船厂主要集中在汉口沈家庙一带,"其船大者装至4 500引(约900吨)"。据江汉关估计,清末常年有1万艘船只停靠汉口码头。另一份来自官方的报告说,汉口约有16.5万名水手在船上工作。

纺织品加工。主要是加工由武昌府、汉阳府6县厅送至汉口的土制棉布,首先在踹石坊、研布坊打磨上浆,再在染布坊染成或鲜艳或雅致的花纹,销往各省。其时,汉口的花布品种已多达一二百种,闻名遐迩,甚至销往海外。

冶炼金属业。元代以来武汉就是铜器制作名镇,清末已有380家铜器作坊,汉口铜器市场被称为"打铜街",生产的大号铜锣至今为世界著名交响乐团使用。1861年汉口开埠之前,英国曾派遣官员到汉口考察,《英国议会公报》1861年第66卷342页记载了考察者的报告。报告说,汉口已有相当重要的冶炼工业,其铁矿来自鄂东北、煤矿来自两湖地区。

机械修理业。周恒顺机器厂是武汉历史悠久、规模最大的民营机器厂。清朝同治年间,武昌周天顺炉冶坊因铸造黄鹤楼铜顶、归元寺大香炉名闻遐迩。同治五年(1866)从武昌大堤口迁至汉阳双街后,数更其名后为周恒顺机器厂。周仲宣继任后,该厂生产蒸汽轮船、煤气机、蒸汽起重机、造币机、压茶砖机、抽水机、榨油机等工业设备,机器供应全国多省。抗战时在重庆建厂,最多时职工约2 200人,生产能力居全国民营机器厂前列。

日用产品业。"曹祥泰"成立于1884年,先经营杂货烟酒,后涉足工业,建有肥皂厂、机器米厂、纽扣厂、针织厂、香皂厂,其中"警钟牌"肥皂占据武汉七成市场,并远销湘、豫、赣、粤以及南洋群岛,至今仍在经营。

建筑业。清代中叶以前,我国的民间住宅、商铺甚至官府,主要是一二层竹木结构建筑,间或有较少的石木结构建筑。汉口地域偏小,寸土寸金,主干道路依汉江、长江走势而建,打破了传统城埠棋盘状街道的格局。1858年第一次访问汉口的英国人劳伦斯·奥利芬特称赞说:"汉口的街道比我在清朝任何其他城市所看到的都要好。街道铺得很好,像波斯、埃及城市一样……铺面要比广州或其他开放港口豪华富丽得多。"③汉口木作坊和工匠的知名度和佣金,取决于江边的建筑能否抵御夏季的洪水和建造二至三层竹木结构建筑。

食品加工业。明清以来,武汉一直是周边数省的米面、榨油、蛋品等加工中心。与传统相比,清末汉口的食品加工店铺更多采用手工业分销模式,汉口汪玉霞食品店比较典型。17世纪末,徽州汪氏家族开始在汉口开设家族式食品作坊,到19世纪中期已历经九代,积累了丰裕的财力和经营网络。但是,汪玉霞食品作坊没有采用机器生产扩大规模,而是沿长江流域的城埠开设一家家分店,每一个分店都是一个独立的作坊。到1800年,已有136家分店。

大中型手工业作坊的较多出现,和以地域、血缘为基础的商帮的强势介入,商帮之间恶性争夺和不计后果追逐利益的事件不断发生。在武汉,这催生了商业领域自治组织的诞生。

---

① 《中国现代化的区域研究:湖北省(1860—1916)》37—38页,苏云峰著,(台北)"中央"研究院近代史研究所专刊(41),1981年版
② 《武汉市志·工业志》上卷2页,武汉地方志编,武汉大学出版社1999年版,武汉
③ 《汉口:一个中国城市的商业和社会(1796—1889)》,(美)罗威廉著,美国斯坦福大学出版社1984年版,中国人民大学出版社2005年版,北京

清朝康熙十七年(1678),汉口米业公会成立。历史学家彭雨新、江溶认为这可能是中国第一个行业公会。①

汉口主要商业行会情况(1678—1871)

年　代	行会名称	行业在全国地位
1678 年(清康熙十七年)	汉口米业公会	全国四大米市之一
1820 年(清嘉庆二十五年)	汉口药材贸易行会	全国主要出口地之一
1821 年(清道光元年)	汉口盐业公所	淮盐运输销售中心之一
1865 年(清同治四年)	两湖会馆(木材为主)	全国最大木材交易市场
1871 年(清同治十年)	汉口茶叶公所	全国三大茶市之一
1871 年(清同治十年)	汉口钱业公会	全国主要金融中心之一

注:参见彭雨新、江溶论文,原载《中国经济史研究》1994 年 4 期。

传统金融业,是支撑汉口手工业快速发展的主要因素之一。到 19 世纪上半叶,汉口已有 100 个左右的钱庄,一般以地域商帮为借贷款对象。为了确保汉口金融市场稳定,汉口钱业公会规定设立钱庄的条件十分苛刻,一是必须有公会 5 个不同成员担保,再由公会向汉口镇的上级汉阳县府申请发行信用券;二是公会每个成员必须缴存 400 两银子作为保证金;三是公会每年向成员支付保证金利息,其中 80% 给钱庄投资人,以鼓励其积极性。一些历史学家认为,汉口钱庄公会制定的行规,是我国金融领域一场意义深远的改革。②

学者王俞现认为:"大约在 1871 年,山西票号的业务中心从武汉转至上海。"③

汉口成为中国主要的手工业重镇之一,人口急剧膨胀。

外国人估计的清朝中晚期武汉三镇的人口(1737—1881)

年　份	估计人口	资料来源
1737(清乾隆二年)	260 万～300 万	罗宾,耶稣会教士
1850(清道光三十年)	200 万	奥利芬特,英国官员
1858(清咸丰八年)	100 万	奥利芬特,英国官员
1867(清同治六年)	100 万	迈耶等,《通商口岸大全》
1881(清光绪七年)	100 万+	希尔,传教士

注:转摘自罗威廉著《汉口:一个中国城市的商业和社会(1796—1889)》51 页。其中:

1. 罗宾,1837 年《耶稣会士书简集》12 卷 355—356 页;罗宾认为此数包括在港口附近船户约 40 万人;2. 奥利芬特《1857—1859 额尔金伯爵出使中国、日本纪行》560、579 页,纽约 1860 年版;3. W. F. 迈耶等《中国和日本的通商口岸大全》446 页,伦敦 1867 年版;4. 希尔《中国湖北:它的需要与要求》1 页,约克 1881 年版;5. 罗威廉认为,胡克神父在《中华帝国旅行记》第二卷第三部分中称武汉三镇有 800 万人口之说,不可信。

身临汉口的英国使团或欧美的东方学者,仿佛是发现新大陆似的描述清末的汉口。

---

① 参见彭雨新、江溶论文,原载于《中国经济史研究》1994 年第 4 期
② 《汉口:一个中国城市的商业和社会(1796—1889)》,28—30 页,(美)罗威廉著,美国斯坦福大学出版社 1984 年版,中国人民大学出版社 2005 年版,北京
③ 《中国商帮 600 年》189 页,王俞现著,中信出版社 2011 年版,北京

1850 年,英国人 S. 威尔斯·威廉姆斯撰文惊叹汉口的人口密度:

"只有伦敦和江户(今东京)才能与汉口相比,中国再也没有另一个在同样的面积里居住着同样多人口的地方了。"①

1861 年,被英国政府派来开辟汉口商埠的使团向英议会报告说:

"这个城市不仅在外表上看来是个适宜居住的地方,而且有充足的证据表明——正像一般人所猜测的那样,是中华帝国的大商业中心。"②

1861 年 9 月 18 日,基督教伦敦布道会收到来自汉口的英国传教士霍恩的报告:

汉口是"中国最大的商业中心,也是世界最大的商业中心之一"。③

1881 年,戴维·希尔在约克出版的《中国湖北:它的需要与要求》中说:

"从商业的角度来看,汉口是东方最重要的城市之一。……它是外国商人和国内商人在华中的会合处,是一个极好的交易中心,是中国的国际化都市。"④

在欧洲、美国和中国查阅了大量一手资料的美国学者罗威廉认为:

"在整个 19 世纪的中国,很可能汉口是人口最密集的地方。"

学者许涤新、吴承明主编的《中国资本主义发展史》第一卷认为,明朝后期我国的传统手工业中已有资本主义萌芽。他们在分析清代若干行业公所后认为,传统手工业性的公所主要是技艺性行业和饮食、服务行业,"有公所和行规的手工业,大体未见资本主义萌芽,而有资本主义萌芽的行业,却少见公所组织的行规"。⑤

武汉最早的近代民族工业企业也突破于行会薄弱的炉冶业。创造了我国工业制造业许多第一的汉阳周恒顺机器厂是典型代表,1895 年仿制成功轧花机;1896 年发明制造我国第一台木架手摇车床,其比上海精明机器厂 1932 年发明的皮带车床早了 36 年;1905 年制造出我国第一台轧油联合设备;1907 年制造出第一台 80 匹马力蒸汽机、第一台抽水机、第一台卷扬机;1913 年制造出 30 匹马力卧式煤气机并形成系列产品。汉阳周恒顺机器厂与清光绪三十三年(1907)创办的汉口扬子机器厂,是清末民初我国重要的机器制造厂之一,至今衍生出武汉汽轮机厂、武汉第二机床厂、重庆水轮机厂等大型机械工厂。⑥

一般认为,我国在明朝初年就有了资本主义生产关系的萌芽,这一过程延续了几百年,一直到清朝末年。在武汉,传统手工业在发展中,小生产者逐渐分化为资本家和雇佣工人;商业资金开始较多投资手工业,晋商钱庄和票号在 1871 年前和 1881 年后的业务中心在汉口,维系汉口与上海、重庆间的贸易资金周转,并大量投资工业,依靠收购、运输、生产、销售的层层获利,成为工业资本家;殖民、半殖民国家特有的买办阶层,用获得的巨额利润大量购入土地,投资工业和建筑业,成为民族工业投资的主力之一;这些都成为近代转型的因素之一。

在武昌、汉口、汉阳,被雇佣的数以万计的工匠,大多是失地农民,没有资产,没有固定住所,在作坊流水生产线上劳作,不再有传统工匠独立完成产品的能力,他们与欧洲早期的工人相似,已具备了近代工人阶级的一些基本特征。

---

①~④ 《汉口:一个中国城市的商业和社会(1796—1889)》,28—30 页,(美)罗威廉著,美国斯坦福大学出版社 1984 年版,中国人民大学出版社 2005 年版,北京

⑤ 《中国资本主义发展史》第一卷,305 页,许涤新、吴承明主编,社会科学文献出版社,2007 年版,北京

⑥ 《武汉市志·工业志》上卷 600 页,武汉大学出版社 1999 年版,武汉

1.2 1863:武汉近代工业诞生

武汉的近代工业,是在西方列强争夺中国茶叶资源的激烈竞争中产生的。

茶、咖啡、可可是世界三大饮料之一,茶叶的故乡在中国。茶叶因其提神醒脑、消食抑菌和可多次冲泡,成为欧洲诸国的奢侈品。17、18 世纪中国是欧洲的唯一茶叶出口国,清朝廷因此控制了世界的茶叶贸易。英国、荷兰、俄国等是茶叶消费的大国,也成为因进口茶叶、瓷茶具和丝绸等奢侈品而出现巨额贸易逆差的国家。

17 世纪以来,福建、浙江、湖南、湖北、江西、四川、云南以及河南南部等地的茶叶大多由晋商收购,集中在汉口、福州以及稍后的上海三大茶市加工、装篓,通过陆运和海运两路运销欧洲、美国、日本。陆路由汉口经汉江水运到樊城、赊店,再转至恰克图、西伯利亚,直至莫斯科、圣彼得堡。从福建武夷山到圣彼得堡行程 1.3 万千米,运输时间长达四个月,被称为"中俄万里茶道"。

1840 年、1858 年,英法为首的殖民帝国以贸易巨额逆差为借口之一,发动两次鸦片战争。数十年前还是世界第一强国的清帝国,沦为了西方列强的半殖民地。清朝咸丰年间(1851—1861),我国的近代工业主要发端于先行开埠的沿海五口通商城市上海、广州、厦门、宁波、福州。

1861 年汉口开埠。英、德、法、俄、日五国相继在汉口建立租界。西方诸国的军舰和商人、资本迅速在武汉积聚。英、法、德、俄、美、日、葡、荷、比、意、丹、挪、墨、芬和瑞典等 15 个国家在武汉设立总领事馆或领事馆,西、菲、刚果等 5 个国家设有领事机构,20 多个国家在汉口先后成立约 250 家洋行、18 家银行和 42 家工厂。由此,西方列强在武汉开展了以争取最大殖民利益为动力的国际贸易和近代工业的角逐。

清同治元年(1862),在俄国沙皇政府的压力下,《中俄陆路通商章程》在北京签署,俄国打通汉口到俄国海参崴的江海直航通道,获得建立茶厂的权利,并得到低于其他国家三分之一的税率。由此,从 17 世纪开始由中国朝廷和商人主导了 170 多年的中俄茶叶贸易历史结束,中国大批茶叶商号、票号倒闭,数以万计的人失业。次年(1863),俄商在汉口设立顺丰洋行,率先在武昌府羊楼洞设立机器生产的砖茶厂,后迁汉成为武汉第一座近代化工厂。俄商顺丰茶厂引入发电机,改为蒸汽机制作茶砖,这大约是武汉近代最早的发电设备。1866 年俄商建成新泰砖茶厂。1873 年,巴诺夫与莫尔强诺夫、彼恰特诺夫、拉萨丁等筹建了阜昌砖茶厂,成为当时中国规模最大的制茶厂,在福州、九江、上海、天津、科伦坡和莫斯科设有支店。财力雄厚的巴诺夫又涉足建筑业,投资建有著名的大型公寓"巴公房子"。

装满砖茶的海轮,长江丰水季节由汉口直航海参崴;每年的 11 月至次年 3 月枯水季节,则经天津或者上海转港运至海参崴。

英、俄两国商人在汉口茶市竞争十分激烈。面对运输价格攀升的汉口茶市,策动鸦片战争的三大英国公司之一的东印度公司,将中国的茶农、茶树和制茶工艺引入英国殖民地印度、锡兰(今斯里兰卡),种出印度大吉岭、锡兰乌瓦、汀布拉等著名红茶,并由此结束我国独占世界茶市的历史。俄国商人由此垄断了汉口茶市,数百俄国人在汉居住。

1863 年以后,中俄万里茶道的起终点已是汉口—圣彼得堡。

汉口俄商及其家眷,也成为上海俄侨的最早来源。[①]

据清光绪三十四年(1908 年)伦敦出版的《二十世纪之香港上海及其他中国商埠志》,作者莱特在论述制茶业时写道:

---

① 《近代上海俄国侨民生活》3—4 页,汪之成著,上海辞书出版社 2008 年版,上海

"(中国的)这些砖茶厂中,(汉口)阜昌砖茶公司所经营的工厂要算是最大的一个,这个公司在福州、九江、上海、天津、科伦坡和莫斯科都有支店。其汉口工厂设在英租界,规模宏大,设备完善,在欧洲人监督下的中国人,约有2 000人。"[1]

20世纪初,俄商汉口新泰茶厂后来居上,年产值达到3 000万两,居中国茶厂之首。1891年5月,三年后成为沙皇的俄国皇太子罗曼诺夫,偕同其亲戚、希腊亲王格奥尔基专程到汉,参加俄商新泰洋行25周年庆典。俄皇太子并在1876年建成的汉口东正教堂参加礼拜,据俄方称这是俄国在境外现存历史最悠久的东正教堂。湖广总督张之洞为此亲自乘船在长江水面迎接,并在汉阳晴川阁设宴。

俄租界成为汉口五国租界中仅次于英租界的"豪华租界"。在占地面积最小(414亩)的俄租界,富裕的俄国茶商建成了一批经典的欧式建筑。李凡诺夫等一批俄国茶商在汉口生活了五十多年。1915年第一次世界大战爆发,以及1917年俄国十月革命,财政困难的苏维埃政权控制进口茶叶等奢侈品,均使茶叶贸易受到极大影响。当年,俄商顺丰、阜昌两厂停闭,俄商新泰厂由英商接办改名太平洋砖茶厂。

俄商的汉口五家大型砖茶厂歇业,以及英国的东印度公司茶叶贸易的兴起,使17世纪开始的武夷山至汉口,汉口经恰克图至圣彼得堡的中俄茶叶贸易"万里茶道"逐渐萧条。直至数年以后,中俄茶叶贸易才逐渐恢复。

汉口茶叶、茶砖占全国茶业对俄贸易统计(1869—1900)

年　　份	全国茶输俄量	其中汉口茶输俄量	汉茶占全国比例
1869	111 888	73 758	65.9%
1874	198 445	83 420	42.0%
1878	336 467	117 641	34.9%
1900	468 549	390 200	83.3%

注:据历年海关贸易报告、孙毓棠《中国近代工业史料》。参见《汉口租界志》70页。

1863年至1889年张之洞就任两湖总督前,外国商人在汉口建成了十余家工厂,均由外国贸易洋行投资筹建,主要是农副产品深加工,产品主要向欧美出口获利。这些产品在全国占有较大比重。

主要茶叶集散地和出口基地之一。汉口的俄商五大砖茶厂和华商茶厂是我国近代机器制茶业发源地,对俄欧出口额最高年份的占80.9%。

主要桐油集散地和出口基地。到民国初年,汉口已有11家外商桐油厂,年加工能力160万担,其中德商占一半,美、日、英商工厂年加工各在20万担上下。

主要皮革出口基地。1876年英商汉口压制皮革工厂投产,使汉口运往欧洲的皮革运费得到很大的节省。汉口历来是加工山西、陕西、河南等地牛羊皮的中心,输欧的皮革由1875年的5 000担猛增至1897年的5万担,逐渐成为我国最主要的皮革出口基地。其中,总额的一半由美最时等德商洋行输出,另一半由英、法、美等国洋行输出。

主要蛋制品基地。1887年,德商礼和洋行、美最时洋行以及法商瑞兴洋行等相继在汉口建立蛋品加工厂,是我国第一批近代化机器制蛋厂,生产蛋粉、蛋黄粉和蛋白液。汉口很快成为我国最大的蛋制品生产出口基地。在汉口的12家外商蛋厂中,德商工厂占5家,主要产品是干蛋白、液体蛋黄,主

---

[1] 《二十世纪之香港上海及其他中国商埠志》,莱特著,伦敦1908年版

要出口德国。多时,汉口出口量占全国的 50％以上。

主要棉花打包基地。1880 年英商汉口平和洋行成立,1905 年建成平和打包厂。到 1908 年又建有德、法、日商 4 家打包厂。

重要冶炼业基地。1876 年以后,英商在武汉开设金属冶炼厂,从纹银中提炼黄金。江汉关史料记载:"1895 年锑矿开始外运……1900 年达到 73 135 担。"由于湖南有色金属矿藏丰富,1899 年法商斥 109 万元巨资在武昌建亨达利制锑厂,德商在武昌下新河建新河矿厂每日精炼铅矿 40 吨、锑矿 5 吨。①

长江中上游航运中心。1880 年,美、英、荷等汉口洋行经营汉口—上海或汉口—欧洲的航运。据海关统计,当年来汉的外国三桅帆船有 272 艘,其中美国 125 艘、英国 68 艘、荷兰 40 艘、德国 35 艘、西班牙 4 艘,总吨位达 43 158 吨。

1899 年,法商康成造酒厂建成我国第一座可以生产医用酒精的工厂,中国人热衷的烈性饮料成为医疗用品。1909 年,法国商人又在汉口建有法华蒸酒公司。

清末民初,先后有英、法、德、俄、日、美、比、意等国的 13 家外资银行汉口分行自行发行钞票,俗称汉钞,分银元券和银票两种,面额为 1、5、10、20、50、100 元(两)六种,发钞总额约 1 亿元,在华中数省流通。流通的汉钞远超清朝廷的京饷、协饷的年收入,而 13 家在汉发钞的外资银行根本不属于向清廷报告发行情况。这些汉钞,成为西方列强驻汉总领事馆在领事辖区投资的资金,远至甘肃、青海、陕西。

19 世纪 70 年代至 1894 年之前,外国银行外债投资中,英国银行特别是汇丰银行资本处于压倒性优势。(英国)香港汇丰银行上海分行一度是中国海关的关库银行,汉口分行则一直是江汉关的关库银行。

1911 年在华外国人情况

| 上海 | 30 292 人 | 天津 | 6 334 人 | 汉口 | 2 862 人 |
| 厦门 | 1 931 人 | 广州 | 1 324 人 | | |

注:据(美)费正清著《剑桥中华民国史》,原数据不含哈尔滨、大连。

西方列强办厂以掠夺资源和财富为目的,但其创办的工厂却体现了近代科学技术和产业的进步。工厂的高生产率和银行业的工业投资高回报,震惊朝野。

工业史学家王天伟在其《中国产业发展史纲》中认为,随着工商业、金融业的迅速发展,形成了以上海、天津、汉口为中心的区域性金融市场。②

台北历史学家苏云峰调查认为,1861 年汉口开埠至 1889 年张之洞到鄂就任前,外商在湖北(主要在武汉)创办近代工厂的投资约 700 万两白银;清朝官方在汉投资约 30 万两白银,民间投资约 20 万两白银。③

外商是中国官民投资办厂总额的 14 倍,成为湖北武汉近代工业萌芽的重要外因。

1.3　张之洞与中国近代重工业的崛起

清朝同治末光绪初,"疆吏朝臣凡章奏举办军工者,多以国耻为言,可见当时君臣之心理也。故中国之新工业滥觞于军工"。④

---

① 《汉口租界志》149—159 页,汉口租界志编委会编,武汉出版社 2003 年版,武汉
② 《中国产业发展史纲》259 页,王天伟著,社会科学文献出版社 2012 年版,北京
③ 《中国现代化的区域研究:湖北省(1860—1916)》37—38 页,苏云峰著,(台北)"中央"研究院近代史研究所专刊(41),1981 年版
④ 《最近之五十年:五十年来中国之工业》,申报馆编辑,1923 年版,上海。转载自《中国近代工业史资料》第一辑 4 页,陈真、姚洛合编,生活・读书・新知三联书店 1957 年版,北京

作为晚清"四大重臣"和洋务派领袖之一,张之洞比曾国藩、左宗棠年龄小二十五六岁,比李鸿章也小十四岁。光绪十五年(1889),52 岁的张之洞由两广总督调任两湖总督。督鄂湘十八年间,他力推新政,建设新军,大兴实业。在光绪皇帝和慈禧太后支持下,他募集资金 1 700 多万银两,主持修建官办工厂 17 家、官督商办工厂 4 家,武汉成为中国最大的重工业群所在地。其动用的建设资金,主要源自本应上缴朝廷的江汉关、宜昌海关的鸦片税,淮盐转运税等等。

张之洞对兴实业的重视,到了日有所思夜有所梦的境界。光绪十六年(1890)张之洞在古史中发现"大冶剑"的记载,推测大冶有铁矿,即聘外国矿师调查,发现了唐宋时期的炼铁遗址,进而重新发现大冶铁矿。

1894 年湖北枪炮厂在汉阳建成,1904 年改名为湖北兵工厂,
又称"汉阳兵工厂",为近代中国最大的军工企业。

张之洞在武汉主导创办的官办和商办工厂,以钢铁、军工、纺织业和市政水电业为主:

汉阳铁厂——1890 年建厂、1893 年建成,1894 年 5 月投产,是时年亚洲最早最大的钢铁联合企业。汉阳铁厂建有色麻钢厂(酸性转炉)、西门士钢厂(碱性平炉)、钢轨厂、铁货厂、熟铁厂、铸铁厂、打铁厂、机器厂、鱼片钩丁厂等 4 大厂 6 小厂,聘请欧洲工程师、技术员 40 多人,招聘工匠 3 000 多人。鼎盛时产量达全国钢铁总产量的 100%,其产品包括铁路轨道等出口至美日等国和南洋群岛。

大冶铁矿——1890 年建矿,主要供应汉阳铁厂。

湖北枪炮厂——1892 年建厂、1894 年建成。又名汉阳兵工厂,与江南机器厂并称清末全国 18 个军火工厂中规模最大、制造精良的军工厂。至 1898 年,先后建成造枪厂、枪弹厂、铸炮厂、炮弹厂、钢罐厂、火药厂等,其设备主要通过清朝驻欧洲使臣许景澄从德国克虏伯公司购买,是当时世界先进的军工制造设备。初有工人 1 200 人,1904 年增至 4 500 人左右。主要生产毛瑟枪、克虏伯快炮。其制造的德国 1888 式改良 5 响毛瑟枪又称"汉阳造",是中国军队 20 世纪初期至中期六七十年间的主要轻武器。

由此,武汉成为我国最大的重工业基地。按照张之洞"以轻养重"的思路,他同时布局兴建了一流的轻纺工厂。

湖北织布局——1890 年兴建、1893 年建成,地点在武昌文昌门外,资本金 120 多万两,织布机 1 000 台、提花机 1 000 台,设备从英国订购,聘请英国工程师,雇工 2 500 多人。张之洞批准其在本地销售免税、外省销售仅在江汉关纳税一次的鼓励政策,使产品凭借价格优势旺销。

湖北纺纱局——1894 年在武昌文昌门外建设、1897 年投产,设备主要采购自比利时洋行、德国洋行。聘用多名外国技师,雇佣男工 1 600 人,纱锭 5 万支,日产棉纱 5 500 公斤。后因资金困难,设备转给清朝状元张謇,张在其家乡创办南通大生纱厂。

湖北缫丝局——1896 年在武昌望山门外建设,有缫丝机 200 盆,雇佣工人 500 人,产品全部出口。

湖北制麻局——1898 年在武昌平湖门购地、1904 年试产。从英国北爱尔兰购进制麻机 40 张,耗资 14 043 英镑,约合白银 11.51 万两。日产麻纱约 300 斤、织物约 500 米。

湖北制袜厂——1895 年建成,位于武昌平湖门外,是我国最早的机器制袜厂。

由此,武昌成为我国仅次于上海的第二大纺织工业基地。

清光绪二十六年(1900),张之洞奏请光绪皇帝、慈禧太后批准,主持建设卢汉铁路(卢沟桥—汉口)。1906 年 4 月 1 日全线通车,更名京汉铁路,全长 1 214 千米。此后,又奏请启动修建从广州至武昌的粤汉铁路。

光绪三十三年(1907),耗资 50 万两从比利时引进设备,在武昌白沙洲建成我国规模最大的官办造纸厂,白沙洲造纸厂可制新闻纸、印书纸、连史纸、毛边纸等,日产 3.5 吨。此外,还建成直属清朝度支部(原名户部)的汉口造纸厂,系国内最大的生产钞票纸的工厂之一。

张之洞对工业的污染也有逐步认识。1888 年、1889 年,外商储存的石油在武昌、汉阳引起两场大火。为了避免事故和长江下游民众饮水安全,光绪二十年(1894)张之洞准予《批江汉关道详请阻止洋商设火油池》,不准各国油商沿江建造油库。但是,由于工厂增加,外商在加强防范的同时,进口量仍由 1896 年的 1 260 万加仑增加到 1897 年的 1 700 万加仑,价值 220 万银两。[①]

张之洞主持建设的官办工厂名录(1890—1907)

工业行业	建设时间	厂　名
钢铁行业	1891—1894	汉阳铁厂 色麻钢厂、西门士钢厂、钢轨厂、铁货厂、熟铁厂 铸铁厂、打铁厂、机器厂、鱼片钩丁厂
军工行业	1892—1898	湖北枪炮厂 造枪厂、枪弹厂、铸炮厂、炮弹厂、钢罐厂 火药厂
纺织行业	1890—1898	湖北织布局、湖北纺纱局、湖北缫丝局、湖北制麻局　湖北制袜厂
冶炼制币业	1893—1905	湖北银元局、武昌铜币局(扩建)
轻工业	1890—1907	白沙洲造纸厂、度支部造纸厂、湖北毛毡厂等

张之洞推崇官办工业,也十分重视民族商人的工业投资,多次下发官文鼓励。在此影响下,武汉的商办工厂投入逐步超过外商的工业投资。

---

① 《Decennial. Report,1892—1901》,299 页。转载自《中国现代化的区域研究:湖北省(1860—1916).湖北省》118 页,苏云峰著,(台北)"中央"研究院近代史研究所专刊(41),1981 年版

清光绪三十二年(1906),宋炜臣等商人呈请建设汉镇既济水电股份公司,张之洞拨官银 30 万两参股,准予使用专利 10 年,利好传出,一时筹得 300 万两资本金。1908 年既济发电量 1 500 千瓦,居京、沪、汉、穗 4 大城市民营电厂之首,占全国华商发电量三分之一强;1909 年日供自来水 2.7 万吨,供水面积涵盖汉口城埠中心 4.3 平方千米范围,包括英、俄、法租界的一部分,远超其他城市供水水平。汉镇既济水电股份公司成为全国最大的官督商办水电联合企业。[①]

1911 年,武汉的民族工业企业已达 120 家左右,涵盖二十几个行业,规模和投资仅次于上海,居全国第二位。[②]

清末资本金 50 万元以上民族自来水、发电厂

年　份	厂　名	所在地	创办人	资本金	工人数
1902	内地自来水公司	上海	曹骧等	181 万元	—
1906	汉镇既济水电公司	汉口	宋炜臣等	300 万元	396
1906	武昌电灯厂	武昌	周秉忠	278 万元	—
1908	商办闸北水电厂	上海	陈佩衍	62.9 万元	287
1908	广州电力公司	广州	黄秉常	150 万元	

注:1. 据《中国近代工业史资料》,转自王天伟著《中国产业发展史纲》220 页,社会科学文献出版社 2012 年版。其中既济水电公司创办时间由 1902 年更正为 1906 年。

2. 清末民初,武汉还有三家外商电厂:英商汉口电灯厂、德商美最时电厂、日商大正电厂。

汉口、武昌均为今武汉市三镇之一。武汉占清末全国五大民族资本水电厂投资总额 971.9 万元的近 60%,可见时年武汉的城市规模和工业规模。

工业生产也极大地促进了汉口的对外贸易。清光绪十五年(1889)张之洞督湖广之际,汉口直接对外贸易额总值是 558 万余关两,间接贸易额总值是 3 760 万余关两。光绪二十七年(1901)江汉关进出口贸易总额突破 1 亿元关两,达到 11 158 万两。光绪二十九年(1903)进出口额更达到 16 717 万关两,已逼近上海。到 1907 年张之洞离汉赴任军机大臣之时,汉口对外直接贸易总值达到 3 168 万余关两,间接贸易额总值达到 11 507 万余关两,十八年间分别增长 567.6% 和 306%。[③]

据统计,在 1890—1907 年,张之洞督鄂湘的十八年间,外商投资湖北(主要是武汉)工业,约为 1 300 万元,清政府投资约 1 700 万元,民间商人投资约 3 000 万元,三者

汉阳兵工厂界碑

① 《武汉市志·工业志》下卷 1 514 页,武汉地方志编,武汉大学出版社 1999 年版,武汉
② 《武汉市志·工业志》上卷 7—8 页,武汉地方志编,武汉大学出版社 1999 年版,武汉
③ 《简明武汉史》175 页,皮明庥主编,武汉出版社 2005 年版,武汉

合计6 000万元。其中,外商投资比例已下降到21.6％。①

清末,武汉官办工业约占全国官办工业总额的17％。钢铁、造纸产量居全国首位,军工、纺织次于上海居第二位。②

张之洞的兴实业之路也充满探索和坎坷。官办企业不少经营不善。在组建汉冶萍公司、筹建粤汉铁路中,极度重用盛宣怀,以至上海申报馆评价"惜夫所用非人,不能兴利,反为外资输入之阶,亦中国新工业之大不幸也"。但是,张之洞的"兴实业",与曾国藩、李鸿章、左宗棠等早期洋务派相比较,已经形成了比较完整的近代工业发展思想及实践体系。在某种意义上说,"兴实业"是张之洞《劝学篇》中,实现国家近代化理想的"中体西用"思想的实业实践。

1923年上海《申报》出版《最近之五十年》,在"五十年来中国之工业"一章中评价说:

"官办工业之功臣,李鸿章而外,当推张之洞。李所发起之实业,以航业(招商局)电报(北洋电报局)为最重要。制造工业仅有织布局。张则在粤在鄂皆锐意提倡织布炼铁,汉阳之铁政局,武昌之织布纺织制麻缫丝四局,规模之大,计划之周,数十年后未有能步其后尘者。"③

中国近代4大工业城市比较(1895—1913)

城　　市	大中型厂矿数(家)	厂矿资本总额(万元)
上海	83	2 387
汉口	28	1 724
天津	17	472
广州	16	579

注:据武汉辛亥革命博物馆馆藏资料

台北历史学家苏云峰是近代中国工业研究学者。据他统计,1895年至1913年,我国至少创办了549家商办或官商合办的制造业企业,资本金约12 028.8万元,其中不包括军工、铸币等官办企业。

这些企业,主要分布在上海、武汉、天津、广州、南京、无锡等几个全国主要的制造业中心城市。

在这十八年中,1905—1908年创办的商办、官商合办企业较多,达到238家左右,资本金约占总量的一半以上,达到6 121.9万元。这些企业规模较前稍大,机器设备主要从欧洲国家进口。④ 这些企业主要集中在三个工业行业:

纺织工业。约有160个企业,占总数的29.14％;资本金约有3 024.6万元,占总数的25.14％。主要集中于上海、无锡、武汉、南通、天津、广州等地。

食品工业。约有125家,占总数的22.76％;资本金约有1 187.5万元,占总数的15.69％。主要集中于上海、武汉、广州等地。

矿冶工业。约有81家,占总数的14.75％;资本金约有2 207.1万元,占总数的18.35％。资本金主要集中于武汉及其周边地区。

这三个行业,约占企业总数的66.67％,资本金总额的59.18％。

---

① 《张之洞与中国现代化》242页,河北省炎黄文化研究会、河北省社会科学院编,中华书局出版
② 《武汉地方志·工业志》上卷3页,武汉地方志主编,武汉大学出版社1999年版,武汉
③ 《最近之五十年:五十年来中国之工业》,申报馆编辑,1923年版,上海。转载自《中国近代工业史资料》第一辑4页,陈真、姚洛合编,生活·读书·新知三联书店1957年版,北京
④ 《中国现代化的区域研究:湖北省(1860—1916)》242页,苏云峰著,(台北)"中央"研究院近代史研究所,1981年版

美国学者罗威廉对清末民初的汉口地位,在 1984 年美国斯坦福大学出版社出版的《HanKow:Commerce and Society in a Chinese City,1796—1889》中,给予这样的评价:

"全球早期工业化进程中受影响最显著的是政治商业城市、一些中心城市(其中包括欧洲的伦敦、巴黎和中国的汉口)。"

1.4 "民国黄金十年"的努力

有的学者称 1912—1921 年为晚清兴实业政策的"无以为继"时期。

民国初年,南京国民政府仅能控制华东、华中数省,许多省份则军阀拥兵自重。"由民国元年至十年,政争兵乱,无年无之,举清末奖励实业政策之成绩尽破坏之,而无以为继。各省军人官吏不特不能提倡保护其省内之实业,且加以剥削摧残;兵匪劫掠,官吏敲诈,几于相继成风……故就政府对待实业之态度及影响言,60 年中清末之 9 年为黄金时代,而民初之 10 年为黑暗时代。"[①]

武汉的制造业、纺织业、建筑业和交通业却在这一时期出现重大转机。

武汉的建筑业因"重建汉口"而出现井喷式发展。

1911 年 10 月,辛亥武昌首义爆发后清军焚城。汉口被焚和严重损坏面积超过一半。借鉴 1666 年伦敦火灾、1871 年芝加哥火灾后城市重建的经验,武汉工商界齐心协力,至 1918 年汉口火灾的重建工作取得重要进展。一批工厂和商行修复,形成了六渡桥、江汉路、南京路、大智路、车站路等繁华街区和大片高档里巷。民族资本发挥了主导作用,汉口 80%以上的建筑得以恢复,市政建设远比清末的汉口更为现代。

1914—1918 年第一次世界大战,欧美亚洲许多国家卷入其中,使武汉工业再获发展机遇。工业史学家龚骏在其 1933 年版《中国新工业发展史大纲》中写道:"自欧战爆发以来,外贸来源隔绝……,故我国工业受其实惠至为显著,……纺织、制粉等工业之机械化,上海、汉口、天津、无锡等都市之生产集中化已为极明显现象。"[②]

1927—1936 年被誉为"民国黄金十年",其重要的标志是,1931 年至 1936 年全国工业年均增幅9.3%,近代中国货币和度量衡得到统一,近代工商城市成批出现,铁路通车里程达到 2 万千米、公路增加 8 万余千米和开辟民用航空线路 12 条。武汉成为其中的发展典范。

这一时期,我国第四次近代工业资本大转移着陆武汉,促成全市工业的极大发展。我国的民族工业资本大多由商业资本转化形成,其依托对外贸易发展农产品深加工、纺织工业等,并在清末民初形成了三次大规模的地域资金转移。第一次,是民族资金汇聚广州、香港、顺德地区。清朝乾隆二十二年(1757)朝廷钦准广州为事实上的唯一对外贸易口岸,广州本土"十三商行"借助闽商成长为与晋商、徽商齐名的我国三大商帮之一,时称香山帮。第二次,是民族工业资金汇聚上海。1843 年上海开埠,香山买办和闽商、苏商、徽商、甬商(宁波)齐聚。1871 年左右由于战争等因素,山西票号的业务中心也由汉口转移至上海。[③] 据统计,到 1893 年上海票号汇款额已经占全国 25 个地区总汇额的约 10%。民族资金转移助力上海纺织、食品、轻工工业出现大的发展,也助力上海的进出口贸易大幅攀升,总额

① 《最近之五十年:五十年来中国之工业》,申报馆编辑,1923 年上海。转自《中国近代工业史资料》第一辑 8 页,生活·读书·新知三联书店 1957 年版,北京

② 《中国新工业发展史大纲》93 页,龚骏著,商务印书馆 1933 年版,上海

③ 《中国商帮 600 年》189 页,王俞现著,中信出版社 2011 年版,北京

由 1865 年的 1.09 万银两增长至 1895 年的 3.15 亿银。① 上海由滨海县城成长为中国最大的经济中心。第三次,是民族资本集聚天津。1860 年天津开埠,徽商、甬商(宁波)、香山商帮蜂拥而至,在赚取巨额利润的同时,使天津成为北方最大的经济中心。

第四次民族资本积聚汉口,对武汉工业的发展产生重大影响。由于汉口是内陆对外贸易中心和国内销售市场中心,晋商、徽商、粤商、苏商、甬商(宁波)、闽商、湘商、川商、赣商、豫商等十大商帮以及香山买办聚首武汉,大量投资于对外贸易和工业企业。这一时期投资武汉的民族实业家,多出身于洋行买办和商业巨贾。据工业史学家徐凯希统计,从清朝同治四年(1865)至宣统三年(1911)的 46 年中,汉口江汉关进出口总额约 25 亿两关银,按买办经纪费 3%~5%计算,买办阶层获利约在 1 亿两关银。除去支付采办公差、雇员佣金、办公日杂等费用后,获利几乎近半。买办阶层一般信誉好易于筹款,基本精通国际贸易行情,因此多数买办在获得巨利后,脱离洋行。民国初年,他们抛弃国人鄙视的买办身份转变为实业家,投资兴办工厂、建筑和交通业,成为武汉民族工业大发展的重要推手。

随着工业的快速发展,武汉的民族银行业也得到很大提升。南京民国政府成立后,下辖的金融"四行两局"只设在两个城市,中国农民银行总行设在武汉,其他都集中设在上海。工业史家王天伟认为,1927 年南京国民政府成立至 1937 年"七七事变"前的十年间,民族资本银行主要集中在上海、南京、汉口、天津、北京、广州、杭州、重庆、青岛九个城市。②

1926 年下半年,中国的政治中心已由珠江流域转到长江流域。1926 年 10 月 20 日,被誉为"全国商务中心"的汉口特别市成立;12 月武昌市成立。同年 11 月中旬,国民党中央政治委员会决定将首都由广州迁至武汉,12 月中旬国民党中央执行委员会、国民政府委员会临时联席会议在武汉成立。1927 年 1 月 1 日联席会议发布命令,"确定国都,以武昌、汉口、汉阳三城为一大区域作为京兆区,定名武汉"。武昌、汉口、汉阳三个城埠第一次合并为一个城市。国民政府在汉口南洋大楼办公,这栋六层现代风格建筑是民族资本南洋兄弟烟草公司的简氏家族所有。

1927 年 1 月,武汉国民政府收回汉口、九江英国租界的决定,使西方列强在中国肆意妄为 60 余年的状况受到极大挑战。英国首相张伯伦宣布不承认武汉国民政府,调动英国海军陆战队 1.3 万人云集上海,会同南京政权对武汉国民政府实行禁运、禁销、禁贷政策,随后在武汉周边发动战事。首当其冲受到冲击的是武汉的外贸和工业产业。外交部长向国民政府会议报告中说,汉口已有 20 余万工人失业。武汉工业再次跌入低谷。

1927 年底"宁汉合流"以后,武汉经济很快出现复苏。据社会局统计,1933 年汉口市符合国民政府实业部工厂法规定的工厂,达到 500 多家;纳入统计的行业工人 5.7 万人;纳入统计的工业登记资本额约 3 000 万元。

1931 年"九一八"日本侵略东三省,由于抵制日货,武汉纺织业大幅发展,形成纺织、漂染、针织系列。1936 年全市六大纱厂纱锭数,在上海、武汉、青岛、天津、无锡、南通六大纺织业城市中居第二位,仅次于上海。③

一度停产的周恒顺机器厂再度进入全国九大民营机器厂之列。1933 年全市造船厂已有 22 家。武汉砖瓦制造业拥有 7 家较大规模工厂,使"汉阳瓦"闻名遐迩,也使武汉在相当长的时间里保持民国

① 《中国商帮 600 年》190 页,王俞现著,中信出版社 2011 年版,北京
② 《中国产业发展史纲》263 页,王天伟著,社会科学文献出版社 2012 年版,北京
③ 《武汉市志·工业志》上卷 27 页,武汉地方志编,武汉大学出版社 1999 年版,武汉

时期建材生产主体的地位。

这一时期,武汉也是全国粮油加工业中心之一。1937年全市大中型榨油工厂12家,是名副其实的全国植物油加工中心;面粉业是中西部中心,其产能产量仅次于沦陷前的上海、哈尔滨、天津。

但是,武汉此时仍未恢复20世纪30年代的最好水平。1931年,长江洪水淹没汉口持续近百天,致使许多工厂全面停产。这一年,英国政府宣布对中国蛋制品实行反倾销,武汉蛋制品出口产量在全国占有一半以上的份额。英国的这一决定,不仅打击了蛋制品生产商,而且带动武汉其他出口农副产品深加工工业全面暴跌。据1934年的一份统计,汉口在全国6大工业城市中位次下滑。

武汉工人人数在1927—1930年达到较高水平。1932年发行的《第二次中国劳工年鉴》记载,据1930年6月统计月报,汉口市共有工会28处会员203 331人,已超过20万人。如加上码头、打包、制蛋、烟草等行业近10万零工,人数会更多。[1]

1936年,武汉工业复苏,在全国工业地位上升,特别是纺织业纱锭数已仅次于上海。但是,由于汉阳铁厂停产,武汉的重工业与轻工业的比重,轻工业占垄断地位;全市有16个工业行业,主要集中在12大行业:

1936年武汉12大工业行业情况

业　别	厂　数	资本(万元)	工人数	年产值(万元)
水　电	10	968.00	1 340	1 557.40
冶　炼	10	151.00	494	108.20
机　器	71	37.40	1 617	116.00
交通工具	9	5.25	1 888	11.30
军　火	2	429.00	4 000	—
建筑材料	16	65.10	539	25.50
化　学	43	142.98	2 554	433.00
饮料食品	230	648.20	6 184	2 628.60
烟　草	4	1 195.30	3 517	10 247.10
纺织染整	56	1 252.23	16 191	3 033.40
服装饰品	12	85.80	4 513	515.70
文化印刷	38	154.00	1 376	119.00
其　他	27	14.4	813	56.56
总　计	528	5 148.66	45 026	18 851.76

注:摘自《武汉市志·工业志》。冶炼由于汉阳铁厂停产,未计入;其他工业行业包括金属制品、电器、木材加工等;工人数中不包括制造业、航运业、建筑业雇佣的十多万的临时工、零工。

这一时期,武汉建筑业得到快速发展,出现一批国内建筑风格领先的建筑群。

20世纪30年代,汉口沿江大道和江汉路陆续建成一批四至五层欧式高大建筑,希腊古典风格、罗

---

[1] 《第二次中国劳动年鉴:第二编》46页,邢必信、吴铎、林颂河、张铁铮主编,社会调查所1932年。转自黎霞《负荷人生:民国时期武汉码头工人研究》28页。华中师大博士学位论文,未刊。

马风格、巴洛克风格、洛可可风格、法国四堡风格、新现代主义风格等等,几乎展现了各类西方经典建筑形式,业主主要是英、美、法、俄、德、日等国银行和我国的官办、民办银行。1922 年建设的江汉关大楼,是中国第一栋英国钟楼式海关建筑;英国汇丰银行汉口大楼,则是经典的古典主义建筑,达到 1.4 万平方米建筑面积;1929 年建设的武汉大学建筑群中西合璧,引进大量国际先进建筑材料和施工工艺。近十栋这一时期的建筑,都入选全国重点文物保护单位。同时,民族资本进入城市房产开发,建设了 2 000 多栋仿英国工业革命时期的联排两三层砖木结构的住宅群,成为我国仅次于上海石库门里弄的"汉口里分"。武汉的建筑业得到极大的提升,建筑工人达到 10 万余人。

此时,钢铁、纺织、机械、食品、建筑、交通贸易已成为武汉市的六大经济支柱。民族资本取代外国资本成为工业的主要投资者。

1.5 "一五"期间七大国家重点工业项目

1938 年 10 月 27 日武汉沦陷,全市人口由 158 万剧减为 1939 年的 37 万。全市 251 家大中型工厂,除武昌一纱厂欠英商安利洋行资金留汉外,全部西迁四川、湖南、贵州、陕西等省,十余万技术工人随厂西迁。武汉西迁工厂占全国西迁工厂总数的 55%,占西迁设备总量的 80% 以上。武汉工厂西迁,极大地提升了我国大后方的工业水平,为抗日战争的最后胜利奠定了工业基础。

抗战胜利后,武汉工业恢复极为缓慢。因钢铁业、机械业主要设备迁至重庆,纺织业成为战后武汉市的第一大产业。至 1949 年,全市工业固定资产仅有 7 000 万元,年产值 19 766 万元。全市 30 人以上的工厂只有 260 家。武汉的经济濒临崩溃。

1949 年 5 月 16 日武汉解放。中共中央华中局(后更名中南局)、中南军政委员会驻武汉,林彪、邓子恢主持工作,辖武汉、广州两市,河南、湖北、湖南、广东(含海南)、广西五省。武昌、汉口、汉阳三镇再次合一,武汉成为直辖市。

1949 年至 1952 年,武汉市政府提出以恢复和发展生产为中心,并出台极为详细的相关政策,提出"团结工厂主和企业家,迅速恢复和发展生产"的口号,为稳定企业家和技术人员、工人,保障经济发展,颁发了一系列工业政策:

接收官僚资本企业,改为国家所有制。中央军委武汉军事管制委员会按照"各按系统,自上而下,原封不动,先接后分"的原则,接收 31 家官僚资本企业,4.2 万工人和管理人员实行"原职、原薪,新制度"的方法,使工厂生产经营很快得以恢复。

支持民族资本企业生产。颁布《关于进一步调整工商业和改善公私关系的决定》,将扩大加工订货作为调整公私关系的重心。一,贷款贷棉。武汉市政府对四大纱厂共计贷款 5.21 亿元(旧人民币),贷棉 3 万担,贷粮 400 担。二,收购成品。国家对民族资本企业订货总值达到 8 277 万元,占全市民族资本企业生产总值的 41.65%。其中四大民营纱厂加工订货棉布 30.19 万匹,占四个纱厂棉布总产量的 91.1%。[1] 国家订购超过行业年产总值 40% 的还有:印染业 100%、面粉业 69.62%、碾米业 56.59%。三,支持建筑业。1949 年前全市建筑面积 1 253 万平方米,其中住宅仅 668 万平方米,而且茅棚、板房占有相当比重。武汉市政府围绕重点工业、工程布局,在武昌、汉阳、汉口修建了一批工人住宅。同时,鼓励全市手工业作坊恢复和扩大生产,以吸纳更多的失业工人。

---

① 《武汉市志·工业志》上卷 32—33 页,武汉地方志编,武汉大学出版社 1999 年版,武汉

1952 年,武汉市工业总产值 4.32 亿元,比 1949 年增长 118.5%,大大超过战前的最高水平。

1953 年,国家实行第一个社会主义建设五年计划,决定新建 156 项涉及国计民生的重大项目,苏联提供贷款和派出专家援建。其中,7 个重大项目在武汉落户,包括新中国建设的最大冶金联合企业武汉钢铁厂,全国重特大装备制造基地武汉重型机床厂、武汉锅炉厂、武昌造船厂,亚洲规模最大的武汉肉类联合加工厂,中部最大的发电厂青山热电厂,我国第一座长江大桥。7 大项目和其他稍小的项目,国家投资总额达到 15.147 9 亿元。

1955 年,武汉市工业总产值 5 多亿元,比 1949 年增长 1.2 倍,年均增长达到创纪录的 30.1%。

1957 年,全市工业总产值 12.69 亿元,又比 1952 年增长 1.9 倍,是 1949 年的 4.6 倍。

自此到 1990 年左右,武汉的年度工业总产值和固定资产,一直在纳入国家统计的全国 25 个大中城市的第四位,仅次于上海、北京、天津,偶被广州超过。其中,1981 年武汉工业总产值突破 100 亿元,固定资产约 100 亿元。武汉冶金业居全国第三位,纺织业为五大中心之一,全市机床拥有量居前五位。[①]

近代,武汉一直是我国主要的工业基地之一,大中型工厂集中,国际贸易发达,使得产业工人凝聚力强、视野广阔,敢于和善于维护自身的阶级利益,是我国工人阶级的重要中坚力量之一。武汉共产主义小组是中国共产党创建的发起人之一。在中共一大的 13 名代表中,湖北籍并曾在武汉就学、就职的有 5 人:武汉小组的董必武、陈潭秋,上海小组的李汉俊,北京小组的刘仁静以及陈独秀委派的包惠僧。

2 武汉工业遗产的损毁与现状

1863 年至 2013 年的 150 年间,武汉近代工业四起四落,企业数累计近万,大多是小型企业。大中型企业数自民初以来常年保持在 200 至 500,只有武汉沦陷七年例外。近代,武汉工业遗址和工业非物质文化遗产遭到前所未有的破坏,影响最大的有 4 次,既有国内因素也有国际因素。

2.1 1911:辛亥武昌首义遭冯国璋焚城

清末,一场罕见的清军纵火,使城市的工业和传统手工业蒙受重大损失。

1911 年 10 月 10 日,武昌爆发辛亥首义。清朝廷十分惊恐,连夜派遣清军第一军总统冯国璋率部,乘京汉铁路直奔汉口镇压。在遭受革命军顽强抵抗后,10 月 31 日冯国璋下令在汉口五国租界之外的市区纵火,纵火点达十余个,顿时汉口上至硚口玉带门、六渡桥,下至大智门的城区成为巨大的火场,大火蔓延一二十里。同时,清军炮轰了武昌、汉阳。

11 月 2 日,江汉关税务司发出的函件记载:

"昨日,汉口市内大约烧去一半,情况很凄惨。今天清晨清军指挥官说,其他一半也要烧。10 点钟左右,日清公司的仓库燃烧起来。从那里起,沿河街一带都在燃烧……清军在太古码头纵火焚烧民船和舢板。"[②]

据灾后统计,汉口除五国租界以外的"本地街",被冯国璋率部完全烧毁四分之一,严重损坏四分之

---

① 《风雨沧桑越雄关》264 页,刘惠农著,武汉出版社 1996 年版,武汉

② 《水火》,翟耀东、任予篆主编,武汉出版社 2011 年版,武汉

一。此时,汉口集中了武汉的大部分对外贸易工厂和贸易机构,武汉的近代工业和国际贸易遭受重创。

时任清军第六镇统制吴禄贞致清内阁电文中愤慨地说:

"在本国财赋荟萃之区,人民生命财产忍令妄遭荼毒。"

武昌辛亥首义,推翻了已有 2 132 年历史的君主帝制,使世界五分之一人口走向共和制度。城市载入史册的代价,是城市经济的重大损失,大批工厂、作坊被烧毁,数以万计的工人失业,造成全市 1 亿元以上的资产损失,仅汉口 100 多家钱庄不能收回的债务就达到 3 000 多万两。

2.2 1938:日军轰炸与全城大厂西迁

1937 年 7 月,华北被日军占领,11 月上海沦陷、首都南京弃守。与英国张伯伦政府、法国维希政府一样采取绥靖政策的蒋介石政府,面对南京 30 万人被屠杀的旷世惨案,痛下决心抗日。蒋介石将指挥中心移至武汉,组织指挥全民抗战。武汉成为实际上的"战时首都"。

由于日军侵占中国半壁河山,东北、华北、华东沦陷区的人口大量进入武汉,上海、南京、无锡、河南等地的一些小型工厂也迁入武汉,城市用电量大幅增加,全市的供电、输变电业也达到新中国成立前的巅峰。同时,武汉的纺织、烟草、军火、食品等工业产值也达到历史最高水平。武汉成为这一期间中国最大的工业城市和经济中心。

1937 年 8 月 21 日,日军开始轰炸武汉。1938 年 4 月,日机轰炸投下 300 多枚炸弹,其中钢铁、军工集中的汉阳损失最为惨重。1938 年 6 月,37 岁的日本裕仁天皇下达"攻克汉口"的诏书。

同月,蒋介石调集国民政府陆海空三军百万将士抵抗。历时四个月的"武汉保卫战",是我国抗日战争中双方投入兵力和飞机、舰船等最多的战争。日军出动上千架次轰炸机地毯式轰炸武汉。日军在被歼灭十余万人后,大量使用化学、生物武器,致使我军伤亡惨重。10 月 27 日,武汉三镇沦陷。

为避免南京大屠杀的悲剧重演,保存坚持抗日战争的工业实力,按照国民政府的部署,武汉的 250 家大中型企业,此前已被迫西迁,其中汉阳铁厂、汉阳枪炮厂等迁至位于四川省的"国民政府陪都"重庆,纺织业等迁至湖南、陕西、四川,机械业迁至四川、湖南。我国名列前茅的扬子机器厂、周恒顺机器厂以及裕华、申新、震寰等三大纺织工厂也都在西迁之列。上千西迁的工人在途中被日机追击轰炸,不幸牺牲;一些大型设备也被炸毁。

在武汉工业企业西迁中,落户最多的是湖南达 115 家,其次是四川 98 家;重工业企业落户则多在重庆,现重庆钢铁厂、水轮机厂、部分军工厂和西安、宝鸡、成都等地纺织大厂部分源自武汉西迁企业。

1938 年武汉工厂内迁分布地略表

行 业	四川	湖南	陕西	广西	贵州及其他	合计
机 械	46	53	3	3	5	110
轻工业	26	2	1	3	4	36
化 工	9	8	—	—	—	17
纺 织	13	52	17	1	—	83
水 电	4					4
合 计	98	115	21	7	9	250

注:摘自《武汉市志·工业志》上卷,29 页,武汉市地方志编。

武汉的工业资本、管理者和十余万工人的西迁,使先进的钢铁、机械、纺织、化工等行业设备、技术传入西部,极大地改变了我国近代工业的布局,使西部省市缩短了与中东部省市经济发展的几十年的差距。其中,扬子机器公司铁厂成为大后方最大的钢铁厂;裕大华纺织公司则占有"国统区"纺织品市场60％以上的份额;恒顺机器厂保持制造业主要工厂的地位,等等。

此时,武汉全城的大厂仅余武昌一纱厂。日军对武汉的狂轰滥炸,国民政府撤退之前炸毁汉阳铁厂等企业、码头,也使武汉沦为破败之城。

日军占领武汉7年,招募一万五千多日本人到武汉居住,以"委托经营"方式让日本株式会社经营留汉企业。据日伪汉口工商会议厅统计,1942年武汉"复兴"工厂133家,约占沦陷前企业数的25.6％,年产值约为沦陷前的15.8％。这些企业,多半是日军没收的英、美等国在汉中的小企业,包括英商坚持留下的武昌一纱厂和"本地街"较大的手工业作坊,主要生产日军急需的袜子、手套等针织用品。被掠用的英美工厂主要集中在汉口租界,手工作坊和工人则多集中在汉口三民路以上的难民区。全市的建筑业、对外贸易业、航运交通业基本停工。

汉口法租界是例外。由于法国维希政府与德国签订合作协定,日军未进入法国在中国的上海、天津、汉口租界。汉口法租界涌入近6万人,日军用铁丝网隔离,一度断水断电。汉口法租界内的食品及日用品工厂维持生产,以供所需。

2.3 1944年:美军报复性滥炸武汉沦陷区

1941年12月日军偷袭珍珠港,美日战争升级。1942年以后,美军援华空军将轰炸重点放在我国中东部沦陷区,武汉成为重点。史载"汉市自(1944年)11月18日以后,人心更乱,全市停顿,繁华市区市民四处逃避,十室九空……残垣断壁,无法整理"。1944年12月16日,华中日军击落前来轰炸武汉的美机,捕获3名飞行员,美军再三交涉无果。日军在汉口将美国飞行员套绳裸游,极尽侮辱,最终在汉口德租界西本愿寺附近绞杀并火化。12月18、21日,美军派出数百架轰炸机包括"超级空中堡垒"进行报复,对武汉实施援华美军历史上最大的轰炸行动。在美机的轮番轰炸下,汉口火海蔓延十余里,英国驻汉口总领事馆等盟国机构也被炸毁。战后,汉口市政府统计,仅1944年12月美机轰炸就造成2万多市民丧生,15 611栋房屋被毁,损失约3.5兆元。除英、俄、法租界基本完好外,汉口的许多工业厂房被炸毁。

1945年8月抗日战争取得胜利。武汉受降仪式于9月18日在汉口中山公园受降堂举行,20多万驻华中日军受降。

武汉内迁的工人陆续回汉,但是按国民政府的要求企业设备基本留在西部。沦陷7年,武汉的工厂已被摧残得面目全非。

1949年初,武汉工人在我国南方地区较早开展"护城护厂"斗争,阻止了军阀组织的多数的爆炸、毁坏行动,使城市和工厂得到比较完好的保存。

2.4 1990年代:遗址遭遇建设性破坏

1990年以后,我国经济出现快速发展。外资、民营企业异军突起,国有企业的弊端逐渐显现,一批地方企业出现资不抵债的状况。部分国有、集体企业改制破产的结果是,市中心的工厂被出让,改为建设用地。汉口五国租界2.2平方公里内,武汉第一家近代工厂顺丰砖茶厂旧址改建为长海宾馆,曾为亚洲最大的制蛋厂和记蛋厂成为房地产项目。2000年以后,武昌、汉口、汉阳一批重要的"武"字头企业,包括国家"一五"重大工业项目:武汉重型机床厂、武汉锅炉厂以及江岸车辆厂、武昌车辆厂、武汉一纱厂、武汉机床厂等等外迁至江夏等远城区。我国建成最早、规模最大的江岸铁路转盘也被拆毁。工业遗址保护出现较大面积的建设性破坏。

这一状况引起武汉市政府的警觉和市民的强烈呼吁,市区政府果断地采取了保护措施,在很大程度上制止了这种毁损城市历史的行为。

经过无数磨难,留存的武汉近代工业遗产已十分珍贵,成为城市历史不可或缺的一部分,成为城市彰显个性的重要组成部分。

现存的武汉工业遗产有着显著的特点:

(1)汉口五国租界内大部分保存较好。近代的三次焚城、轰炸,汉口英、俄、法租界及其邻近的街区基本未涉及,其区域内的工厂和相关投资机构、银行、教堂建筑保存较好;汉口华界和德、日租界的许多工厂、仓库、码头基本被毁。

(2)武汉交通邮政业、建筑业遗址保存较好,制造业损坏较重。制造业的大中型工厂在1938年基本西迁或毁于日机的轰炸,包括张之洞创建的汉阳铁厂、汉阳枪炮厂、清末最大的官办白沙洲造纸厂等。

(3)近代工业档案以及工业行会史料大多毁于清军焚城和日、美机轰炸,现存史料大多采集于国外和民间。

(4)武汉是我国工人运动重镇,工人运动遗存较多。中共中央早期活动遗址,包括中共中央机关旧址、五大会址、八七会址、决定发动南昌起义的中共领导人汉口驻地等保存较好。1923年京汉铁路大罢工遗址、1927年中华全国总工会遗址等也得到较好保护。

(5)近代工业发展的多灾多难,使武汉实业家和百万产业工人具有不屈不挠、敢为人先、追求卓越的宝贵品质。二百多万工人和一百多万退休工人及其子女,成为工业遗址保护的主力。

3 武汉工业遗址的保护利用

工业遗址是人类共有的历史文明结晶。

自19世纪末英国"工业考古学"兴起,各国对工业遗产涵盖的范围众说纷纭、莫衷一是。联合国教科文组织明确:

"工业遗址不仅包括磨坊和工厂,而且包括由新技术带来的社会效益与工程意义上的成就,如工业市镇、运河、铁路、桥梁以及运输和动力工程的其他物质载体。"

2003年6月,国际工业遗产保护委员会(TICCTH)在俄罗斯下塔吉尔举行会议,通过《下塔吉尔宪章》。其界定工业遗产是:

"自18世纪工业革命以来(但不排除前工业革命时期和工业萌芽时期的活动)具有历史价值、技术价值、社会价值、建筑或科研价值的工业文化遗存。包括建筑物和机械、车间、磨坊、工厂、矿山以及相关加工提炼场地、仓库和店铺,生产、传输和使用能源的场所、交通基础设施,工业生产相关的社会活动场所(如住房、宗教、教育场所)以及工艺流程、数据记录、企业档案等。"

根据国家建设部、文物局的要求,武汉市政府采取了有效的措施,工业遗址保护利用工作进入自觉自为阶段。

一是查清底数,规划保护为先。经查历史规划史料和现场踏勘,武汉主要有12个工业区:青山(钢铁)、余家头(纺织)、中北路(机械)、石牌岭(机械)、白沙洲(轻工)、关山(机械、电子)、鹦鹉洲(机械、交通)、七里庙(机械)、庙山(电子、机械)、堤角(食品)、易家墩(化工、纺织)、唐家墩(轻工)。其生产总值、机械设备、工人规模居全国大中城市前列。武汉市国土规划局会同改革发展委、经信委、文化、房管局和各区政府,提出整体和个体保护方案。

2010年4月,经武汉市政府向国家建设部申请,中国城市规划学会在武汉召开,会议形成《关于转型时期中国城市工业遗产与保护利用的武汉宣言》。2010年11月经争取,武汉市入选国家科委、建设部主持的"典型城市工业遗产保护与科学开发"项目。这些都使武汉的工业遗址保护工作立点更高,赢得更广泛的共识。

2011年,武汉市国土和规划局根据市政府要求,启动编制《武汉市工业遗址保护与利用规划》,侧重于物质层面的不可移动工业遗产。武汉规划设计院、市老科协规划国土分会以历史规划资料,《武汉市志》及其工业志、区志为基础,历经两个多月的实地踏勘、史料查询,确认全市范围内现存1850年至1980年的130年间的工业遗址371处,其中7个中心城区保护较好的有95处。经武汉大学、华中科技大学等在汉高校和文物、建设、房管、法制等部门的论证,市国土规划局向市政府呈送了保护利用意见。

武汉市主城区工业遗址分布

江岸区 20	江汉区 5	硚口区 24	汉阳区 15
武昌区 9	青山区 17	洪山区 5	

注:共计95处,据武汉规划研究院《武汉市工业遗产保护与利用规划》。

二是参与国际合作推进。武汉作为中国近代工业发源地之一,工业遗址保护也受到国际关注。2008年1月,中、英两国政府签署《中华人民共和国和大不列颠北爱尔兰联合王国关于可持续城市的合作谅解备忘录》,两国政府决定,将中国武汉、南京与英国格拉斯哥、谢菲尔德四个工业城市的持续发展包括工业遗址保护,列为"中英可持续对话项目"。两年后,武汉研究成果在"中英高级论坛"发表并引起很大关注。中英双方商定,合作项目时间延长至2011年。

2010年,武汉市承办国际规划大会,100多个国家的2 000多位规划师在汉讨论城乡规划,其中包括工业遗址的规划保护。2011年,市政府有关部门与国际古迹遗址理事会(ICOMOS)和联合国教科文组织亚太中心开始合作,邀请资深委员到武汉指导,召开"ICOMOS-Wuhan无界学术研究会",建立研究协调机制,以在更宽的领域引导工业遗址保护工作。

三是加快立法,依法保护。2012年9月,唐良智市长主持市历史文化风貌街区和优秀历史建筑保护委员会(后更名为武汉市国家历史文化名城保护委员会),确定保护规划原则和工业遗产名单。12月,湖北省人大常委会批准、武汉市人大常委会公布《武汉市历史文化风貌街区和优秀历史建筑保护条例》,武汉第一次有了地方法规保护街区风貌和历史建筑,包括工业遗址。

《条例》规定,对危害和影响优秀历史建筑安全和景观的行为,由房屋主管部门责成限期恢复原状,并对单位处20万元以上50万元以下的罚款,对个人处10万元以上20万元以下的罚款。逾期不恢复原状或者不采取其他补救措施的,房屋主管部门可以依法申请人民法院强制执行,移送有关部门追究单位主要负责人和直接责任人责任,等等。

2013年2月,武汉市政府41次常务会议审议通过规划,并颁布第一批武汉市工业遗址保护名录和建设控制范围。会议批准的《武汉市工业遗址保护与利用规划的意见》明确规定,一级工业遗产建筑执行国家《文物法》,以修缮为主;二级在严格保护建筑外观、结构、景观特征的前提下,对功能可作适应性改变,以维修改善为主;三级保留原建筑结构和式样的主要特征,可对原建筑物进行加层或立面装饰。

四是合理开发利用工业遗址。城市中心土地资源稀缺、文化产业兴起和市民休闲时间增多,给工业遗址合理使用创造了新的契机。筹建博物馆、文化创意产业园和休闲场地成为三种较多的选择。原汉阳铁厂、汉阳枪炮厂遗址和汉阳特种汽车制造厂、鹦鹉磁带厂等集中的龟北地区,已成为文化产业园,许多历史厂房得以保存;清末最大的城埠供水塔式建筑汉口水塔、最大的商办供水厂汉口宗关水厂、我国最早的英国钟楼式海关建筑江汉关、英租界发电厂等正在筹建博物馆。

企业成为工业遗产保护的主力。武汉钢铁公司建成我国第一座钢铁博物馆,建筑面积1.1万平方米,专门设有汉阳铁厂、汉冶萍公司展区,展品中既有清末汉阳铁厂生产的铁路钢轨,也有1958年9月13日毛泽东目睹诞生的武钢第一炉铁锭。在汉阳枪炮厂火药厂旧址,武钢已开工建设"张之洞与中国钢铁工业博物馆"(暂名);中铁大桥局利用旧址建成我国第一个桥梁纪念馆,展出武汉长江大桥设计图等历史资料,以及他们设计的数十座国内外特大型桥梁模型。武汉水务集团也利用一百多年历史的宗关水厂旧址厂房建成纪念馆。

城区政府成为工业遗址保护的责任者。市政府与各区签订保护责任书。硚口区政府利用武汉铜管厂高大的厂房旧址,建成"武汉市硚口民族工业博物馆",在百坊手工业、民族工业、新中国工业三个展区,展出300多种珍贵实物,其中明末清初与北京同仁堂、杭州胡庆余、广州陈李济齐名的我国四大药房之一汉口叶开泰参药房(现健民制药厂)的发展,引人驻足。

第一批武汉市工业遗址保护名录(27处)

	年份	名称	地址	备注
一级	1908	汉口既济水塔	江汉区	全国重点文物保护单位
	1923	邦可面包房	江岸区	全国重点文物保护单位
	1921	南洋大楼	江汉区	全国重点文物保护单位
	1905	英商汉口电灯公司	江岸区	湖北省文物保护单位
	1918	英商赞育汽水厂	江岸区	湖北省文物保护单位
	1918	英商和利冰厂	江岸区	湖北省文物保护单位
	1890	汉阳铁厂矿砂码头旧址	汉阳区	武汉市文物保护单位
	1905	英商平和打包厂	江岸区	武汉市文物保护单位
	1906	宗关水厂	硚口区	武汉市文物保护单位
	1920	第一纱厂办公楼	武昌区	武汉市文物保护单位
	1924	英商亚细亚火油公司	江岸区	武汉市文物保护单位
	1918	福新面粉厂	硚口区	武汉市文物保护单位
	1956	武汉重型机床厂大门	武昌区	武汉市文物保护单位
	1953	武汉轻型汽车厂办公楼	硚口区	武汉市文物保护单位
	1965	汉钢转炉车间旧址	汉阳区	武汉市文物保护单位
二级	1926	南洋烟厂	硚口区	
	1954	武汉肉类联合加工厂	江岸区	"一五"156个全国重大项目之一

年　份	名　　称	地　址	备　　注
1955	青山红房子	青山区	国务院批复武汉 5 个历史地段之一
1956	武汉重型机床厂厂房	武昌区	"一五"156 个全国重大项目之一
1958	武汉铜材厂	硚口区	
1961	鹦鹉磁带厂	汉阳区	
三级　1910	太平洋肥皂厂	硚口区	
1903	芦汉铁路江岸机厂	江岸区	更名江岸车辆厂
1951	武汉第一棉纺织厂	汉阳区	汉阳铁厂旧址/1890 年
1953	汉阳特种汽车制造厂	汉阳区	汉阳枪炮厂旧址/1890 年
1956	武汉锅炉厂	武昌区	"一五"156 个全国重大项目之一

注:1. 武汉市政府公布的第一批市级工业遗址保护单位 27 处,分为一、二、三级。

2. 入选第一批武汉工业遗址保护名录者,除国家级、省市级文物单位和市优秀历史建筑外,主要涉及可能被损坏和拆毁的工业遗址;武昌造船厂、宗关水厂等正常生产企业未纳入。

3. 全国重点文物保护单位中,南洋兄弟烟草大楼系 1927 年武汉国民政府所在地;邦可面包房系中共八七会议旧址所在俄租界公寓大楼一侧。

市政府公布的第一批工业遗产保护目录,社会反应热烈。武汉有二百多万在职工人和一百多万退休工人,许多工人和他们的子女将此作为认可他们社会贡献的重大消息,一些入选工业遗址的企业工人奔走相告。

但是,由于入选条件及时间的限制,武汉一些重要工业遗址尚未入选。按照联合国教科文组织和《下塔吉尔宪章》以及我国有关条例,试列 28 例:

武汉重要工业遗址名录(二)

年份	名　　称	地　址	备　　注
1903	京汉铁路汉口火车站旧址	江岸区京汉街	全国重点文物保护单位
1912	詹天佑旧居	江岸区鄱阳街	全国重点文物保护单位
			"中国铁路之父"旧居
1923	京汉铁路大罢工总工会旧址	江岸区	全国重点文物保护单位
1927	中华全国总工会旧址	江岸区	全国重点文物保护单位
1956	武汉长江大桥	武昌区、汉阳区	全国重点文物保护单位
1920	平汉铁路局旧址	江岸区	湖北省文物保护单位
1921	英商景明大楼	江岸区	湖北省文物保护单位
			华中最大外资设计公司
1921	俄商新泰大楼	江岸区	湖北省文物保护单位
			清末民初最大砖茶厂之一
1902	李凡诺夫公馆	江岸区	武汉市文物保护单位

续　表

年　份	名　称	地　址	备　注
1906	汉镇既济发电厂旧址	硚口区	武汉市文物保护单位
1928	日商日清汽船公司	江岸区	武汉市文物保护单位
1934	汉口电报局旧址	江岸区	武汉市文物保护单位
1863	俄商顺丰茶栈	江岸区	武汉市优秀历史建筑
			武汉近代首家砖茶厂投资商
1910	巴公房子	江岸区	武汉市优秀历史建筑
			俄茶商巴耶夫投资大型公寓
1850	汉口邹紫光阁笔店	江汉区	
1876	汉口圣教书局旧址	江岸区	清末民初我国主要基督教印刷厂
1899	汉口康成制酒厂	硚口区	我国最早生产医用酒精工厂
1902	汉口英美烟草公司旧址	江岸区	雇佣工人号称 5 000 人左右
1916	英商霍尔特仓库旧址	江岸区	
1914	法国一码头	江岸区	现为武汉旅游码头
1917	法租界下水道管道工程	江岸区	至今排水功能良好
1919	武汉马应龙制药厂	洪山区	始于 1582 年马应龙生记眼药店
1934	刘歆生旧居	江岸区	我国三大地皮大王之一,工业投资商
1949	湖北省新华印刷厂	硚口区	时为全国四大印刷基地之一
1953	武汉钢铁厂	青山区	"一五"156 个全国重大项目之一
			时为新中国最大钢铁联合公司
1956	武昌造船厂	武昌区	"一五"156 个全国重大项目之一
			旧址系 1934 年创办小型船厂
1955	青山发电厂旧址	青山区	"一五"156 个全国重大项目之一
1971	武汉石油化工厂	青山区	

　　五是注重非物质文化工业遗产保护。2006 年启动的国家非物质文化遗产保护工程,使武汉一批传统手工业文化遗产得以保护:享誉国际交响乐界上百年的汉口高洪太铜锣,在长江沿线城市有 136 个前店后厂的二百年汪玉霞糕点店,百余年历史的黄陂杨家楼榨油作坊等等。根据市政府的要求,武汉市档案局发文要求全市注重工业历史档案的保护和上报;市博物馆、图书馆加大了工业非物质文化遗产史料的收集;市政府委托江汉大学和学者何祚欢组织专班,历时三年出版"工商口述历史丛书"。武汉地区大型厂矿企业积极收集史料、实物。武汉民间收藏家协会,已拥有一批传统手工业、近代工业实物的收藏爱好者。发挥互联网的无界联络作用,汉网开辟城市历史栏目,已聚集一批工业遗产保护者。

　　六是注重近代工业史和近代文化转型的研究。武汉地处我国腹地,南宋以来的八百年间,武昌一直是南中国的重镇,科举文化兴盛,传统手工业发达。元朝设湖广行中书省,驻地武昌,辖湖南、广西全部,湖北、广东、贵州一部;明朝设十大藩王封地,楚王驻武昌,负责南中国的平定割据和经济发展;

清朝设湖广总督府,为清初九大封疆地之一,辖湖北、湖南。在一千多年的时间里,武汉是中国的区域性政治中心和经济中心,是君主帝制稳定运行的基石之一,其近代工业化的阻力和艰难程度,远远超过沿海较先开埠的大多数城埠。1861年汉口开埠,西方列强资本伴随炮舰进入华中腹地,对汉口、武昌、汉阳的传统政治制度、传统经济、传统文化甚至传统城市空间布局和交通方式,都产生很大的冲击。西方列强20国驻汉领事机构、洋行、银行和工厂的设立,以及汉口五国租界的强势开设,使武汉较早纳入全球资本主义经济轨道。对此,清廷包括光绪皇帝、慈禧太后,通过湖广总督张之洞,投入前所未有的精力和全国六分之一强的工业投资,在武汉创办亚洲一流的钢铁、军工、纺织工业,以加强国力和彰示国家的复兴。近代官办工业发达的同时,官办工业思维在武汉影响深远。

近代文化转型,由于清廷由压制到解禁,得到快速发展。在武汉,文化转型的线路由汉口、汉阳逐步深入到武昌,领域也由工业、贸易、建筑、市政逐渐影响到教育、文化、军事。最终,辛亥革命在武昌爆发,结束了两千多年的君主帝制,世界五分之一的人口进入共和制度。武汉近代文化转型具有世界的典型意义。

市政府对此十分重视,组织撰著《武汉近代工业史》并由市长作序,组织撰著《武汉近代工业遗址》等学术著作,以保留城市的工业历史。

工业革命使生产力得到前所未有的释放,也前所未有地改变了世界的政治和经济格局,形成了工业发展所依赖的企业家、工人阶层和城市,以及现代契约精神。工业遗产是近现代国家历史特别是近代工商城市历史的重要组成部分,它见证了世界社会制度、社会经济、社会形态、社会阶层以及社会生活的巨大变革。

在武汉,工业遗产是城市个性的显著标志,更是一二百年来城市民众特别是企业家、工人阶层艰苦卓绝的奋斗结晶。对此,我们应怀着敬畏和感激之心,呵护这些在血与火的劫难中留下的历史珍贵遗产。

主要参考书目:

[1] 许涤新,吴承明. 中国资本主义发展史(三卷本). 北京:社会科学文献出版社,2007

[2] 苏云峰. 中国现代化的区域研究:湖北省(1860—1916).(台北)"中央"研究院近代史研究所专刊,1984(41)

[3] 徐鹏航. 湖北工业史. 武汉:湖北人民出版社,2008

[4] 武汉市地方志. 武汉市志·工业志(上下卷). 武汉:武汉大学出版社,1999

[5] 皮明庥. 武汉通史(1—10卷). 武汉:武汉出版社,2006

[6] 汉口租界志编撰委员会. 汉口租界志. 武汉:武汉出版社,2003

[7] 苑书义,李秉新,秦进才,等. 张之洞全集. 石家庄:河北人民出版社,1998

[8] (美)罗威廉. 汉口:一个中国城市的商业和社会(1796—1889). 江溶,鲁西奇,译. 北京:中国人民大学出版社,2005:30-31

[9] (美)施尔雅. 中华帝国晚期的城市. 北京:中华书局,2000

[10] (日)水野幸吉. 汉口——中央支那事情. 刘鸿枢,唐殿熏,袁青选,等,译. 上海:上海昌明公司,1908

[11] 汪静虞. 中国近代工业史资料(1840—1895)(第一辑). 北京:科学出版社,1957

[12] 陈真,姚洛. 中国近代工业史资料(第二辑). 北京:生活·读书·新知三联书店,1958

[13] 莱特. 二十世纪之香港上海及其他中国商埠志. 伦敦,1908

[14] 赵冈,陈钟毅. 中国棉业史. 台北:联经出版社,1983

[15] 王天伟. 中国产业发展史纲. 北京:社会科学文献出版社,2012

[16] 申报馆. 最近之五十年;五十年来中国之工业. 上海:1923

[17] 清农工商部印刷科. 农工商部奏定爵赏章程,奖励华商公司章程,奖给商勋章程. 北京:清光绪三十三年

[18] 支那省别全志——湖北省. 东京:东亚同文会,1941—1944

[19] 宋亚平,等. 辛亥革命前后的湖北经济与社会. 北京:中国社会科学出版社,2011

[20] 唐惠虎,朱英. 武汉近代新闻史(上下卷). 武汉:武汉出版社,2012

[21] 梁柏力. 被误解的中国. 北京:中信出版社,2010

[22] 王俞现. 中国商帮 600 年. 北京:中信出版社,2011

[23] 翟耀东,任予箴. 水火. 武汉:武汉出版社,2011

[24] 李弘,等. 博物馆中的中英金融. 北京:首都经济贸易大学出版社,2012

20 世纪 20 年代汉口日清汽船码头

20 世纪 20 年代人潮如涌的汉口江汉路

20 世纪 30 年代，繁华的汉口江汉路

20 世纪 30 年代汉口大智门火车站

20 世纪 30 年代汉口江汉关

1906—1907 年,武昌满载茶叶的船只

1906 年张之洞出席京汉铁路通车典礼

1911 年辛亥首义阳夏之战,清军火烧汉口,武汉近代工业惨遭重创

第一次世界大战后,汉口租界开始大规模改造,特别是滨江地带,二三层的砖木
结构老式楼房相继改建为高大壮观的新古典式砖石大楼

民初汉口街市全图

民国年间,武昌汉阳门码头人流货流不断

清末，从汉阳龟山看汉口

清末繁忙的汉口大智门火车站

清末汉口商业老街

武汉历来是商家必争之地,素有"货到汉口活"之说。
图为民国年间汉水入江口桅帆相连

制茶业是清末汉口最大工业,汉口也成为全国茶叶加工和出口中心。
图为汉口苦力在码头搬运茶叶

(以上图片为王钢供图)

武汉城市建设与历史文化名城保护

彭浩(武汉市城乡建设委员会主任)

城市是人类在历史文明发展进程中改造自然建立的聚居地,是一定区域的中心,是人类文明的摇篮和藏库,是一种社会活动方式。经过千百年沉淀而幸存下来的文化遗存,既是城市历史文化的结晶,也是城市当今文化的重要组成部分。

城市文化遗产记录了城市的诞生、成长与发展,是城市历史的见证。保护城市文化遗产就是保护城市记忆,保护文化的传承。

武汉历史悠久,文化遗产众多,是国务院确定的国家级历史文化名城。武汉市现在正处于建设国家中心城市的关键时期、城市建设的攻坚时期,城市建设必须保护历史文化资源,传承优秀传统文化,促进可持续发展,使武汉成为传统文化与现代文明相融合的国家历史文化名城示范区。

彭浩主任在论坛发言中

1 武汉城市文化渊源

武汉历史可追溯到距今 8 000～6 000 年前,在新石器时代早、中期武汉就有先民繁衍生息。位于黄陂区的盘龙城有 3 500 年的历史,是迄今我国发现及保存最完整的商代古城。

自汉开始经南北朝至元、明,武汉成为水陆交通枢纽,商贾辐辏。明末清初,汉口与北京、苏州、佛州并称"天下四聚",又与朱仙镇、景德镇、佛山镇同称天下"四大名镇",成为"楚中第一繁盛处"。

清末洋务运动,武汉"驾乎津门,直逼沪上",赢得"大武汉"的称号。大革命时期,武昌首义打响辛亥革命的第一枪。抗日战争时期,武汉又一度成为全国"抗战"的中心。

悠久的历史使武汉拥有大量宝贵的历史文化遗产。全市有 339 处名胜古迹,178 处国家级、省级、市级重点文物保护单位。

因为武汉有辉煌的历史,所以要"复兴"。武汉发展战略是"建设国家中心城市、复兴大武汉"。历史是全体武汉人共同的记忆,可以增强武汉人的向心力和凝聚力,也是激励武汉人实现"中国梦"的不竭精神动力,保护历史文化名城是城市建设中义不容辞的责任。

2 武汉城市建设与历史文化遗产保护

城市建设以城市规划为依据。2010 年国务院批准了《武汉市城市总体规划(2010—2020 年)》,在执行总体规划的同时,武汉市高度重视历史文化名城保护规划,已经初步形成较完整的规划体系。编制了《武汉市历史文化名城保护规划》、《武汉市主城历史文化与风貌街区体系规划》、《武汉市历史镇村保护规划》等规划;对历史文化遗产密集区编制了《武昌古城保护与复兴规划》、《武汉吉庆民俗街片保护与利用规划》等详细规划。

制定规划时,我们的历史文化名城保护的原则是:抢救珍贵文物古迹及历史建筑,保护历史文化遗存,继承优秀历史传统,发扬城市文化特色。注重系统保护与重点保护相结合,协调历史文化名城保护与城市建设发展、自然景观的保护利用以及城市景观特色创造的关系。

2.1　保护城市总体格局

保护历史文化名城,首要任务就是从整体层次上保护城市总体格局。

(1)保持"两江交汇、三镇鼎立"的城市空间格局,充分体现江河交汇、湖泊密布的城市景观特色,维护历史文化名城的整体风貌。

武汉在城市建设中凸显"江城"的特色,构建两江四岸城市核心区。两江四岸曾是常受水患侵扰、直接影响防汛的险滩,通过建设,化水患为水利,建成汉口江滩、武昌江滩、汉阳江滩、汉江江滩等公园,形成碧水蓝天、绿树成荫、游人如织的生态乐园,其中汉口江滩公园还是亚洲第一滩、世界最大的广场。

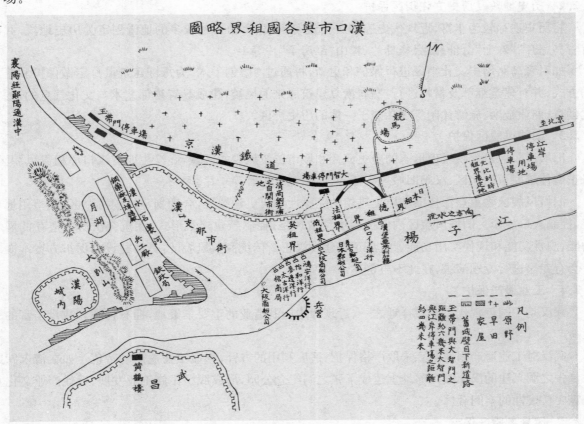

1908 年《汉口市与各国租界略图》。汉口英租界设立后,
德、俄、法、日等国接踵而来,在汉口划定租界,设立领事馆

武汉城市建设正在擦亮"百湖之市"的名片,大力实施"碧水亲水"工程。全面锁定全市 166 个湖泊岸线,确保一寸湖面都不减少。加快湖泊综合治理,实施湖泊截污工程。大力构建城市生态水网,完成武昌大东湖生态水网构建、汉阳六湖水系网络工程等。

(2)强化"龟蛇锁大江"的意象中心,保护沿长江、汉江和东西向山系的"十字形"景观格局。武汉龟山—蛇山—小洪山—喻家山—马鞍山穿城而过,沿线分布着黄鹤楼、辛亥革命烈士祠、抱冰堂、无影塔、北伐纪念碑等遗产,具有深厚的历史文化积淀。

武汉实施了显山透绿工程。2004 年以来,对龟山、蛇山等 20 多座山体实施大规模拆迁透绿和腾地植绿,恢复山体原始生态,重现鸟语花香。

2.2 分层次保护历史遗产

武汉已经建立起多个层次的历史遗产保护体系:

2.2.1 文物古迹及其他历史遗存保护

文物保护单位、优秀历史建筑必须按照划定的紫线保护范围和建设控制地带,依法妥善保护、合理利用。在城市建设中要从规划、设计、施工等多方面确保文物古迹的安全。如长江隧道建设时,涉及省重点文物保护单位 116 年历史的鲁兹故居,规划优化调整方案,保证隧道竖井距有 20 m;施工时严格控制掘进参数,科学防护监测,盾构机经过后,房屋下陷不超过 1 cm,建筑完好无损。

2.2.2 历史地段及历史文化街区保护

将历史遗存较为丰富、近现代史迹和历史建筑密集、文物古迹较多的地区划定为历史地段,武汉有青岛路片、"八七"会址片、昙华林片、青山"红房子"片等 10 片。

如对青岛路历史文化街区进行保护和更新,将通过"微创手术"为每栋建筑量身定做保护和修复的方式,并对建筑细部及材料进行控制,恢复建筑原来的风貌,建成具有浓郁艺术与文化气息的,融文化创意、商业金融、旅游休闲等多功能于一体的历史街区。

2.2.3 旧城风貌区保护

旧城风貌区是反映城市形态的历史演变和城市传统风貌的区域,武汉主要有汉口原租界风貌区、汉正街传统商贸风貌区、汉阳旧城风貌区、武昌旧城风貌区等 4 片。

旧城风貌区将重点保持旧城历史风貌的完整性和历史延续性,合理划定风貌协调区,调整用地功能,控制人口规模。旧城风貌区内保护历史建筑风格,控制新建建筑形式,注重突出历史遗存的展示功能、观赏功能和现代实用功能。武汉正在建设汉正街传统商贸风貌区,具体建设和保护方案本次研讨会有专家进行专题演讲,在此不再赘述。

2.2.4 工业遗产保护

武汉是中国近现代工业发祥地之一、近现代中国制造业的重要集聚地,拥有种类和数量丰富的工业遗产。

武汉对工业遗产因地制宜采取严格保护、适度利用的方针,彰显工业遗产的特色。如在清末湖广总督张之洞兴建的汉阳铁厂原址上建成了张之洞纪念公园,形成武汉民族工业发展、近代产业文化具有重要代表性的空间载体。

2.2.5 风景名胜区保护

风景名胜区是历史文化与自然风貌结合的地区,武汉有东湖风景名胜区、木兰山风景区、盘龙城遗址公园等。风景名胜区重点在于保护风景名胜及环境,在保护好现有的人文资源和自然环境的基础上,适当开发并创造新的景观,形成人文与自然和谐相融的整体风貌。

武汉正在实施打造大东湖国际文化旅游区工程,展现生态东湖、文化东湖的新形象。近年来,武汉突出东湖历史文化特色,对东湖磨山等 4 大景区进行全面升级改造,成功实现了由 4A 景区向 5A 景区的升级。东湖还将打造由诗词文化园和茶艺文化园等组成的文化中心,将历史文化融入城市建设。

2.2.6 历史镇村保护

武汉市新城区有区级以上文物保护单位 590 处,拟建设 2 个省级历史文化名镇,4 个国家级、20 个省级、25 个市级历史文化名村。

根据历史镇村的特点,按照"拓展功能、凸显特色、结合文化、延伸产业"的发展策略,构建保护和利用体系,其中国家历史文化名村大余湾是典范。武汉市实施了大余湾古民居建筑群保护和修建的规划,修建了连接村湾的道路,建设了"三线十二节点"、"五个自然组团"等景点。通过建设,使大余湾从一个"藏在深闺无人识"的历史村湾,变成了市民休闲度假、旅游观光、婚纱摄影的目的地,实现了历史保护和城市建设的有机结合。

2.2.7 非物质文化遗产保护

重视对非物质文化遗产的保护和传承。深入挖掘非物质形态历史文化的内涵,以楚文化、知音文化、首义文化等为重点,加强对传统文化遗产的挖掘收集、调查整理和保护利用,恢复和保护非物质文化遗产的物质载体。

武汉已经建成了彰显楚文化的东湖磨山楚城和武昌火车站、馆藏编钟和越王勾践剑的湖北省博物馆、体现武汉知音文化的琴台大剧院、宣传首义精神的首义广场等经典建筑,提供了非物质文化遗产的物质载体,建成了市民休闲娱乐的场所,增强了市民的历史涵养,深受市民的喜爱。其中东湖磨山楚城、湖北省博物馆和琴台大剧院还被市民评为"建国 60 年武汉十大经典工程"。在城市建设中,武汉继承和发扬了传统文化精髓,焕发历史文化名城活力。

2.3 现代科学技术应用

历史文化建筑往往都有几十年、上百年甚至几百年的历史,经过百年的风霜雪雨的洗刷,绝大多数都超过了原设计使用年限,要使这些历史文化建筑继续服务和使用,都需要进行必要的维修、大修、修缮。为了保护历史文化建筑的原始风貌、历史信息,就需要采取现代科学技术进行维修、修缮或合理的改造。

历史文化建筑除了在城市建设规划上采取避让的办法外,对建筑本身还需要进行必要的维修、修缮或改造,以保证建筑的合理使用。历史文化建筑的维修、修缮或改造,一般都需要通过测量、检测、鉴定、修缮设计、修缮施工等过程,现代科学技术的应用在这个过程中是必不可少的,对砖石结构、木结构、钢结构、混凝土结构采用不同的技术手段进行修缮或改造。有些受到损坏的历史文化建筑还要采用现代科学技术进行必要的加固和修复。当因城市发展的需要,确实绕不开的历史文化建筑,有时甚至需要采用现代的整体建筑移位技术,以保证历史文化建筑的完整性,最大限度地保留历史文化信息,保留原始的建筑风貌。

武汉市的金城银行、汇丰银行、花旗银行等优秀历史文化建筑分别采用了粘贴碳纤维片、粘钢、植筋等现代加固维修技术,使历史文化建筑得到了有效的保护、修缮和改造,基本完整地保留了历史的风貌。上海音乐厅还采用了建筑整体移位技术,避免了建筑的拆除,避免了重建,保留了建筑的原貌,保留了历史的信息。这些都是成功处理城市建设与历史文化保护的成功例子。

2.4 建设历史性工程

今天的建设既要保护昨天的历史,也要为明天创造历史。武汉城市建设正按照百年大计的要求,本着对历史负责、对人民负责的态度,打造精品工程,不留遗憾,多留遗产。

"万里长江第一桥"武汉长江大桥已经列入《全国重点文物保护单位》,成为武汉最年轻的国保文物。武汉还建成了并在建为数众多的历史性工程,如已建成了世界最大公铁两用桥和世界上荷载量最大桥梁——天兴洲长江大桥、被评为"全球最美建筑"的武汉火车站、"万里长江第一隧"——武汉长江隧道;正在建设"万里长江第一条公铁共用隧道"——地铁 7 号线、华中第一高楼——606 m 的绿地中心等等。这些建筑都体现了我国或全球建筑界的最高水平,反映了"敢为人先、追求卓越"的武汉精神,记载着武汉甚至中国发展的历史印记,将成为明天的历史遗产,值得在今天科学利用、精心保护。

3 城市建设与历史文化保护倡议

为了更好做好城市建设与历史文化保护工作,我们倡议:

(一)从城市规划开始,认真处理好城市建设与历史文化建筑的关系,保护城市文化传统的传承,保护城市文脉的传承。

(二)加强宣传,加强维护,合理使用,确保历史文化建筑的安全。

(三)积极探索历史文化建筑的维修、修缮和改造技术标准、技术方法、技术措施,使历史文化建筑在维护建筑原貌的基本要求下,得到有效的保护。

(四)精心规划、精细设计、精细施工、科学管理,创造我们新时代的历史文化建筑。

我国正处于实现"中国梦"的伟大时代,赋予了我们全体建设人千载难逢的历史机遇!武汉城市建设将尊重历史、保护历史、发扬历史并创造新的历史!

20 世纪 20 年代法国东方汇理银行大楼(右)

20 世纪 20 年代汉口江汉路街景

20 世纪 20 年代汉阳归元寺五百罗汉堂前放生池

20 世纪 20 年代武昌宾阳门(即大东门,1927 年拆除)

20 世纪 30 年代汉口汉正街街景

20 世纪 30 年代汉口江汉路街景,右为中国银行大楼,左为浙江兴业银行大楼

20 世纪 30 年代汉口租界江滩

20 世纪 30 年代武昌东湖风景

20 世纪 30 年代武昌显真楼、奥略楼

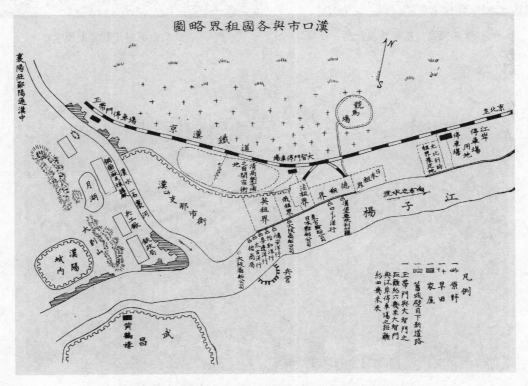

1908 年《汉口市与各国租界略图》。汉口英租界设立后，德、俄、法、
日等国接踵而来，在汉口划定租界，设立领事馆

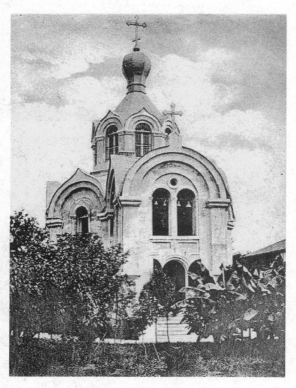

20 世纪 30 年代汉口基督教救世堂　　　　　　汉口俄国东正教堂旧照

汉口中山路(今中山大道)旧影

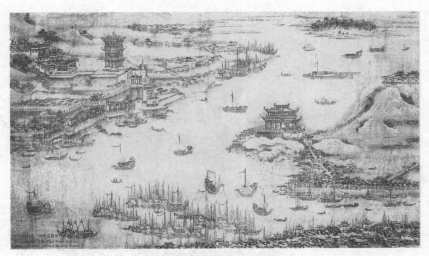

江汉揽胜图（明佚名画家作）

民初武昌城鸟瞰

武昌蛇山公园远望

清代同冶黄鹤楼

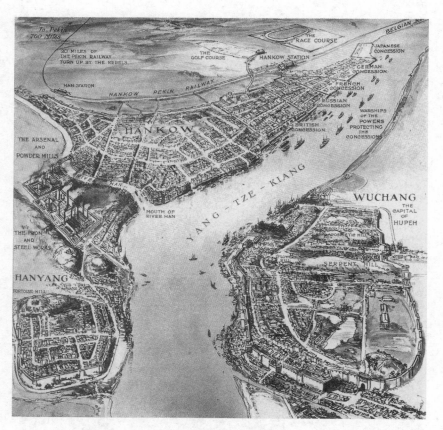

清末武汉三镇鸟瞰透视图

武汉大学全景图

西商跑马场旧影(今汉口解放公园一片)

（本文图片由王钢供图）

活态桥梁遗产及其在我国的发展①

万 敏　黄 雄　温 义

（华中科技大学建筑与城市规划学院）

摘　要：提出桥梁遗产概念，并从活态遗产与桥梁遗产的结合中领悟活态桥梁遗产的内涵；阐述了开展活态桥梁遗产研究具有的直面需求、填补空白、弘扬文化的重要意义；并从 1）古桥价值研究奠定的基础，2）我国文保体制产生的重要作用，3）工业遗产、文化景观、历史城镇与古村落等其他遗产领域对活态桥梁遗产研究的贡献，4）新闻媒体的推波助澜等 4 方面阐述了活态桥梁遗产在我国的理论与实践发展线索。

关键词：桥梁遗产　活态桥梁遗产　意义　发展动态

Living Heritage Bridges and Their Development Trends in China

Wan Min，Huang Xiong，Wen Yi

Abstract：This paper proposes the concept of bridge heritage, and comprehends the connotation of living heritage bridges from the combination of living heritage and heritage bridges；explains the significance to carry out living heritage bridges research，such as facing the demand ，filling the gaps，promoting the arts and culture；explains the development clues of Chinese living heritage bridges in theory and practice from four aspects：1）to lay the foundation of the value study of Old Bridge，2）the important role of China's cultural relic protection system，3）the contribution of the industrial heritage，cultural landscapes，historic towns and ancient villages for living heritage bridges study，4）the catalytic role of the media in promoting living heritage bridges value found.

Key words：heritage bridges，living heritage bridges，significance，development trends

1　相关概念及阐述

1.1　活态遗产与桥梁遗产

"活态遗产"（living heritage）是由 1982 年在《佛罗伦萨宪章》中提出的"活态古迹"（living monument）的概念引申发展而来的。徐嵩龄认为活态遗产是"至今仍保持着原初或历史过程中的使用功能的遗产"[1]。目前，活态遗产已成为世界遗产的重要关注内涵，在非物质文化遗产、文化景观、

万敏教授在会议发言中

①　国家自然科学基金资助项目：反消极性的高架桥景观与空间研究（项目号：51078159）

历史城镇与古村落、遗产运河、20世纪遗产等活态遗产中都有突出代表进入了世界遗产名录。

"桥梁遗产"(heritage bridges)作为一个专有概念是国际古迹遗址保护协会(以下简称 ICOMOS)及其国际工业遗产保护协会(以下简称 TICCIH)于 1996 年在《世界桥梁遗产报告》[2]中首次提出的。也许是出于初次的慎重,该报告并没有对"桥梁遗产"做精确定义,而是列举了 122 座具有世界遗产潜质的桥梁清单给予呈现。我们的界定是:所谓桥梁遗产,是指人类桥梁建造活动的遗存,反映了人类不同阶段的桥梁建造能力,它们具有科技的、历史的、社会的、文化的或艺术的突出价值。借鉴其他类遗产的层次体系,我们认为桥梁遗产也可划分为诸如世界桥梁遗产、国家桥梁遗产、地方桥梁遗产等不同的等级。注意到一些学者秉持只有世界级地位的文明成果才可用"遗产"字样匹配的观点,我们认为桥梁遗产也应有"狭义"与"广义"之分,而本文之研究属于广义遗产之范畴。

1.2　静态桥梁遗产与活态桥梁遗产

桥梁遗产根据使用状态也可分为静态和活态两大类别。结合活态遗产与桥梁遗产两个概念内涵,我们认为:所谓活态桥梁遗产(living heritage bridges),是指那些仍然发挥桥梁原有或历史演进的功能,并且具有突出的普遍价值的桥梁。这些桥梁大多以耄耋之躯承载着现代繁重的交通,连接城市要害又接续着城市的生活,同时还拥有桥梁遗产的各项价值内涵。而当前世遗体系与中国文保体系中的桥梁遗产绝大多数均为遗址型桥梁以及年代久远的古桥,它们大多已丧失或停止了原有功能,并像博物馆展品一样静止定格于某一时瞬,故而也可称为静态桥梁遗产(static heritage bridges)。显然,活态桥梁遗产在生活、交通与景观之压力下其保持、养护、维修、利用、评价与静态桥梁遗产有很大区别。

1.3　桥梁及其遗产性特征阐述

桥梁作为道路节点与交通要害具有极为重要的战略价值,这使桥梁往往成为和平正义、保家卫国之历史见证;其大尺度的空间跨越不仅使其结构与建造技术一般成为一定时间、一定地域的科技先进性代表,也使桥梁成为一定文化、一定社会甚至一定国度的地理与心理的重要标志;桥梁还是跨文化的爱情信符,是诸如《鹊桥》、《廊桥遗梦》、《魂断蓝桥》等世界著名爱情典故、影视、音乐作品的载体,还是失恋男女跳桥示爱、以表忠贞的舞台;当今的桥梁更因其在解决道路切割环境,保持土地、水系、绿地斑块、生命连续等方面的价值而成为反映国土交通领域之生态文明建设的主力[3]。桥梁的上述特性及其产生的强烈的政治、经济、社会、文化、科技甚至生态等"六位一体"的综合效应与世界遗产所强调的价值之"突出"性高度呼应、链接,故而桥梁"与生俱来"地拥有较其他人类文明成果更多的、文化衍生磁性更强的遗产性特征。

1.4　关于"活态"是否需要时间限定的阐述

活态桥梁遗产不需要"近现代"字样以表时间属性,原因有 2 点:①避免不同国家的"近现代"之起始年代有异而产生的跨文化的时间混乱;②符合活态个体诸如浙江庆元县后坑廊桥、威尼斯里亚尔托桥(Rialto Bridge)之跨时间性的实际情况。

2 研究意义

2.1 针对我国桥梁遗产发展新形势，直面需求

2006 年第六批国家重点文保单位名单中首次出现了 5 座近现代桥梁，其中 3 座还有活态的车行功能。自此，我国围绕活态桥梁遗产保护利用之矛盾、论争与思辨便在新闻媒体推动下浮出台面并在社会激发出巨大反响。兰州黄河铁桥便是一个缩影！从入国保单位伊始的车行废止的交通改变，尔后针对维修中的结构保持、施工工艺甚至钢材选用等真实性的思辨，以及 2010 年为适应黄河通航而加高 1.2 米的论争；还有 2012 年悄然发生的恢复车行的交通还原[4]！从南京长江大桥到上海外白渡桥，从广州海珠大桥到杭州钱塘江大桥，类似的求索与争论升腾跌宕、此起彼伏。

也是在一片热议声中，恰逢本文成稿之时，又迎来了武汉长江大桥、南京长江大桥、松花江铁路大桥等申报第七批国家重点文保单位的冲刺。我国活态桥梁遗产的保护与利用之理论与实际需求已经到了刻不容缓的紧要关头，然而，学界之理论回应却相当迟钝！6 年来，除本课题组成员的研究外，我国还鲜见公开发表的研究论文！故而活态桥梁遗产的提出顺应了我国桥梁遗产发展的新情况与新形势，直面了理论与实践的新问题，并及时感应了行业与社会的热点关注，这对促进我国活态桥梁遗产保护与利用事业的开展及其理论体系的建立具有与时俱进的重要意义。

2.2 发起我国活态桥梁遗产研究，填补空白

截止到 2012 年底，我国六批重点文物保护单位中共有桥梁 47 座，其中古遗址类桥梁 7 处、古建筑类桥梁 35 处、近现代重要史迹及代表性建筑类桥梁 5 处[5]，足见桥梁在我国文化遗产体系中的重要地位；但以"桥梁遗产"为独立词条在"中国知网"进行关键词、篇名检索，在不限年份的情况下，却没有发现一篇中文研究论文，故而"桥梁遗产"作为一个独立门类在我国的提出便具有其创新价值。迄今，我国古代桥梁的科学研究论文有 80 余篇，其研究分布以古桥、遗址桥梁为主，间或有将桥梁作为工业遗产、文化景观、遗产运河等的附属物等视之内涵，而有关"活态"桥梁遗产概念范畴的研究论文一篇未见！再以"活态"、"桥梁"和"遗产"作为三个并列的词条，在"中国知网"进行不限年份的主题检索，其结果为零也复证此点。故而，活态桥梁遗产的提出不仅促进我们对桥梁遗产的系统认识，且对我国活态桥梁遗产研究还具有发起、开创以致填补空白的重要价值。

2.3 树立我国桥梁世界地位之自信，弘扬文化

我国自古以来便是桥梁建设大国，当今的桥梁在数量与建造水平方面所具有的世界性地位更是有目共睹。虽然近现代桥梁科技一度落后，但中国多山多水，大山大水的自然环境却为桥梁提供了独特而又广阔的舞台；反观在桥梁科技方面曾领先中国的欧美发达国家，其母亲河性质的密西西比河、塞纳河、多瑙河、泰晤士河等一级干流在尺度与规模上仅勉强与长江、黄河之三级甚至四级支流相当，这使欧美桥梁缺乏持续创新与领先的外在驱动。故而围绕中国桥梁之文化、地理、景观、科技等突出价值的发掘与整理，对宣传中国桥梁科技文化、提升其世界性地位以致我国桥梁界建立舍我其谁的自信均有发掘、发酵、催生甚至弘扬的重要意义。

3 我国活态桥梁遗产研究现状及发展动态

虽然以空间的观点看桥梁遗产有静态、活态之分,但以时间的角度考察,则当前的"静态"均是由历史上的"活态"发展而来的。故对活态桥梁遗产的把握是离不开对静态桥梁遗产之发展了解的,而我国发轫于20世纪50年代的古桥价值发掘与保护研究便是一个重要开始。

3.1 古桥价值发掘研究奠定的基础

1958年中央交通部和文化部联合发出了保护古桥的通知[6]。茅以升(1963、1973)作为古桥研究的发起者曾先后推介了泸定桥、卢沟桥、安平桥、安济桥、永通桥、珠浦桥、广济桥、洛阳桥(图1)、宝带桥及灞桥(图2)等[7][8],其中的卢沟桥、安济桥在当时均有通行功能亦即是活态的,而洛阳桥至今还有活态的步行功能。到20世纪70年代后,我国对古桥的关注逐渐增多并有20余部专著、80余篇论文发表。代表性著作有:陈从周《绍兴石桥》(1979)[9];茅以升《中国古桥技术史》(1986)[10];唐寰澄《中国科学技术史·桥梁卷》(2000)[11];交通部《中国桥谱》(2003)[12];项海帆《中国桥梁史纲》(2009)[13]等。公开发表的论文之研究分布主要集中在:①对本体价值的认识研究,如方拥"闽浙虹桥的调查研究(一)"[14]、毕胜和赵辰"浙闽木拱廊桥的人居文化特殊意义"[15]、李德喜"湖北古代桥梁建筑"[16]、吴正光"贵州古桥的文物价值"[17]等;②保护利用方法研究,如周开发等"桥梁保护方法评价"[18]、吴颖"湖州古桥现状与保护"[19]等;③保护技术方法研究,如项贻强等"绍兴八字桥的现状及保护维修方法探讨"[20]、毛安吉"上海外白渡桥保护修缮的技术措施和施工流程"[21]等。

图1 泉州洛阳桥

图2 灞桥遗址

2008年茅以升科技教育基金会发起"古桥研究与保护学术研讨会",迄今已经成功举办4届,聚集了像罗哲文、项海帆、唐寰澄、朱光亚、茅玉麟、丁汉山和项贻强等一批知名工程师、建筑师、文物专家关注古桥[22][23]。

上述研究历程反映出4方面的发展特点:①偏重于历史久远的古代桥梁,且越古越"香";②偏重于对桥梁本体的科技、文化、艺术价值的认识与发掘;③偏重于不同类型古桥的保护、维修方法的介绍和探讨;④体现了将"活态"变"静态"的惯性思维。应该说前3点对本文研究也属"规定动作";而将桥梁遗产保护的最高价值实现视为由"活态"变"静态"的思维却是我们力图发展充实与补充完善的,这也是本文目标定位之驱动与依据所在。

3.2 文物保护体制产生的重大作用

在文物保护体制的主导下，我国6批国家重点文保单位中的桥梁已有47座；我国还形成了国家、省、市、县等4级的文物保护管理机制[24]。此外，省、市、县3级的桥梁遗产也为数不少。由各级文保单位中的桥梁构成的桥梁遗产体系自此成为我国桥梁遗产事业的重要基石，其重大意义体现在：①奠定了我国桥梁遗产的家底；②让一批古桥进入保护视野并从物质存在上具有了体制保障；③提高了社会对桥梁遗产的保护意识与价值认识；④引导了我国桥梁遗产的发展走势。2006年兰州黄河铁桥、杭州钱塘江大桥（图3）、五家寨铁路桥（图4）等3座活态桥梁进入第六批国家重点文保名单便是一个重大转折，这不仅意味着我国桥梁遗产与发达国家在种类与内涵上的接轨，更重要的是预示我国活态桥梁遗产事业的起步与开始。

图3　杭州钱塘江大桥

图4　五家寨铁路桥

3.3 相关遗产领域研究的添砖加瓦

虽然国内将活态桥梁遗产作为独立类别的系统研究较为鲜见，但相关遗产领域对活态桥梁遗产多有个案涉及，这对活态桥梁遗产的理论研究和保护实践具有重要参考价值。

（1）工业遗产的相关研究

近现代预制装配式桥梁尤其是钢结构的预制装配式桥梁是工业时代的重要象征，故而该类桥梁遗产往往被工业遗产（亦称产业遗产）体系所包容；又由于时距不远，涉及的桥梁大多还"活灵活现"。张松（2006）较早提出有关上海外白渡桥、乍浦路桥、四川路桥等作为产业（工业）遗产是需适度发挥现实作用的[25]；王建国等（2006）认为"交通运输业建筑"应属"产业类历史建筑"之范畴[26]；白青锋（2008）在《锈迹：寻访中国工业遗产》一书中收录了钱塘江大桥[27]；刘起（2008）将兰州黄河铁桥视为工业遗产类别并对其价值进行深度发掘等[28]。虽然桥梁在工业遗产体系中还属个案，但这些连接日常生活的桥梁还链接着人类工业文明的科普价值非常突出。

（2）文化景观的相关方面

早在文化景观概念刚传入中国不久，张松（2002）就围绕江南水乡古镇的具有交通功能的桥梁之文化景观内涵作了解读[29]。近些年相关研究还有：朱祥明等（2012）"中国泉州五里桥文化景观保护与周边生态环境恢复研究与实践"[30]；张光英（2012）"闽东北浙西南地区木拱廊桥建筑文化景观特性研究"[31]；龙松亮等（2011）"文化景观遗产视野下的木拱桥遗产保护动向探析"[32]等少量论文。此外，许多桥梁还受文化景观的荫庇而爱屋及乌，如颐和园中的十七孔桥和玉带桥、瘦西湖的五亭桥、北海永安桥等。由于文化景观的活态性质故而其桥梁一般也具有活态特征,而该类活态桥梁遗产表现出的步行主导、体量袖珍、"重文轻理"的特性又与工业遗产领域之桥梁大相径庭。

(3) 历史城镇与古村落涉及的活态桥梁

阮仪三(2010)在江南历史城镇的研究中将其间的桥梁与城镇生活一同纳入保护视野[33];段进(2002)认为太湖古镇中的桥梁也是重要的历史遗存[34];丁大钧(2005)则论述了绍兴古石桥的现实生活意义等[35]。在保护实践领域,宣恩彭家寨廊桥(赵逵,丁援,万敏,2008)[36]、周庄双桥(阮仪三,2010)等许多活态桥梁遗产均被视为历史文化名村、名镇的重要组成而与本体价值同步[33]。

此外,我国的风景名胜区、历史街区、遗产运河等其他类别遗产的理论研究和实践也对活态桥梁遗产有所涉及,如都江堰安澜桥、程阳风雨桥、歙县三大古桥、大运河古桥系列等活态桥梁遗产均是受到认可和保护的。

3.4 新闻传媒促成的文保与生活联袂

我国活态桥梁遗产是在非业界的争议中迸发、兴起的。与静态桥梁遗产注重保护管养的侧重相比,活态桥梁遗产则是在缺乏理论支撑的前提下在保护与利用之矛盾论争中摸索前行!此中新闻传媒扮演了积极推动的角色。

(1) 媒体普及了活态桥梁遗产价值

2012年底,围绕武汉长江大桥(图5)申报国家第七批重点文保单位,媒体发掘出了该桥更多的、不为人知的、突出的价值[37]。如该桥是孙中山在《建国方略》中早有规划且其桥位还是孙中山派詹天佑来汉亲自选定之内情;其汉阳桥头的桥墩是立于长江四大名矶之一——禹公矶之上的;围绕该桥的设计与施工"造就"了方秦汉、陈新两位工程院士等等。由于媒体的广泛发动不仅促进了社会对其价值的共同认知,也发掘出了该桥更多的深度内涵。

2007年来自英国华恩·厄斯金设计公司的一张百年保质期完结的告知函经媒体报道掀起了上海民众对外白渡桥(图6)巨大的关注热情。媒体随后跟进报道了其在中国桥梁史上多个"第一"的身份以及建设钢材来自英国的细节,还有见证1937年上海沦陷、儿歌《摇啊摇,摇到外婆桥》之原型等丰富的人文信息,以致2008年该桥移位大修时上海出现了万人空巷现场送别的感人场景[38]。活态桥梁遗产如此广泛地撩动市民情感,媒体连续性的价值普及功不可没。

图5 武汉长江大桥　　　　图6 上海外白渡桥　　　　图7 哈尔滨松花江大桥

(2) 活态桥梁遗产的社会舆情左右了政府决策

建于1901年,作为滨洲铁路咽喉的松花江大桥(图7)对哈尔滨的意义非凡,哈尔滨是因有桥而有城的。2009年由志愿者发起的对该桥遗产价值的考察活动被媒体跟踪报道,吸引了更多市民的共同关注,形成了社会的热点聚焦。媒体成为社会各界表达言论之舞台[39]。政府顺应民意不仅将该桥顺势纳入哈尔滨不可移动文物名录(2012),且借助社会舆情正向更高的"国保"单位冲刺。

建于 1968 年的南京长江大桥发生的任何小事均是南京市民心目中的大事。其间百花齐放的言论、喜怨分明的态度、高涨的参与热情、一致的爱桥护桥感情成为政府决策的风向标。类似左右行政决策的现象还发生在广州海珠大桥的存废之争、天津金汤桥"遗失"钢构件在民意下"复活"、景德镇中渡口浮桥在尊重民情中的重生等。活态桥梁遗产成为舆论监督下实现社会民主政治的典型！

　　（3）媒体促成了文保与生活之妥协

图 8　兰州黄河铁桥

活态桥梁遗产保护争论是围绕生活中的桥梁在拆除、维修、结构加强、功能改变、景观整治与文物保护等相关议题的争论而引发的。上述议题的任何方面都与市民的日常生活紧密关联，媒体成为文保与生活、保护与拆除、管理与改变"冲突"的舞台。像荣升"国保"后的兰州黄河铁桥（图 8），由于碍航而需加高（2007），在民众、专家与政府的角力中其抬高 2.5 米的决策最终以加高 1.2 米而妥协；同样是该桥，为配合申报重点国保单位，曾发生过车行交通变步行的改变（2005），也是在民间舆论的反对下，该桥终于发生了车行交通的复原（2012），活态功能的康复以文保与生活之妥协而告终。这种妥协便构成活态桥梁遗产理论与实践之重要基础，也使活态桥梁遗产与静态桥梁遗产之保护利用方式产生很大不同，而这也正是本文定位"活态"之用心所在。

4　结　语

　　正是在媒体的触动下，近两年我们开始了对活态桥梁遗产的关注与思考；并认识到活态桥梁遗产的科技价值、生活价值、文化衍生磁性之于其他类遗产的突出性；同时也发现加拿大活态桥梁遗产体系对我国的重要借鉴意义。相关内容反映在黄雄的硕士论文（黄雄，2012）[40]及 2012 年举行的一次国际研讨会之宣读论文中（黄雄，万敏，2012）[41]。我们希望本文研究能为抛砖引玉，激发我国的活态桥梁遗产研究。

（感谢秦珊珊、刘萃在论文研究中给予的帮助）

参考文献

[1] 徐嵩龄. 文化遗产科学的概念性术语翻译与阐释[J]. 中国科技术语,2008,(03):54-59

[2] DeLony. Eric, Context for World Heritage Bridges. ICOMOS and TICCIH, 1996

[3] 万敏,刘成,王磊. 基于城市景观格局连续之桥梁[J]. 城市规划,2006,(03):89-92

[4] 石玉龙. 中山桥拟恢复通车您认为如何？[N]. 兰州晨报,2011-06-02

[5] 国务院关于公布第一至六批全国重点文物保护单位名单的通知,1961-03-04、1982-02-23、1988-01-13、1996-11-20、2001-06-25、2006-05-25

[6] 交通部、文化部. 关于保护古桥的联合通知[S]. 1958

[7] 茅以升. 重点文物保护单位中的桥——泸定桥、卢沟桥、安平桥、安济桥、永通桥[J]. 文物,1963,(09):33-47,69-70

[8] 茅以升. 介绍五座古桥——珠浦桥、广济桥、洛阳桥、宝带桥及灞桥[J]. 文物,1973,(01):19-34,70-71

[9] 陈从周. 绍兴石桥[M]. 上海:上海科学技术出版社,1979

[10] 茅以升. 中国古桥技术史[M]. 北京:北京出版社,1986

[11] 唐寰澄. 中国科学技术史：桥梁卷[M]. 北京：科学出版社，2000

[12] 交通部. 中国桥谱[M]. 北京：外文出版社，2003

[13] 项海帆. 中国桥梁史纲[M]上海：同济大学出版社，2009

[14] 方拥. 闽浙虹桥的调查研究（一）[J]. 福建建筑，1995，（03）：1-4

[15] 毕胜，赵辰. 浙闽木拱廊桥的人居文化特殊意义[J]. 东南文化，2003，（07）：52-56

[16] 李德喜. 湖北古代桥梁建筑[J]. 华中建筑，2009，（03）：147-156

[17] 吴正光. 贵州古桥的文物价值[J]. 贵州文史丛刊，2003，（02）：54-58

[18] 周开发，曾玉珍. 桥梁保护方法评价[J]. 国外桥梁，1996，（01）：26，36-37

[19] 吴颖. 湖州古桥现状与保护[N]. 中国文物报，2004-12-10(008)

[20] 项贻强，李秋萍，周维，等. 绍兴八字桥的现状及保护维修方法探讨[J]. 浙江建筑，2010，（03）：1-3，6

[21] 毛安吉. 上海外白渡桥保护修缮的技术措施和施工流程[J]. 中国市政工程，2010，（03）：38-40，94

[22] 丁汉山. 2010年古桥研究与保护国际学术研讨会论文集[M]. 南京：东南大学出版社，2010

[23] 丁汉山. 2011年古桥研究与保护国际学术研讨会论文集[M]. 南京：东南大学出版社，2011

[24] 全国人民代表大会常务委员会. 中华人民共和国文物保护法[S]. 2007

[25] 张松. 上海产业遗产的保护与适当再利用[J]. 建筑学报，2006，（08）：16-20

[26] 王建国，蒋楠. 后工业时代中国产业类历史建筑遗产保护性再利用[J]. 建筑学报，2006，（08）：8-11

[27] 白青锋. 锈迹：寻访中国工业遗产[M]. 北京：中国工人出版社，2008

[28] 刘起. 作为工业遗产的兰州黄河铁桥建筑研究[D]. 西安建筑科技大学，2008

[29] 张松. 小桥流水人家——江南水乡古镇的文化景观解读[J]. 时代建筑，2002，（04）：42-47

[30] 朱祥明，方尉元，卞欣毅. 中国泉州五里桥文化景观保护与周边生态环境恢复研究与实践[A]// 2012国际风景园林师联合会（IFLA）亚太区会议暨中国风景园林学会2012年会论文集（下册）[C]. 2012

[31] 张光英. 闽东北浙西南地区木拱廊桥建筑文化景观特性研究[J]. 广西大学学报（哲学社会科学版），2012，（02）：73-78

[32] 龙松亮，王丽娴，张燕. 文化景观遗产视野下的木拱桥遗产保护动向探析[J]. 安徽农业科学，2011，（33）：20626-20628

[33] 阮仪三. 江南古镇：历史建筑与历史环境的保护[M]. 上海：上海人民美术出版社，2010

[34] 段进. 城镇空间解析——太湖流域古镇空间结构与形态[M]. 北京：中国建筑工业出版社，2002

[35] 丁大钧. 中国绍兴现存古石桥建筑[J]. 建筑科学与工程学报，2005，（01）：6-15，23

[36] 赵逵，丁援，万敏. 湖北宣恩县彭家寨——国家历史文化名城研究中心历史街区调研[J]. 城市规划，2009，（08）：97-98

[37] 左洋，金思柳. 武汉城市地标背后的故事[N]. 武汉晚报，2012-04-06

[38] 王菡，何楣. 上千市民昨天现场送别外白渡桥并留影纪念[N]. 青年报，2008-04-07

[39] 曾一智. 松花江铁路大桥——哈尔滨的历史地标[N]. 黑龙江日报，2009-05-13

[40] 黄雄. 活态型桥梁遗产的内涵与价值研究[D]. 华中科技大学，2013

[41] 黄雄，万敏. 世界遗产视野下的桥梁遗产解读与思考———级学科背景下的城市与景观[M]. 武汉：华中科技大学出版社，2012

图片来源：

图1　泉州洛阳桥（源自：城市风光网）

图2　灞桥遗址（源自：陕西省地方志办公室）

图3　杭州钱塘江大桥（张黎明摄）

图4　五家寨铁路桥（无疆行者摄）

图5　武汉长江大桥（毛师军摄）

图6　海外白渡桥桥（温义摄）

图7　哈尔滨松花江大桥（无疆行者摄）

图8　兰州黄河铁桥（强发斌摄）

三峡湖北库区文物建筑保护经验模式

黄永林

（华中师范大学副校长）

摘要：本文通过对三峡地区的文物古迹保护工作的研究，将保护工作中所积累的经验进行了详细的阐述，主要有：先规划后施工的计划管理模式、全面普查与重点保护相结合的稳步推进模式、统一领导与分工负责的领导体制模式、原址保护与移地复建结合的多元保护模式、现实保护与未来开发结合的集中复建模式，以及多方筹资与强化管理结合的财务管理模式。这不仅系统地保护了一大批具有峡江地方特色的传统建筑，对三峡工程建设，乃至对世界文化遗产的保护事业和中国文化的发展做出了特殊贡献，而且建立了一套行之有效的文物保护与管理体系，为迁移复建文物保护工作提供了可供借鉴的经验模式。

关键词：三峡　保护　经验模式

Experiential Modes of Built Heritage Conservation in the Three Gorges Reservoir Area

Huang Yonglin

Central China Normal University，Wuhan　430079

Abstract：In this paper，through the study of cultural relics protection in the Three Gorges area，the experience accumulated in the protection work carried out in detail，mainly includes：the management mode of planning before constructions；the steady progress mode of the combination of comprehensive survey and focused protection；the leading system mode of unified leadership and division of responsibilities；the multiple protection mode of the combination of former address protection and reinstitution in relocation；the centralized reinstitution mode of the combination of reality protection and future development；the financial management mode of the combination of multiparty financing and strengthening management. All the experience has protected a large number of traditional buildings with local characteristics of the Three Gorges，which also has made a special contribution to the Three Gorges Project，as well as to the cause of protecting the world's cultural heritage and the development of Chinese culture，and established a set of effective system of protection of cultural relics and management，and provided a lot of experience and mode for reference to the protection of reinstitution in relocation.

Key words：the Three Gorges Project, conservation, experience

黄永林，作者照片

　　文物,是凝固的历史,也是一个民族辉煌历史最有力的证明。珍视文物,就是珍视历史;保护文物,就是保护自己的血脉。三峡地区上承巴蜀天府之国,下连湖广鱼米之乡,是华夏民族开发较早的地区之一,自古以来就是北方文化、南方文化、东部文化、西部文化的交汇点和交流大通道,在文化的沟通与连接中,创造了独具特色的三峡文化。三峡地区富有地方特色,绵延数千年的文物极其丰富,是该地区先民们遗留下来的文化遗产,是我国古代文化的重要组成部分。这些文物古迹不仅具有宝贵的历史价值,还具有重要的实用价值。保护好这些祖先遗留下来的丰富的文化遗产,是历史赋予我们这一代人的责任,是惠及子孙、功在千秋、利于人类和民族发展的事业。

　　三峡工程是世界最大的水利建设工程,三峡大坝建成后,受淹没影响的地区包括 22 个县、市、区,水面淹没和移民迁建区范围内存在着大量珍贵的历史文化古迹,亟待抢救。三峡工程文物保护工作是新中国成立以来一项巨大的文物保护系统工程,是人类历史上首次大规模地以保护人类历史文化遗产为目的的文物保护系统工程,也是第一次对一个相对独立的地理单元的文物古迹进行科学、系统和彻底抢救的文物工程。在三峡湖北库区,文物古迹上下数万年,历史悠久、内容丰富、特色鲜明,是在特殊的地理环境和自然风光中形成的一长串历史遗痕。根据有关专家调研和国务院三峡建设委员会批准,三峡工程湖北淹没区及迁建区的文物点共计 335 处,含地下文物 217 处,规划总发掘面积 43.796 万 m²,勘探面积 190.6 万 m²;地面文物点 118 处,其中仿古新建项目 1 处,搬迁保护项目 41 处,留取资料项目 71 处,原地保护项目 5 处。在国务院三峡建委、国家文物局的高度重视和相关单位的密切配合下,在全国各地文物保护机构和数以千计的文物工作者的支持和共同努力下,经过迄今十多年的辛勤工作,克服种种困难,敢于创新,敢于负责,成功地实施了三峡工程湖北库区文物的抢救与保护,取得了一批三峡文物抢救保护的重要成果。

　　三峡湖北库区文物(古建筑)保护工程实施十分成功,不仅系统地保护了一大批具有峡江地方特色的传统建筑,对三峡工程建设,乃至对世界文化遗产的保护事业和中国文化的发展做出了特殊贡献,而且建立了一套行之有效的文物保护与管理体系,为迁移复建文物保护工作提供了可供借鉴的经验模式。

大昌古镇东街民居

1 先规划后实施的计划管理模式

三峡文物保护工作是我国有史以来最大规模地对人类文化遗产进行的有组织、系统化的抢救保护工程。这项文物保护工程的成功经验之一是采用了"先规划,后实施"的计划管理模式,即先对保护区域的文物在深入调研的基础上进行全面系统规划,从发展的角度提前对保护工作的内容进行周密的设定,再按规划的内容实施保护。

在 20 世纪 90 年代之前,我国的文物保护一直遵循"抢救第一,保护为主"的方针,对于文物,特别是对地下文物,除了对裸露、损坏或人为破坏的文物进行抢救性保护和对基本建设中不能避开的文物进行保护性挖掘外,一般不主动对文物采取措施。如果因某种特殊原因(如基建)涉及文物的挖掘和搬迁保护,也多以立项的形式保护,且规模比较小。三峡工程是世界上规模最大的水利工程,按照三峡工程的建设目标,除进行三峡大坝的建设外,还要建成浩大的三峡水库,坝区上游的区域将形成 1 084 km² 的三峡水库,绵延 662.9 km 的 20 个县区沿江区域均是淹没区,移民、环保、地质、道路、交通以及文物保护等都是水库建设的基本内容。要完成庞大的建设任务,对于如此大范围的文物进行保护,必须慎之又慎,没有周密的先期规划,很容易出现无序的局面。"既对基本建设有利,又对文物保护有利"的双利方针,是我国为配合基本建设进行文物保护的一贯方针,它要求文物保护和建设部门要统筹兼顾,不能顾此失彼。因此,必须采取先期探明文物"家底",系统地进行规划,再按规划内容实施的保护模式,即"先规划,后实施"的计划管理模式,从而增强三峡文物保护的计划性。

党中央、国务院在三峡工程的规划和论证阶段就十分重视库区文物的调查、评价和保护工作,为了克服三峡工程文物保护工作的盲目性和随意性,提高三峡文物保护的科学性、规范性,使文物保护工作规范有序地进行,三峡工程立项和规划时就将文物保护工作列入环评。1992 年 4 月 3 日,第七届全国人民代表大会第五次会议正式通过《关于兴建长江三峡工程的决议》以后,各方面更加关心三峡库区文物保护工作。6 月,国家文物局参加国务院三峡工程论证领导小组的移民规划大纲审查会,向大会正式提交了文物保护规划工作纲要,得到了会议的同意,并决定三峡工程所涉及的文物保护工作由国家文物局负责组织落实。8 月,国家文物局迅速成立了"国家文物局三峡文物保护领导小组",并下设办公室专门负责三峡工程的文物保护工作的组织与协调,同时,国家文物局垫支经费部署湖北、四川两省文物部门进行水库淹没区和施工区的文物调查和制定保护规划工作。

三峡工程大坝施工区域主要分布在湖北省宜昌县境内,地跨湖北省秭归县和宜昌县(现夷陵区),上起秭归县茅坪,下到宜昌县乐天溪,根据工程部门提供的征地红线,坝区范围为 18 km²,这是三峡工程启动最早、文物保护工作开展最早的区域。早在第七届全国人大五次会议之前,国务院成立的三峡工程审查办公室下发《关于教科文卫体系统组团考察三峡工程的通知》(〔1992〕3 号),决定由国务院领导率考察团第六组到湖北考察并听取文物保护情况汇报。湖北省文化厅根据文物普查和地县掌握的三峡工程涉及区域的文物情况,及时向湖北省人民政府上报了《省文化厅关于三峡水利枢纽工程施工区、淹没区文物保护工作有关情况的报告》(鄂文文物字〔1992〕041 号),第一次正式提出了三峡工程坝区(施工区)和淹没区(库区)文物保护的问题。1992 年底,在广泛调研的基础上,由湖北省文物考古研究所编制完成了《长江三峡工程坝区范围文物保护方案及经费预算报告书》,该报告分坝区范围文物情况和价值的初步评估、坝区范围内文物保护方案、文物保护经费预算,以及配合坝区施工进行文物保护的具体要求和建议共四个部分。1993 年初,受长江水利委员会规划局的委托,湖北省着手制定

《关于三峡库区湖北省宜昌县、秭归县、巴东县、兴山县水库受淹文物古迹处理规划方案》的编制工作，1993年4月率先完成了《三峡库区移民试点湖北省秭归县受淹文物古迹处理规划报告》，到1993年6月陆续完成了其他三个县的规划报告，并正式上交长江水利委员会库区规划设计处。

国家文物局三峡工程文物保护领导小组于1993年6月完成了《三峡工程淹没区文物保护规划大纲》的编制工作。大纲根据湖北、四川初步调查提供的基础资料，确定三峡工程淹没范围涉及四川、重庆和湖北的22个市县，淹没陆地面积约632 km²，在海拔高程177m以下范围共计文物点828处，其中地下文物445处，地面文物383处。在三峡淹没区的各类文物中，已经公布的文物保护单位155处，其中全国重点文物保护单位1处，省级文物保护单位10处，市县级文物保护单位144处。提出对地下文物采取考古勘探、考古发掘（选择点总面积10%左右的遗址，30%左右的墓葬进行重点发掘），对地面文物采取就地保护、搬迁保护、整理出版保管与展示（拟建15～20个博物馆）、取齐资料等方式加以保护。预估文物保护经费19.8亿元（地下文物保护经费10.1亿元，地面文物保护经费7.7亿元，保护展示经费2亿元）。1993年8月6号，国家文物局以（93）文物字第689号向国务院三建委报送了此规划大纲。

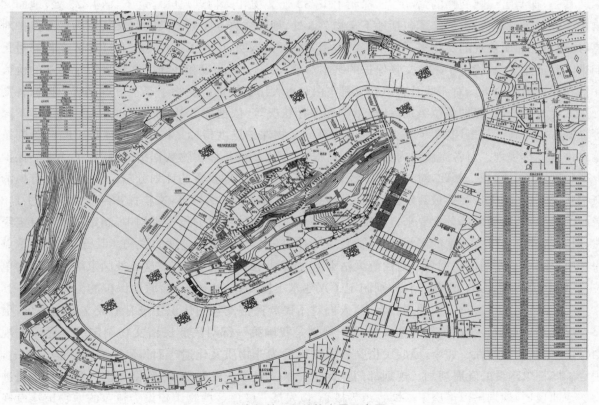

石宝寨保护工程结构布置示意图

为使规划更科学、更权威，1994年3月国家文物局又将三峡文物保护规划这一重要的编制任务交给了中国历史博物馆和中国文物保护研究所负责制定。这两个单位很快成立了"三峡工程库区文物保护规划组"，规划组组织全国30余家文物考古、古建、人类学等研究机构和大专院校的500余名科研人员，在三峡库区开展了全面的调查、复查和试掘工作，从而进一步摸清了三峡库区文物资源的家底。1996年6月，《长江三峡工程淹没及迁建区文物古迹保护规划》（以下简称《规划报告》）完成，《规划报告》的基本框架包括总报告、分省报告和分县报告三部分。其中总报告 6 本(包括附录 5 册),即《长江三峡工程淹没区及迁建区文物古迹保护规划报告》及附录 1《四川省涪陵市白鹤梁题刻保护规划报告》、附录 2《四川省云阳县张桓侯庙保护规划报告》、附录 3《四川省忠县石宝寨保护规划报告》、附录 4《民族民俗文物保护规划报告》、附录 5《博物馆建设规划报告》。分省报告 2 册,即《湖北省文物古迹保护规划报告》、《四川省文物古迹保护规划报告》。分县、区(市)报告每县、区(市)各 1 册,包括:湖北省的宜昌、秭归、巴东、兴山四县;重庆市的巫山、巫溪、奉节、云阳、万县市龙宝区、五桥区、天城区,开县、忠县、石柱、丰都、涪陵区、武隆、长寿、巴县、江北、重庆市区、江津市共 22 册。与此同时,为地面文物保护科学合理地取费编制了《三峡工程库区地面文物保护规划经费概算细则》与《(长江三峡工程淹没区及迁建区文物古迹保护规划)有关内容的修订与补充》,各县、区(市)还分别编制了《三峡工程库区文物保护规划基础资料》共 22 册,总计三峡文物古迹保护规划成果 54 册,约 200 余万字。此外,对 200 张 1/10 000 三峡地形图进行了文物点位置的详细标注。

《规划报告》是我国诞生的第一个文物保护规划。尊重科学、力求实际是制定规划的总原则,妥善保护好文物,将文物损失降到最低限度是规划的发展目标,一些创新思想和改革思路蕴涵在了规划之中。其一,探明了三峡文物的"家底"。探明了 1 282 处文物和文物点,其中,地下文物 829 处,地面文物 453 处。经评审核查,确定了包括地下文物 723 处、地面文物 364 处的文物和文物点为最终保护对象,比规划之前所发现的文物多了近十倍。文物"家底"的探明,填补了三峡淹没和迁建区文物总量长期难以确定的空白,确定了三峡文物保护的基本对象。其二,对淹没和迁建区文物进行了科学的价值评估和保护措施分类。对一些具有填补学科空白和重大历史佐证的文物予以了重点剖析。根据各文物和文物点的价值、保护单位级别、社会影响和保存状况等,依据地下、地面文物的特点,制定了不同等级的保护措施。其三,制定了与工程进度相符的文物保护进度指标。将文物的保护时间和范围按蓄水进度进行规划。对各淹没线内文物所在高程、发掘面积的具体实物数据指标,制定了详细的保护方案和硬性的时间表。其四,对文物保护经费进行了概算和分期投资的计划分割。最初,在没有摸清文物状况下,文物保护经费被暂定在 3 亿元以内。经过调研和科学核算,文物保护经费大大超过了 3 亿元的框架,其增加的部分主要来自新发现的文物。在对具体项目的投资规划中,制定了以项目定经费、以蓄水进度为投资进度的概算细目,避免了工作进度与经费拨付进度的脱钩。其五,对国家重点保护项目制定了专题保护规划。对白鹤梁枯水水文题刻、张桓侯庙、石宝寨这 3 处国家级重点文物单位分别进行了专题性的重点规划,分别制定了兴建水下博物馆、整体搬迁、原地保护的方案意向。其六,编制了民族民俗文物保护规划。当时,人们对于民族民俗文物的认识还没有形成文物的概念,更没有形成保护意识。三峡民族民俗文物保护规划是我国第一部对民族民俗文物制定的专题保护规划,有着预期的前瞻性。如今,民族民俗文物已被提升为非物质文化遗产而得到了重点保护。其七,制定了博物馆建设的发展规划。规划部门从促进三峡文化事业发展的角度,将文物再利用的问题进行了预期规划,规划出以重庆三峡博物馆为核心、以发展三峡库区博物馆建设为覆盖的博物馆建设规划。这项规划对三峡文化事业的发展具有巨大的促进和启示作用。

在 1997 年开始实施阶段中,遵循三峡工程整体上的管理体系,三峡文物保护实行"中央统一领导,分省负责,县为基础"的管理体制,出台了相关管理办法和规章制度,安排了分水位、分阶段、"倒计时"的计划,从政策和制度上对三峡库区文物保护的进度、质量、资金使用、验收、技术、档案资料等进行了规范管理。1998 年,规划组根据专家论证会的意见对《三峡文物保护规划》做了相应的修订与补充,剔除了民族民俗文物保护和博物馆建设两个项目的经费数额,改为建议另行立项,另行筹措资金。

此外,还调整了部分文物的保护方案和保护等级。

"先规划,后实施"管理模式的运用,不仅顺应了三峡工程建设的管理体制,也为三峡文物保护建立了一个科学有序的保护平台。这个平台既有发展的预期性,又有解决问题的时效性,使繁缛复杂的保护工程变成了井然有序的程序工程。在三峡工程运行后,该模式被各大型文物保护工程借鉴和应用,如南水北调工程中的文物保护、大遗址文物保护、大运河文物保护、世界文化遗产申报工作中的文物保护和各大城市的文物保护等,已经成为我国大型文物保护工程的基本管理模式。

2　全面普查与重点保护结合的稳步推进模式

三峡工程湖北库区的古建筑形式丰富多彩、独具特色,文化内涵博大精深、异彩纷呈。从建筑结构上可以分为土木结构、木石结构和砖石结构建筑;从建筑功能上又可分为寺庙(祭祀)建筑、民居建筑、桥梁建筑以及牌坊、城门、亭、塔等。这些都反映了三峡地区不同时代的地域习俗、技术手段、生活模式与价值取向,从一个侧面反映了三峡地区人民的生活水平、生活状况和审美情趣。为了充分保留峡江两岸文物建筑的传统风貌,展示三峡地区古建筑的区域特色,最大限度地保护峡江文化元素,湖北文物部门在国家文物局和三峡建委的领导下,对三峡湖北库区建筑文物进行广泛普查、摸清"家底"的基础上,按照重点保护的原则提出了系统保护的规划,并按规划稳步推进,圆满完成了规划古建筑文物的保护任务。在这一工作过程中,形成了全面普查与重点保护结合的古建筑文物保护工作稳步推进模式。

2.1　全面普查、摸清"家底"是基础

1992年4月,全国人大通过兴建三峡工程的决议后,三峡工程将首先在坝区湖北秭归开始动工,时间十分紧迫。为此,国家文物局责成湖北省文化厅全权负责三峡工程坝区的文物保护调查和文物保护规划及经费的编制工作。湖北省文化厅迅速成立工作小组,专门负责这项工作,并于1992年4月组织湖北省文物考古研究所、宜昌地区博物馆、宜昌县文物管理所等单位组成"三峡坝区文物考古调查组",对工程施工征地18 km² 范围内的文物古迹进行了调查。在此基础上,由湖北省文物考古研究所编制完成的《长江三峡工程坝区范围文物保护方案及经费预算报告书》提出经调查核实,坝区施工征地范围共发现文物古迹 32 处,其中地下古文化遗址 26 处,古墓葬 2 处,分布面积达17.725万 m²;地面古建筑4 处。1992年12月22日,长江水利委员会、省文化厅、省三峡移民办、宜昌市政府、长江三峡开发总公司等单位,共同对湖北省上报的《长江三峡工程坝区范围文物保护方案及经费预算报告书》进行现场评审。专家对原《报告书》所列的文物点,根据最新调整确定的坝区征地红线图逐一实地调查核实,将原计划进行考古发掘的 28 处中的茅坪遗址等 8 处文物点划归所处相应县市的库区范围加以保护处理,对 4 处地面文物建筑,杨家湾老屋等 3 处采取原地保护,望家祠堂划归红线以外,纳入库区范围加以保护处理。

自 1993 年起,为了彻底了解掌握三峡库区文物的状况,按照国务院三建委的要求,国家文物局就要求三峡库区两省下辖的 22 个县(市)区文物部门组织文物考古工作者对东起湖北宜昌、西至重庆江津的三峡工程淹没区及迁建区进行实地文物普查,并首先对三峡库区重点区的坝区进行了近万平方米的发掘。特别是在三峡工程坝址——中堡岛上,考古工作者发掘近 2 000 m²,拯救山一批包括6 000多年前大溪文化在内的宝贵历史文物,共清理墓葬、灰坑、窖藏、房基200 余座,出土较为完整的陶、

石、玉质器皿千余件,抢救出中堡岛历史上最后一批宝贵的考古资料。

1994 年,在国家文物局的部署下,全国 30 余个文物考古、建筑、地质学和人类学等科研机构和高等院校的 300 余名科研人员,跋涉在三峡工程淹没的每一个角落,进行了历时两年多的大规模调查、试掘。为全面查清三峡库区各遗存的文化堆积范围、性质及重要遗迹的分布情况,提高发掘工作的针对性与准确性,各发掘项目在发掘前必须进行不同规模和不同方式的考古勘探工作,勘探面积 300 余万 m²,试掘 2 万多 m²,发现 60 多处旧石器时代遗址和古生物化石地点,80 多处新石器时代遗址,100 多处古代巴人的遗址和墓地,470 处汉至六朝的遗址和墓地,6 处古代枯水题刻和数十处宋代以来的洪水题刻组成的举世罕见的古代石刻水文记录长廊,2 处东汉石阙题刻和数十处唐以后的摩崖造像、碑碣、摩崖诗文题刻,发现近 300 处明清建筑物,包括庙祠、民居、桥梁等。通过文物普查,进一步掌握三峡地区地下文物的种类、文化内涵、文化性质及数量,为其后重点保护项目的确定提供了详细的资料;通过对地下文物的勘探和试掘,对地上文物的搬迁保护试点等工作,为后来的重点保护积累了经验。

2.2 重点发掘和保护是关键

三峡地区的平坝河谷是人类自旧石器至今十余万年以来生产、生活的场所。遗址、墓葬可谓遍地皆是,此外各地还有不少旧民居、祠、庙等建筑,全面系统的文物调查、勘探、测绘、试掘工作,为规划的科学编制提供了丰富而又详细的第一手资料。按照"保护为主,抢救第一"、"重点保护,重点发掘,既对基本建设有利,又对文物保护有利"、"最大限度地抢救,将损失减少到最小"的原则,根据库区文物本身的价值和保存状况,拟定其重要性的次序,分别采取不同的保护措施。

在此广泛普查、勘探和试掘的基础上,于 1996 年 6 月通过的《长江三峡工程淹没及迁建区文物古迹保护规划报告》根据各文物和文物点的价值、保护单位级别、社会影响和保存状况等,依据地下、地面文物的特点,制定了不同等级的保护措施。三峡库区文物保护项目共 1 087 处(重庆 752 处,湖北 335 处,其中重庆库区占总量的 69%,湖北库区占总量的 31%)(含白鹤梁、石宝寨、张桓侯庙、屈原祠四个重点项目),其中地面项目 346 处,地下项目 723 处。723 处地下项目的考古发掘面积为 171 万 m²,其中重庆 127 万 m²,湖北 44 万 m²。三峡移民阶段涉及文物保护任务 212 处(地面 58 处,地下 154 处),其中湖北省 61 处(地面 13 处,地下 48 处),重庆市 151 处(地面 58 处,地下 93 处),考古发掘面积 49 万多 m²(湖北 23.77 万 m²,重庆市 25.34 万 m²)。这些文物和文物点囊括了三峡地区的各个历史阶段,涵盖了三峡地区历史上社会、经济、文化等各个层面,反映了当地特有的文化传统和民风民俗,是研究库区历史和长江文明的重要实物。通过对这些文物进行留取资料和实施有效保护,为库区社会经济的可持续发展留下了宝贵的历史文化资源。

在地下文物保护方面,除采取考古勘探、考古发掘、登记建档方式加以保护外,还将地下考古发掘项目按 A、B、C、D 分成四个类别予以区分:A 级为价值最高,保存状况最好,保护力度最强,发掘面积最多的级别;B 级为局部发掘;C 级为少量发掘;D 级为采样式发掘。对那些不易进行发掘保护的文物点,也制定了登记建档的保护措施。采取对应安排发掘队伍和先重点后一般的原则进行抢救保护,这样不仅有利于加快发掘进度,而且还能确保发掘质量。湖北三峡库区确定保护的地下文物共 217 项,其中 A 级发掘 13 项,B 级发掘 49 项,C 级发掘 71 项,D 级发掘 44 项,登记建档 40 项。[①]

---

① 参见国务院三峡工程建设委员会办公室、国家文物局:《长江三峡工程淹没及迁建区文物古迹保护规划报告》,中国三峡出版社 2010 年。

在地面文物保护方面，根据文物价值、类别、质地、形式、位置和保存状况等，以原地保护、搬迁保护、留取资料的不同保护方式，分别对每一处文物和文物点制定了保护方案。其中，原地保护包括升高复制和异地复制，主要针对石刻、古栈道、古纤道等不宜移动的文物。搬迁保护主要针对古建筑、古桥梁等相对能够移动的文物，对现存状况不太理想的则以留取资料保护。在湖北最终确定并完成的地面文物建筑有以下一些：巴东县的秋风亭、地藏殿、王爷庙、李光明老屋、顾家老屋；秭归县的梯归新滩与新滩传统民居群、屈原祠、江渎庙、水府庙、郑韶年老屋、郑万琅老屋、屈原故里牌坊、归州旧城址、向先鹏老屋、薄蓝田君纪念碑、屈原庙、郑世节名屋、熊云华老屋等；兴山县有吴翰章老屋、陈伯炎老屋、吴宜堂老屋；宜昌县有杨家湾老屋、望家祠堂等。其中，屈原祠为重点保护项目。

屈原祠原址在秭归归州城东五里的"屈原沱"处，唐代始建，元丰三年（公元 1080 年）更名为"清烈公祠"。数代王侯、知州多次重修。新中国成立后，曾维修过两次。1963 年 3 月至 10 月，主要维修其大门牌楼及梁架；1965 年 3 月至 12 月，主要维修其大殿屋顶和装饰。1976 年 7 月，因葛洲坝水利工程兴建，迁建至归州镇向家坪，更名为"屈原祠"，由山门、配房、碑廊、屈原青铜像、屈原纪念馆及屈原墓等组成，建筑面积 1 777 m²。1981 年被湖北省人民政府公布为省级文物保护单位，也是三峡库区湖北境内最大的地面文物保护项目。三峡工程蓄水至 175 m 后，江水将会淹没到屈原祠山门内的第三级台阶。考虑到屈原及其爱国主义思想的深远影响，为保护屈原祠，经国务院三峡建设工程建设委员会批准，该建筑群被列为三峡文物保护四大计划单列项目，搬迁至秭归新县城凤凰山采取仿古新建方式建设。屈原祠仿古新建工程占地面积为 19 402 m²，总建筑面积 5 806 m²，总投资 8 000 万元。为兼顾与三峡大坝的整体视觉效果，新建的屈原祠将建于凤凰山的山梁上，面向东南，与三峡大坝正面相对，有山门、两厢配房、碑廊、前殿、乐舞楼、正殿、享堂、屈原墓等建筑组成。正殿为仿古木构建筑，面阔五开间，两层重檐歇山屋顶。其构造做法采用峡江地区的习惯做法，特别是门窗隔断的形式、脊饰、装修均以地方习惯做法为依据。入口山门为三层两重檐歇山屋顶，正立面贴六柱牌楼门式，两侧辅以圆形的风火山墙，采用红柱白墙灰顶为主颜色，墙面还用泥灰塑出精美的图案等。2009 年 4 月屈原祠仿古新建工程通过了主体工程验收。2010 年 6 月秭归凤凰山屈原文化旅游区整体对外开放，成为三峡库区规模最大、最具特色的人文景观。

3 各级政府负责与文物部门主管结合的领导体制模式

保护祖先创造的文明，是全民族、全社会的历史责任。在历史的长河中，三峡库区许多文物古迹由于自然的、人为的原因，逐渐地被破坏，无声无息地湮灭了。三峡工程水库建设给当地文物古迹既带来不利的影响，也带来集中抢救、发掘、研究的难得机会，促进了三峡文物大保护局面的形成。三峡工程这种跨省区、跨领域的工程部门与文物部门的协作，工程与文物兼顾的大行动，在我国历史上是第一次，如何把三峡库区文物保护工作做好，不仅是文物部门、三峡工程的建设单位的责任，也是库区各级政府和广大人民的共同责任。在如此庞大和复杂的三峡文物保护工程中，探索出了"三建委统一领导，库区各级政府负责，文物部门主管，相关专家参与"的领导体制和组织运作模式。

《文物保护法》第八条第二款规定："地方各级人民政府负责本行政区域内的文物保护工作。"第十五条、第十七条、第二十二条等，还进一步明确了文物所有地方政府是日常管理主体——充分责任主体和财政支持主体。不同级别的文物保护单位由不同级别的政府划分到各个政府部门负责或直接对政府负责。三峡文物保护也不能违背这种分级属地化的管理模式。不同的是在文物抢救保护实施过程中,责任主体主要是两省(市)文物行政主管部门,库区各县(区)文物部门的职责是积极协调、配合库区文物保护工作的实施。根据钱正英在三峡工程移民规划工作大纲审查会议上对文物保护工作的意见及《长江三峡工程初步设计阶段水库淹没处理及移民安置规划大纲》中关于"文物古迹由长委会委托国家文物主管部门业务负责,组织有关部门和单位作出评价,提出保护、迁建和发掘方案"的意见,三峡文物保护实行的是三峡工程建设委员会统一领导,统一规划,湖北、四川两省分别实施,国家文物局按照国家的要求实行检查、监督、指导的基本领导体制。从纵向看,主要是中央政府,省、市政府和地方各级政府以及各级文物单位的管理;从横向看,主要由文化、文物、移民、建设、国土、宗教旅游、环保、林业、档案等职能部门负责。具体说,三峡工程文物保护工作的管理体制是湖北省人民政府和重庆市人民政府在国务院三建委的统一领导下,分别负责本省、市三峡工程库区的文物保护工作。三峡工程建设委员会办公室负责文物保护计划与资金的审批、监督与管理,国家文物局负责文物保护的业务管理与监督,并协调全国有关专业人员参与三峡文物大抢救。湖北省文化厅、文物局与重庆市文化局、文物局按照任务与经费双包干的原则分别成立三峡办,负责两省市三峡库区的文物保护工作实施。湖北省移民局与重庆市移民局分别负责两省市文物计划与资金的申报、下拨与监管。库区各区、县(市)人民政府与文化、文物部门负责协调配合两省市文化、文物部门实施库区文物保护工作。唯一不同的是重庆市文化局、文物局专门成立重庆市峡江工程公司专门负责重点地面文物保护工程。

根据《文物保护法》,库区各级人民政府负责本行政辖区内的文物保护,协调各部门在文物保护工作中的关系。库区党委、政府在担负着艰巨的移民任务的情况下,坚决采取有效措施打击库区文物犯罪活动,有效地遏制了文物犯罪活动的进一步蔓延,确保了库区文物的安全;对迁建区重要的遗址、古建筑,由当地政府划出保护范围,予以避开;对一些重要遗址的发掘,通过地方政府,采用提前征地、提前搬迁、提前安置、提前补偿的办法,保证了文物保护工作进展顺利和效率的提高。省市移民局配合文物部门,将淹没区地面文物的普查、搬迁保护,视其不同类别和所处的特定地理环境,纳入淹没区移民搬迁的整体规划中,负责库区文物保护项目计划的衔接、调整、项目的销号管理以及移民资金使用的申报、下拨与监督管理。建设、规划、国土等有关部门负责为库区文物保护工作实施提供必要的条件,支持库区文物保护工作。库区各县市文化、文物部门负责协调、配合库区文物保护工作的实施,为三峡文物保护的业务单位营造了良好的工作环境。如秭归建设部门对外地到秭归进行文物复建的施工企业一路绿灯,简化办证手续,只需办理施工备案,而免办施工许可证;秭归规划国土部门在县委、县政府领导的大力支持下,将凤凰山已经规划给港商的 223 亩土地全部收回,规划给文物部门使用,从而使凤凰山文物复建区的建设用地达到了 378 亩,极大地满足了文物复建区用地的需求。

由于三峡文物保护工作时间长、工作量大、专业性和技术性强,仅仅靠湖北、四川两省力量是不够的,必须统一组织全国文物考古力量,协调行动,同时,尽可能组织多学科的合作,争取各方面的援助。三峡文物古迹的历史性、现实性和多学科性使它受到各方面重视,但不同部门、不同学科对文物的关注角度和发挥的作用是不同的。因此,对受淹文物古迹的保护处理,要协调各有关部门、有关学科的关系,征求各方面的意见,开展多学科的研究方能作出恰当评价,才能按照"重点保护、重点发掘"的原则,提出各方都能接受的保护、迁建处理方案。如对三峡相关文物的迁建和保护不仅需要古建专家、建筑专家研究方案,还需工程水利专家、地质专家、基础处理专家研究山体和基础稳定性,并且需要河道泥沙、航运、城市规划方面的专家协同工作。在三峡文物保护工作中,我国充分发挥和调动全社会力量,共同参与三峡文物保护工作,形成了全国会战三峡文物保护工程的良好格局。从库区文物保护开始启动,湖北省文物保护部门就诚邀全国各省市兄弟单位共同参与三峡文物保护这一跨世纪工程,至今已有来自全国 20 个省、市、自治区的 70 余家高校、科研院所和施工企业在三峡库区从事三峡文物保护工作,涉及文物考古、建筑、地质、测绘、水文、水工、航运交通等各学科的专家、学者上千人次。可以说三峡文物保护工程是我国第一流专家人才、第一流规划设计方案、第一流技术手段、第一流劳动成果的结晶。来自全国近百家单位的上千名专业人员和上万名工作人员,奋战在三峡文物保护工地上,克服了重重困难,按照规划的要求完成了任务。在这场与时间赛跑的文物抢救保护工程中,由于社会各界通力合作,通过艰苦卓绝的努力,用 6 年时间完成了通常几十年才能完成的重任,创造了人类文物保护史的奇迹。

针对三峡文物保护工作特有的时限要求,结合库区当地实际,在国务院三峡建委、国家文物局以及湖北省委、省政府的正确领导下,湖北省文物局与移民、建设等部门以及库区各级党委、政府一道知难而上建立了一套适合库区文物保护的组织管理体制,形成了一套行之有效的文物保护管理规范,有效地保障了三峡文物保护任务的顺利完成。

4 原址保护与移地复建结合的多元保护模式

文物是历史的真迹,保护文物必须保持文物的原状。根据《中华人民共和国文物保护法》(修正本)第十四条"核定为文物保护单位的革命遗址、纪念建筑物、古墓葬、古建筑、石窟寺、石刻等(包括建筑物的附属物),在进行修缮、保养、迁移的时候,必须遵守不改变文物原状的原则",以及《文物保护工程管理办法》第三条"文物保护工程必须遵守不改变文物原状的原则,全面地保存、延续文物的真实历史信息和价值;按照国际、国内公认的准则,保护文物本体及与之相关的历史、人文和自然环境"的规定,在三峡工程启动之初,三峡工程建设者和文物管理者们就提出了关于三峡文物保护的基本指导思想和工作原则:鉴于文物的不可再生性,对三峡工程淹没文物要采取得力措施将损失降低到最低程度,尽最大可能进行抢救;鉴于文物保护工作的规律和特点,三峡工程的文物保护工作必须"超前"进行,在保证质量的同时提高速度,工程建设部门必须积极给予有力配合,保证经费、提供信息,并给予一定的时间;以总体规划、全面抢救为前提,以重点保护、重点发掘为原则;文物迁移必须遵守不改变文物原状的原则;注意保护文物所固有的环境风貌和历史文化传统;考古发掘必须做好全面的科学记录,对出土文物和重要遗迹要积极采取措施予以保护,力争解决重要学术课题;文物保护工作中注意发挥文物作用,促进工程建设和库区经济发展。根据三峡建委审批的《三峡工程淹没及迁建区文物保护规划》,整个库区受三峡工程影响进行规划保护的地面文物 364 处,其中湖北库区 118 处,属于原地保护的有 5 项,搬迁保护的有 41 项,留取资料的有 72 项。为了充分保护峡江两岸文物建筑的传统风貌,展示三峡地区古民居的区域特色,最大限度地保护峡江建筑文化元素,无论是在三峡地面文物的原地保护上,还是在搬迁复建方面,始终坚持了确保"不改变文物原状"的重要原则,严格按文物修缮的原规模、原材料、原工艺的"三原"原则循序渐进,确保了文物的原真性。①

---

① 参见吴宏堂、王凤竹:《守望大三峡——三峡工程文物保护与管理》,文物出版社 2010 年版。

4.1 确保原地保护项目不改变原状

原地保护主要是按 1964 年通过的《威尼斯宪章》中有关"一座文物建筑不可以从它所见证的历史和从它所产生的环境中分离出来"的原则,在对三峡库区地面文物保护中,凡受影响的和部分淹没但对文物主体影响不大的文物建筑采用原地保护。一类是那些记载历史上水文变化的石刻,这种石刻一旦位置变动,其记录价值就会有所丧失,同时这类文物又不易因蓄水而毁坏,因此在对其进行详细记录之后,对它们采取围堤、筑坝,或加固、防护等保护措施,使其在原地、原环境之中得以继续保存下去。如湖北巴东县三峡库区的"楚蜀鸿沟"石刻、"种福桥"碑刻等就属于这类原地保护范围。另一类属于部分淹没但对文物主体影响不大的文物古建筑,而且这些古建筑一旦离开了它所处的历史地理位置和环境,其文物价值便会大大降低。因此,对这类古建筑凡是具备保护条件的,应尽量采取措施争取原地保护。如湖北省宜昌的黄陵庙、三游洞、杨家老屋等就属于此类,采取的是原地大修保护。原地大修保护要求做到保持原有的形体、结构不变,在直观效果上做到了"整旧如旧",尽可能保持它原有的神态、风韵,保持其古貌野趣和历史意境,做到"古色古香"。

石宝寨北侧西部新建的护坡与围堤

黄陵庙就是原地保护做得很成功的项目之一。黄陵庙是三峡地区一处重要的历史文化遗产,是三峡地区保存的原汁原味的明代建筑,1956 年湖北省人民政府公布为湖北省第一批重点文物保护单位。黄陵庙坐落在三峡西陵峡中段长江南岸黄牛岩下的宜昌县三斗坪镇,处在三峡工程坝区,矗立于波澜壮阔的长江江边,古称黄牛庙、黄牛祠,是长江三峡地区保存较好的唯一一座以纪念大禹开江治水的禹王殿为主体建筑的古代建筑群。其历史悠久,可能始建于汉代。黄陵庙主要建筑有山门、禹王殿、屈原殿、祖师殿(亦谓佛爷殿),分别建筑在逐级升高的四个台地上。黄陵庙现存山门为清光绪十二年(公元 1886 年)冬季重新修建的,为穿架式砖木结构建筑。山门外尚有石阶三十三步又十八级,寓意三十三重天和十八层地狱。山门门额上端为清光绪十七年(公元 1891 年)罗缙绅所题"老黄陵庙"三个大字。禹王殿是以纪念大禹开江治水为内容的建筑,是黄陵庙现存建筑群的主体建筑,修建在比山门地基高 19 m 的台地上,为重檐歇山顶,穿斗式木结构建筑,八架椽屋。原为灰筒、扳瓦屋面,面阔进深均为五开间,通高 17.74 m,占地面积 4 000 m²。1983 年,在拟定对黄陵庙禹王殿进行大修的同时,古建筑专家们对该殿进行了科学的勘测和论证,指出"一座单体建筑主要以台明、木构架、屋顶三部分组成……大殿三大组成部分是完整的明代原物"。武侯祠为黄陵庙的附属建筑,原本倚靠在禹王殿左侧台明处,正与禹王殿前檐基本成一条线,四间,穿架式砖木结构,单檐硬山顶,小青瓦屋面。1983年对禹王殿拟定维修方案时,专家们鉴于武侯祠紧连大殿,既破坏了大殿凝重壮观的形象,又妨碍大殿搭架施工,故将武侯祠原物迁建到大殿后东北角,另成轴线。该建筑占地160 m²,祠内表现三国历史故事的塑像和壁画惟妙惟肖,悬挂飘拂的帷幄中羽扇纶巾的诸葛亮座像,再现了诸葛亮足智多谋的形象。三峡工程启动后,文物管理部门在确保"不改变原样"的原则下,又对黄陵庙进行了原地大修,维修整治后的黄陵庙已经焕然一新,成为金碧辉煌、橙香醉人的文化场所。

4.2 确保搬迁保护项目不改变原状

搬迁保护项目主要是指为了国家的重大利益,三峡库区一些地面文物不得不从原址搬出来采取易地建设的保护措施。地面文物的搬迁保护大致分为三个部分:一是整体搬迁。凡是整体结构比较完整的古代建筑如寺庙、塔楼、桥梁、民居等,应搬迁复建到相应的地理环境,如屈原祠、秋风亭等。二是部分搬迁。一些整体结构不完整而部分构件特别精美的建筑采用局部搬迁保护,如秭归县胡家大屋、兴山县吴宜堂老屋等。三是凿石搬迁。三峡两岸大量的石刻、题记、石窟造像等可考虑将其切割下来,陈列展览或易地保护,使其发挥应有的作用。三峡工程搬迁保护的项目有:宜昌县的望家祠堂;秭归县的江渎庙、水府庙、郑启光老屋、王氏宗祠、邓永清老屋、游县长老屋、紫光阁、屈原故里牌坊、郑书祥老屋、刘正林老屋、三老爷老屋、郑韶年老屋、郑万琅老屋、郧万瞻老屋、杜氏宗祠、彭树元老屋、惠济桥、江渎桥、屈子桥、千善桥、新滩古井、迎和门、景圣门;兴山县的陈伯炎老屋、吴翰章老屋和望山门;巴东县的地藏殿、王爷庙、毛文甫老屋、顾家老席、龙船河水磨坊、秋风亭、万明兴老屋、王宗科老屋、李光明老屋、济川桥、寅宾桥、"造船碑志"碑刻、"济川桥"碑刻和"镇江阁碑记"碑刻等。上述古建筑中尤其以民居类建筑和宗教建筑最具特色,成为此次保护的重点。

民居类建筑是三峡建筑文化的重要组成部分,它以其传统的建筑艺术形态,反映出特有的文化特色和深厚的文化内涵、居民的空间意识、生活方式乃至行为性格。在三峡工程文物保护工作中,湖北文物工作者对大量民居建筑进行了记录,特别是具有典型代表意义的民居布局形式和代表性民居群、单体民居都做了系统的记录和保护,并选择有代表性的建筑单体进行搬迁复建。如巴东县楠木园民居,位于巴东县巫峡段长江南岸的坡地上,整个村落面江背山,沿坡拾级而上,两旁的民居建筑依山就势、高低错落,各具特色,这里民居建筑较为集中,多为木结构穿斗式吊脚楼,用木板围护,屋顶铺满小灰布瓦。较有代表性的是楠木园万明兴老屋,该建筑平面是"L"形,带阁楼悬山顶,主体建筑三开间,明间为堂屋,两次间为店铺,建筑东、北面设吊脚挑廊。该老屋依山就势,平面布局根据场地情况随意建造,不拘一格,在建筑架构上富于变化,以满足使用上的需要,是三峡中典型土家吊脚楼的代表。而李光明老屋,面江背山,悬山顶盖小青瓦。建筑局部三层,底层饲养牲畜、中层名堂设神龛,次间居住,顶层为阁楼,用以储藏物品。该民居建筑装修讲究,明间什锦窗窗心处透雕一供桌,上刻有花瓶及菊花,造型优美。楠木园民居依山就势,充分利用山地地形和穿斗结构的灵活性,布局紧凑合理,与自然环境和谐融合,独具山地建筑的特点,特别是山地穿斗式吊脚楼的建筑形式为不可多得的研究土家族建筑艺术和民俗的实物资料。对这类建筑文物中具有代表性且保存完好的,采取了原样搬迁、异地复建的保护方法:在拆卸、搬迁过程中对文物的整个构建进行了一一编号,然后按照编号一个个单独运,并在选择相似的环境下,用原物按原样进行复建,确保迁建复建不走样。

望家祠堂始建于清代,是三峡地区规模最大、等级较高的氏族宗祠,原址在太平溪镇伍厢庙村,

2000 年因三峡工程迁于湖北省宜昌市夷陵区太平溪镇新集烟竹园。1992 年被列为三峡库区文物保护对象,1999 年被国务院列为三峡库区搬迁复建的试点项目,也是当时三峡建筑文物复建第一个竣工的项目。该项目严格按照文物保护要求进行,最大限度地保持了原有的结构、材料等,运用传统建筑工艺完全按原样进行复建。复建后建筑占地面积 308 m²,建筑面积 598 m²。其结构呈长方形平面布局,面宽 14 m,进深 22 m。一进院落,前为厅,后为堂,中间夹一天井,两侧有厢房。井上为回楼,前厅为穿斗式木构架,后堂为抬梁式木构架,梁与梁之间用驼峰或大斗支垫,边筑高约 8 m,檐口高 5 m,二层楼设有回楼。小青瓦屋面,硬山屋顶,人字式山墙,脊式均用条砖,白灰砌垒,正立面为牌楼装饰贴面。它的复建对研究长江两岸的建筑技术、建筑文化、民俗文化等有意义,同时也具有较高的文化、历史价值。2002 年被列为湖北省重点文物保护单位。

为了三峡库区地面文物的维修复建不走样,尽最大可能保存文物对象的原真性,在三峡库区古建筑的迁建复建项目中,湖北省文物管理部门从复建地址的选择,到传统建筑材料的利用与传统工艺的使用等方面,尽最大可能保证原汁原味。严格按文物修缮的"三原"(原规模、原材料、原工艺)原则循序渐进。在维修、复原文物古建筑时,要求做到"四保存":一是保存建筑形制的原貌,包括建筑物的平面布局、造型、艺术风格等;二是保存原有的建筑物结构,如木构建筑的柱架,斗拱内外装修的构造形式;砖石建筑的叠砌方法、拼合规律等;三是保存原有的建筑材料,如木、竹、砖石、琉璃、瓦件以及其他金属材料;四是保存原有建筑的工艺技术,如雕塑、彩画、油漆、盖瓦、做脊等具有工艺特色的传统技术手法。在施工管理上,严格按复原设计图施工,决不随意变更设计,即使要修改设计,也必须坚持由业主组织施工单位、监理单位与设计单位的专业人员一起现场讨论研究决定,然后由设计单位下达设计变更通知书。此外,在建筑物环境的营造方面,也尽可能保持文物建筑的原貌。

4.3 确保仿古新建文物保持原有风格

为纪念世界文化名人、伟大的爱国诗人屈原而建的纪念性建筑屈原祠,因其文物等级高、价值大,又称计划单列保护项目。考虑到屈原及其爱国主义思想的深远影响,该建筑群被列为三峡四大特殊保护项目(计划单列项目),采取仿古新建方式建设。

湖北省文物部门经过反复比选方案,将屈原祠选址在秭归县紧挨三峡大坝的凤凰山,并于 2006 年开工建设。屈原祠仿古新建工程分为两组,一组以山门、前殿、正殿为中轴,左右两边布置配房、碑廊、陈列室、厢房等建筑群体;另一组以屈原墓为主轴,布置有神道、享堂,气势宏大。其中,前殿、正殿、享堂、南北厢房均是全木结构建筑,构造做法采用峡江地区的习惯做法,特别是门窗隔断的形式、脊饰、装修均以地方习惯做法为依据。入口山门为三层两重檐歇山屋顶,正立面贴六柱牌楼门式,严格按原建筑式样复建,做到了保持原有的形体、结构。屈原祠在 20 世纪 80 年代由于修建葛洲坝工程已搬迁过一次,但用的是钢筋水泥。这次在凤凰山新址重建,用的是木结构,严格按照古代原样来布局。在屈原祠的建设过程中,为了确保建设工程的高质量,监理单位一是严把建筑材料关,屈原祠的大木及斗拱基本是从俄罗斯进口的红松;柱础、石栏杆、石台阶、石地面等石材绝大部分产自江西的花岗岩;城砖产自北京;金砖产自江苏,可以说屈原祠的建筑材料质量是国内最好的。二是严把各项检测关,工程建设所使用的各种材料,大到钢木构件,小到泥瓦灰沙,都必须严格按建设规范要求进行检查,凡检测不合格或不达标的坚持不用。三是严把建筑工艺关。除了建材货真价实,建设工艺也可谓是原汁原味。如室内木结构的油漆使用的是一布四灰,廊步外的油漆是一麻五灰。工程整体布局凸显老屈原祠的建筑特色,在建筑形制、结构类型、材料特性上均做到了精心处理,尤其是前殿与大殿等五栋建筑采用纯木结构,完全使用传统材料,运用传统工艺进行施工,保留、传承了古代建筑施工技术,提高了文物保护工程质量,提升了工程水平。仿古新建的屈原祠比归州屈原祠扩大近3倍,包括屈原祠主体建筑、山门、屈原广场、南北古城门、屈原墓、行吟阁、离骚楼、橘颂亭、荷花池、九歌廊、碑廊、碑林、屈原纪念馆、博物馆等,融园中游览、学术考察与展示屈原文化、民俗文化、历史文化、现代文化于一体。仿古新建的屈原祠很好地保持它原有的神态、风韵,保持其古貌野趣和历史意境,保持对屈原祠和对秭归地方文化的记忆,成为三峡文物保护工程的一个亮点工程。

4.4 确保留取资料保护项目全面完整

留取资料保护项目是指对那些保存现状残破或改动较大以致无法辨识原貌的地面文物,采取收集史料整理建档的方式予以保护,即采取详细测绘、拍照、记录或拓片,制作模型,或将有价值的构件拆落收集保存,为后人全面研究相关文物的历史提供依据。

三峡库区有些古民居建筑在当地虽有一定意义,但从全国范围考虑并不具备特殊价值,且大多数都已残破严重,不具备复原重建条件。因此在保护复建那些存留条件好、有代表性、价值高的古民居外,对这些虽有一定价值但不具备复建条件的民居建筑应进行相关资料的留存保护,以便在后期三峡迁建城镇、居民点建设中,能科学地吸取当地民居依山就势的建筑布局、艺术风格与民俗情调,在继承的基础上有所发展,形成自己新的特点。另外,三峡地区的宗教祠庙建筑在构筑技术、工艺及装饰艺术方面,代表了当地建筑的最高水准,其平面布局和建筑形式有明显的地方文化特征。对凡没条件搬迁复建或搬迁意义不大的建筑,应分别进行照相、绘图、记录、拓片、复原模型、文字资料或保留部分有价值的构件等手段,取齐资料,为以后的研究提供原始依据。

在三峡文物保护中,湖北省文物管理部门除了要求各项目承担单位必须严格按《文物保护法》和相关法律、条例尽可能多地提取和保护各种文物资料和信息外,还在三峡文物保护工作中运用先进的技术手段,千方百计地为后人保存了一大批珍贵的原始资料。湖北省文物局累计建立档案15 294件,照片、底片、反转片5万多张,各类勘探和设计图纸6 000多张、盘762张、录像带和软盘200多张。出版各类发掘报告22本,1 472.4万字。这些原始信息,为后人深入研究三峡历史与文化提供了丰富翔实的基础资料。

5 现实保护与未来开发结合的集中复建模式

长江三峡物华天宝、人杰地灵,在风光秀丽的自然景色之中,点缀着星罗棋布的各类人文景观,构成了三峡地区驰名世界的旅游观光胜景。充分保护和利用三峡文物资源,通过地面文物的搬迁复原,重现三峡历史风采,结合地下出土文物的展示宣传,提高三峡文物知名度,辅以三峡新的自然景观开发三峡旅游业,以文物促旅游,以旅游带动三峡地区的工业、农副业和第三产业的启动,进而带动整个三峡地区经济的起飞,将是一条切实可行并且见效迅速的路子。

在这次三峡工程库区文物保护过程中,湖北省文物部门与当地政府尽可能地把对三峡文物的保护与未来对文物的利用和开发结合起来,如把现实的文物保护规划与未来的旅游发展规划结合起来,把文物保护与文化教育结合起来,让文物能充分发挥其效益。在三峡文物保护的总体规划中,创造了"集中保护,规模发展"的思路。经过国务院三峡建委批准,湖北省文物局对秭归新滩及秭归县境内的郑万琅、游县长老屋等23处;对巴东楠木园李光明、万明兴及巴东县境内14处不同类别的文物建筑进行搬迁,并在秭归凤凰山和巴东县新县城狮子包进行集中复建。委托北京建筑工程学院进行复建区总体规划设计,统筹安排,合理布局。通过招投标,湖北大冶殷祖古建园林有限责任公司、黄石市园林建筑工程公司分别中标承担秭归县和巴东县搬迁保护文物的复建工作,从 2000 年开始到 2006 年陆续完成 38 处文物建筑的复建工作,此后又陆续开展文物复建区的环境整治和配套的水电、道路、绿化、亮化等工作,到 2008 年年底秭归凤凰山、巴东狮子包文物复建区全面完成并对外开放,基本上还原了这些古代民居的环境,烘托出了"山上层层桃李花,云间烟火是人家"这种三峡民居典型的诗画意境,使得这里既是当地居民休闲游览的好去处,也成为三峡库区新的旅游景点。这种模式既有利于文物的管理,也有利于开发和提高文化遗产保护成果的社会贡献率,为文物进一步的保护和开发奠定了良好的基础。对三峡工程淹没区地面文物的系统保护,特别是采取"集中复建、规模发展"的思路,重点对秭归凤凰山和巴东狮子包文物复建区的系统建设,为今后其他大型基本建设的文物保护提供了一个成功的案例。

在三峡工程湖北库区古建筑迁建保护项目中,将文物保护与文物开发和利用结合最好的是秭归凤凰山古建筑文物复建项目。三峡工程蓄水前,国家有关部门与秭归县人民政府协商决定在三峡大坝上游 1 km 处的秭归县新县城茅坪的凤凰山建立地面文物搬迁复建保护点,将我国唯一幸存的祭祀水神的庙宇——江渎庙,秭归新滩郑万琅老屋、郑韶年老屋等古民居,归州古城门、古牌坊和归巴古驿道上的石桥等 24 处三峡库区淹没线以下的古建筑与享誉海内外的屈原祠一同搬迁到凤凰山进行集中复建,成为全国最大的文物集中复建保护点。这些古民居建筑群无论是建筑形式、建筑风格,还是室内装修工艺,都体现了鲜明的地方建筑特色,这些文物基本浓缩了湖北秭归三峡库区的古建筑精华,代表了三峡地区典型的古建筑风格,具有很高的文物价值。由于凤凰山复建文物的数量、规模、集中程度以及代表性属于三峡库区之首,被人们称为中国地面文物的复建博物馆。也因为建筑物与周围环境、自然景物浑然一体,古雅的建筑与优美的风格配合得很好,加之再现了新滩民居等三峡地区古民居和峡江两岸地面历史建筑的传统岁月,传承了峡江建筑文化,保留了峡江城镇和居住发展的历史印记,延续了峡江地区城市发展的历史脉络,而这些体现三峡地域特色的建筑在三峡蓄水后,形成了一批文化底蕴丰厚的新的文物景观。在对三峡库区文物实行抢救性保护之前,人们对三峡文物的了解仅限于旅游风景区的地面文物,对于三峡文化的博大精深,对于源远流长的三峡文化底蕴,了解甚少。如今,通过对三峡库区文物的保护,通过保护中取得的成果,人们对三峡文物有了更深的了解,对三峡文物所蕴含的文化信息更加感兴趣。凤凰山占地面积为 500 亩,与三峡大坝隔江相望,是看三峡大坝和高峡平湖的最佳场所。现在壮丽的新三峡随着高峡平湖的横空出世,造就出许许多多新的瑰丽无比的旖旎风光和自然人文景观,充满着无限的魅力。现在登上凤凰山,三峡大坝尽收眼底,高峡平湖近在眼前,人们除了可以看到雄伟的大坝,欣赏高峡平湖的秀色,还可领略各式各样清代古民居建筑群、屈原祠、屈原文化艺术中心等凤凰山古建筑的文化风采,这将更加吸引着广大的中外游客,这也将成为三峡库区文化和旅游经济发展的新的增长点。2006 年 5 月凤凰山古建筑复建群被列为国家文物保护单位,这些文物保护单位级别的提升,也加大了三峡文化事业和产业发展的优势。秭归县规划在不远的将来将凤凰山建设成为国家 5A 级景区。

6 多方筹资与强化管理结合的财务管理模式

多方筹资是三峡文物保护工程顺利实施的经费保障。三峡地区的古代文明遗存,从旧石器时代到明清,跨年代长、数量多、分布广,三峡工程库区所有基本建设项目都会不同程度地涉及,三峡工程淹没区和迁建区的文物古迹保护仅仅涉及其中一小部分地域。为了全面保护好三峡地区文物,根据有关文件,确立了谁建设,谁承担相应的文物保护、发掘任务的基本原则,三峡文物古迹保护经费采取多方筹资的办法。三峡工程承担了属于受三峡水库淹没和移民搬迁安置涉及的文物古迹保护任务,在最初确定的三峡工程水库移民补偿总投资中,文物古迹保护被列入"专业项目改建、复建补偿投资"项目的第 10 项,投资额估列为 3 亿元,这是在没有彻底探明淹没区和迁建区文物状况的情况下做出的计划,引发文物部门与工程部门长达四年的争论。随着 1999 年 6 月《三峡工程淹没区及迁建区文物保护规划》通过审批,争论才告结束。三峡库区文物保护累计获得资金计划近 9 亿元。2003 年,国务院三峡建设委员会以国峡委发办字〔2003〕6 号正式批复了《三峡工程淹没区及移民迁建区文物保护总经费及切块包干测算报告》,其中关于三峡工程湖北省库区地面文物保护国家承担经费共计 304.01 万元,具体数据详见下表 1。

表 1　三峡工程湖北库区地面文物保护项目及经费统计表

保护措施	数量	建筑面积(m²)	占地面积(m²)	合计经费(万元)
搬迁保护	41	10 729.47	9 533.86	2 835.41
原地保护	5	541.34	4 921	55.42
留取资料	71	26 157.98	18 170.32	153.18
合计	117	37 428.79	32 625.18	3 044.01

三峡工程库区移民安置迁建的经费是补偿性的是有限的,就城市、县城来说其规划建设区范围一般是移民工程迁建区的 1.5～2.5 倍。因此除国家三峡工程项目承担的经费外,地方的基建项目及其他建设项目也相应承担其涉及的文物古迹的保护义务。如屈原祠仿古新建工程按照国务院三峡建委办公室《关于湖北省秭归县屈原祠仿古新建工程投资概算的批复》(国三峡办发规字〔2005〕129 号)文件,屈原祠仿古新建工程的投资概算为 4 926.03 万元(2005 年价格),其中 3 044.43 万元从三峡库区文物保护经费中解决,其余 1 881.60 万元由地方自筹解决。又如宜昌夷陵望家祠堂迁建工程,在国家投入 100 多万元迁建的基础上,地方政府先后投资 100 万元,用于对其周边环境、绿化、院墙、排水系统、办公等。[①]

完善的财务管理制度和规范化的项目管理机制是搞好三峡库区文物古迹保护工作的重要保证。三峡库区文物保护工作是件大事,要做好这项工作,应该从我国的行政管理体制、三峡工程管理体制和社会主义市场经济体制的实际出发,建立一个制度化、规范化的管理体制。在三峡文物保护经费管理上,从经费管理机构到经费管理办法,三峡文物的管理部门制定了一系列财务管理制度和采取不定期的财务检查以加强资金管理,如制定了《地面文物保护规划经费概算细则》,按文物建筑、古石刻、古桥梁等分类,以搬迁保护、原地保护(含异地复制)、留取资料为主要措施的概算文本,严格推行计划跟着规划走,资金安排跟着计划走,资金拨付跟着进度走的资金管理模式。另外,为加强文物保护工程的管理,他们大胆创新,第一次把工程建设的管理机制引入到文物保护管理的工作中,先后制定并下发了《三峡工程淹没区与移民迁建区湖北省文物保护管理办法》,制定了《三峡工程淹没区与移民迁建

[①]　参见吴宏堂、王凤竹:《守望大三峡——三峡工程文物保护与管理》,第八章三峡文物经费管理,文物出版社 2010 年版,第 144－151 页。

区湖北省地面测绘、搬迁、设计协议书》；在地面文物保护过程中实行了项目可行性评审、项目立项审批、开工报批制度；建立建设方案征评、工程招标制、项目监理制、设计评审图纸会审制、项目验收制、技术交底和设计变更确认制、实行成果鉴定验收和财务审计（包括延伸审计）制度等有效的管理办法，这些措施不仅保证了三峡湖北库区文物保护与抢救工作的进度和质量，也保证了三峡文物保护资金使用的有效性、合理性与安全性。从各级审计部门对两省市三峡文物保护资金的审计看，除个别单位存在部分项目支出不合理外，尚未发现大的违法违纪的现象。特别是规划经费概算细则的制定，以及具体经费的初步测算、概算和预算制度的建立，填补了我国地面文物保护缺少经费核算依据的空白，为进一步规范全国地面文物保护经费的计算标准，出台适合我国地面文物保护经费的概算依据文本奠定了基础。

既然是抢救性发掘，就必然是有遗憾的。面对时间紧、任务重的现实，三峡文物保护和抢救工作根据"重点发掘，重点保护"、"既要有利于文物保护，又要有利于重点建设"的原则，国务院三峡建设委员会于 2000 年 6 月，审批通过《三峡工程淹没区及迁建区文物保护规划》，最终确定列入保护规划的文物保护点 1 087 处，其中重庆库区占总量的 69％，湖北库区占总量的 31％。也就是说，在整个库区 2 500 万 m^2 的地下文物储藏量中，规划发掘面积为 190 万 m^2，占总量的 8％，其余 92％的非重点文物是不得不放弃的。整个三峡库区，成百上千的遗址没有时间也没有精力进行全面的发掘，大部分的文化遗址只能将主体部分清理出来，而有些边缘遗址便不再发掘。老建筑也是一样，如巴东本来有 65 处文物建筑，最终只有 11 座建筑整体搬迁，其他的 54 座在留下影像、拓片等资料之后，被放弃了。那些没有纳入国家规划的文物点来不及发掘和保护，将永沉水底，永远消失了，这是永远不可弥补的遗憾。

尽管如此，三峡工程湖北库区文物保护所取得的成绩是巨大的，积累的经验是弥足珍贵的，翔实的文物普查，填补了三峡淹没区和迁建区文物总量和文物状况不确定的空白；可行的保护意向，基本达到了"最大限度地抢救，力争把损失减少到最小"的效应；合理的经费概算和投资计划，确保了将有限的资金发挥最大的效益；众多科研机构的参与，开创了我国考古学、建筑学、民族学以及水下考古、航空考古、地质勘探、地理测绘、生命科学等多学科相结合的文物保护规划先河；保护过程中所创造的先规划后施工的计划管理模式、全面普查与重点保护相结合的稳步推进模式，统一领导与分工负责的领导体制模式、原址保护与移地复建结合的多元保护模式、现实保护与未来开发结合的集中复建模式，以及多方筹资与强化管理结合的财务管理模式，为我国文物保护积累了可供借鉴的经验。

传承与发展

——汉正街历史风貌区的城市更新研究

段 飞 莫文竟

（联创国际设计集团武汉顾问公司总经理、总规划师，博士）

（同济大学建筑与城市规划学院，博士研究生）

摘要：在复兴大武汉背景下，从汉正街面临的机遇与挑战入手，提出汉正街历史风貌区传承与发展的问题。通过优秀案例的经验分析，总结城市更新中城市历史风貌区保护与利用的策略，从街道尺度、街道肌理、街道界面、建筑造型、建筑材质及建筑组合六个方面论述汉正街历史风貌区有机更新的方法。

关键词：汉正街 历史风貌区 有机更新

段飞博士在论坛发言中

Abstract：Starting with the opportunities and challenges, the question of protection and development of the Hanzheng Street historic area was asked in the context of the renaissance Wuhan. On the basis of strategies of protection and utilization of the historic area in urban regeneration, which come from the excellent experience through case analysis, the question of protection and development of the Hanzheng Street historic area was answered from streets scale, street texture, street interface, building style, building materials and building combination.

Key words：Hanzheng Street，Historic Area，Organic Regeneration

地处长江与汉江交汇之处的汉正街有着五百年的传承，作为武汉市最后一块现状商业成熟度高，且尚未更新的城市核心滨水区域，在新的城市发展背景下，成为聚光灯下的一片热土。而作为历史风貌区的汉正街地区的城市更新，如何借用五百岁巨人的肩膀，将成为一项值得研究的课题。

1 历史演变

有专家说，"如果把汉口比作一棵树，那汉正街就是它的根"。明成化年间汉水改道，改道后的汉水以南地区为汉阳府衙所在地，以北地区设汉口镇，归属汉阳府管辖。汉口至此沿汉水设立码头，成为汉水流域的商品集散地。至明嘉靖年间，逐渐修建成平行汉水的"正街"，以及无数条垂直于汉水的巷道，形成延续至今的鱼骨状道路网结构。由于便利的交通条件，明末清初，汉正街俨然成为四大名镇之首。当时八大行（茶行、米行、油行、盐行、牛皮行、什货行、棉花行、药材行）的货品远销日韩及欧洲大陆,涌现出一大批知名品牌,如谦祥益、叶开泰、汪玉霞、苏恒泰等。即使是在经济逐渐衰败的清末时期,汉正街地区的年交易量也达五千万两白银左右,足以建造一个圆明园。改革开放后,汉正街成为全国首批小商品市场,发展个体私营经济,赢得"天下第一街"和"中国改革开放风向标"的美誉。如今的汉正街更是家喻户晓。著名小说家方方的代表作品《万箭穿心》讲述的便是发生在汉正街的故事;《麦兜响当当》、《人在囧途》等影视作品的若干场景也选自汉正街。

然而,随着改革开放三十年的发展,汉正街小商品市场已然走到生命的拐点,历史的机能与现代都市需求发生了多层面的冲突:大面积、高密度的小商品市场所需的客、货交通,给拥堵的都市中心区带来不可承担的交通压力;前店后厂的作坊式商业模式使得都市中心区危房遍布,火灾频发;从业人员流动性大,鱼目混杂,犯罪率较高。这些都成为武汉市建设国家中心城市的阻力。武汉要发展,汉正街再次承担着排头兵的使命。

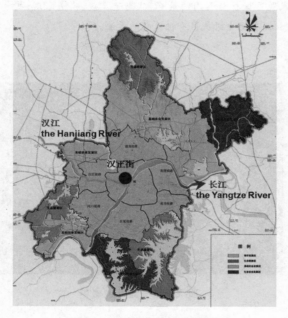

图 1　汉正街在武汉的位置
资料来源:武汉市城市总体规划

图 2　民国时期的汉正街
资料来源:武汉市档案馆

图 3　民国时期的汉正街
资料来源:武汉市档案馆

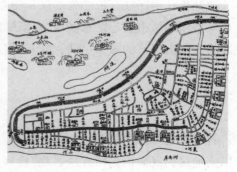

图 4　汉正街历史地图
资料来源:武汉市档案馆

2 机遇与挑战

在国家面向全面现代化建设的第三个阶段,武汉迎来了重要的发展机遇。在科学发展观的引领下,中央连续赋予武汉多项国家战略使命。从中部崛起战略支点到"两型社会"综合配套改革试验,从国家自主创新示范区建设到中部中心城市,武汉积极实践这些国家战略,经济规模和经济效益成倍增长,城市建设强力推进,在全国的地位不断上升。2010 年 3 月,《武汉市城市总体规划》通过国务院正式批复。武汉在全国发展布局中的功能定位由上轮的"我国中部重要的中心城市",上升为"我国中部地区的中心城市"。这个变动,"锁定"了武汉作为中部地区龙头城市的地位。基于对国家发展战略演变态势的主动顺应和对城市振兴规律的准确把握,2011 年 12 月召开的武汉市第十二次党代会提出了建设国家中心城市、复兴大武汉的奋斗目标。

作为武汉的中心地标,汉正街的复兴与开发成为"复兴大武汉"的首要战略步骤。如何进行汉正街城市更新?是全部拆除,建设高大上的现代化时尚新区?还是遵照历史,建设仿古街区?历史告诉我们,过去"铲土车式"的旧城改造模式引发了大量的争议,造成"千城一面"、"文脉断裂"、"文化缺失";完全失真的"假古董"又对文物造成"保护性"破坏。那么在快速现代化的发展背景下,如何既保证汉正街的传统特色,又满足现代功能,实现历史与现代的和谐共存与完美结合呢?

3 思考

如何解决问题?现实存在的诸多优秀案例为我们提供了很好的学习素材,以武汉天地和成都宽窄巷子为例。武汉天地商业步行街依托所在地段的近代租界题材,营造在西方文化影响下近代武汉特有的城市街区风貌。其建筑在体量和风格上与日租界的题材和风貌相协调,并以不同方式保留了用地地块内完整性较好,艺术价值较高的九栋历史建筑。然而原有历史建筑的体量不适宜于开展当代的商业活动。为了提供能够容纳商业活动的建筑空间,武汉天地采取了化零为整的策略。以保留建筑为核心规划新建筑,使新老建筑形成组团。整个街区由九个这样的组团构成,各组团内的建筑底层分开,形成下穿廊道,连接街区内部主要道路;二层以上连接成完整的室内空间,便于整体使用。这样就大大延伸了保留建筑的空间,在空间使用上符合现代功能的需求,使其融入整体开发中,达到发展与传承的共存。

成都宽窄巷子注重整体性保护,延续原有的街巷空间,是由街巷、庭院、建筑、装饰构件、园林绿化以及其他历史要素组成的整体,不仅保护物质环境要素,还保护了非物质文化——传统的生活方式、节奏、场景、内容,以及街区的各项历史信息。宽窄巷子注重塑造多样性特征,功能上既保留了原来的居住,还增加了商业、餐饮、酒店、展示、观演等;建筑设计中除了大量采用传统木结构外,还部分使用砖混、钢筋混凝土、钢结构,以及局部加固等多种结构形式;建筑风格除了传统川西民居、带有民国西洋特征的砖墙立面造型外,还加入适当的现代元素,以玻璃、钢、金属板材以及灯光效果突出时代特征,体现了传统和现代的融合。

这两个例子告诉我们,新和旧的融合在于"新,不是简单的拼凑在旧之中,而是有机的延续和生长;旧,不是简单的复原,而是结合时代的要求,保持原有特色的有机进化"。既要尊重原有形态、保护基本的风貌特征,又要适应时代发展的需要,采取新技术、新方法,将历史建筑的时代与文脉特征进行一定的提取,重新反馈于历史建筑当中。保留新老建筑与场所之间的时间与空间的距离感,将老街区与新生活以一定的模式融合在一起,这样有机更新的方式才能真正实现历史与现代的和谐共生。

设计的理念已经明晰,如何设计? 通过哪些要素表现? 按照已有研究,我们将空间要素分为街巷空间和单体建筑两大类,从街道尺度、街道肌理、街道界面、建筑造型、建筑材质及建筑整合六个方面详细论述汉正街历史风貌区的规划设计策略。

4 汉正街历史风貌区设计研究

4.1 街道肌理

城市空间肌理的形成与城市的历史是紧密相连的,它在一定程度上反映了城市历史发展的特征与空间形态。因此,城市空间肌理会随着时代、所处的地域和城市性质等的不同而呈现同的空间肌理形态,从而形成独具地方特色的空间肌理面貌。1979 年法国著名的建筑师 C.庞赞巴克在"巴黎 13 区一个社区住宅"项目里通过一些设计手法,证明了在现代城市中延续传统的城市肌理及传统的城市空间类型有着重要的价值与意义。旧城空间肌理的控制对延续城市历史文脉,满足居民传统文化心理需求具有重要意义。

汉正街现有的街道肌理形成于清末。自从明崇祯八年(1635)修筑码头以来,汉正街与汉水间逐渐形成了众多的街巷,街巷与汉水保持着紧密的关系。而其中主要的街巷都是南北走向,基本垂直于汉水和汉正街,与汉水沿岸各个码头相连接,并且街巷的名称也是根据码头的命名而得来的。这种格局为商业的发展提供了便捷的通道,也形成了汉正街竖格栅形街巷系统的雏形。

规划首先对原有历史风貌街区的道路关系进行梳理,保留了主要街巷和历史建筑,延续原有文脉。拆除与规划道路冲突,以及现状条件较差的建筑。经过初步梳理,确定了需要保留的历史街区脉络(街巷空间和保留建筑)。

4.2 街道尺度

在城市发展演进中,街道空间的尺度随历史文化的延续而沉淀下来。通过街道空间的尺度,街道中的人和人们的生活习俗等,我们都能感受到街道的历史。因此街道空间尺度控制是保持和延续街道场所精神的重要内容。

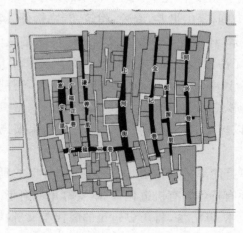

图 5 历史风貌区现状建筑与街巷平面图

资料来源:联创国际设计集团武汉顾问公司

图 6 历史风貌区规划过程

资料来源:联创国际设计集团武汉顾问公司

图7　历史风貌区规划过程

资料来源:联创国际设计集团武汉顾问公司

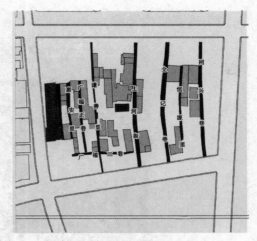

图8　历史风貌区规划过程

资料来源:联创国际设计集团武汉顾问公司

芦原义信认为,建筑高度(H)和相邻建筑之间的间距(D)之间形成的尺度关系会引起在其中的人们相对应的不同心理反应。所以通过街道的街廊比 D/H,当 D/H>1 时,比值越大,越会有远离的感觉,大于 2 时就会有宽阔离散的感觉;当 D/H<1 时,比值越小,越会给人近迫和压抑的感觉,甚至会有不安全的感觉,当 D/H=1 时,建筑高度与间距间产生某种匀称,交往尺度适宜,可见 D/H 在 1 左右是较理想的尺度。我国传统历史街区街巷的宽度一般都控制在2.5~5 米,街巷两侧建筑一般为低层或单层,D/H 大多在0.5~3 之间,体现了向心内聚的空间特点,给人安定与温馨的感觉。

图9　历史风貌区规划过程

资料来源:联创国际设计集团武汉顾问公司

汉正街历史风貌区规划的街道尺度,依据现状道路的尺度,并根据街巷功能、地域特征及人的需求营造最适宜的相对空间尺度,将汉正街风貌区建筑控制在 2~3 层,D/H 控制在 1 左右,在两侧建筑的一层增加廊檐、坡顶或窗花,丰富空间层次的同时增加了人们的亲切感,促进人们在街巷空间中的交流与交往。

4.3　街道界面

建筑界面,好比是城市的脸,当我们穿越城市街道时,就能感知和观赏到这种由环境与建筑叠加的有机组合,它担负着城市的认知功能,构成城市的生活,折射出城市的历史,被人们所感知。一条优秀的城市街道往往通过其界面的精心组织,对传统特色的保护,从而塑造出独特个性,为人们提供一个共同回忆的基础。

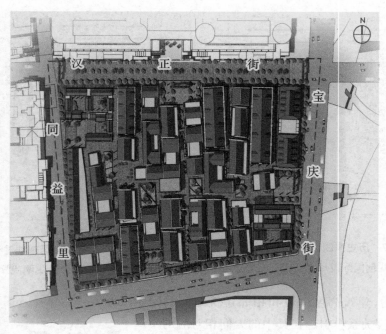

图 10　历史风貌区规划总平面图
资料来源：联创国际设计集团武汉顾问公司

图 11　华尔街街景
资料来源：百度图片

　　街道空间的界面包括底界面、侧界面、顶界面和对景面，它们共同限定了街道空间的范围，也影响街道空间中人们的活动。在汉正街历史风貌保护区规划中，主要针对侧界面的界定实现新旧建筑的融合，塑造城市建筑记忆。

　　基于景观行为学研究，人眼平视视野角度约为 45 度以内，根据历史街道宽度的不同，平视可视高度大概为 2～3 层。规划限定风貌区周边建筑在这一高度层次上，建筑形式、装饰上做到与风貌区内的传统建筑相协调,而高于 3 层以上的塔楼建筑可以适用于现代风格①。这样整个街区既可做到整体统一,又有局部变化,也符合现代建筑功能的需求,形成具有鲜明特征的武汉风貌建筑界面(见图 12)。

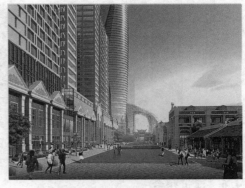

图 12 汉正街规划意向
资料来源:联创国际设计集团武汉顾问公司

4.4 建筑造型

历史"风貌"区最重要的特点就是区内建筑要体现出某一历史时期传统风貌和民族地方特色。因此汉正街风貌区的建筑造型注重挖掘和发扬汉派建筑文化特征。

汉正街是集民居、店铺甚至作坊为一体的有机建筑组团群,汉正街由于多次遭遇大火,20 世纪以前的建筑基本没有留存。目前的老建筑大多建于 20 世纪初期。汉正街虽然是典型的传统商业市场,但由于房屋以家庭为单位兴建,建筑表现出鲜明的民居特色,多为 2 层砖木结构,下层是生产销售空间,上层为生活居住空间。建筑单元内部的布局略有不同,但都有天井、庭院、过厅、回廊等元素有效地组织空间序列。在造型上以立贴式木构架为主体,砖墙青瓦,粗大横梁,并雕龙画凤,涂以红漆。另外,汉正街一带集中了汉口绝大多数会馆、同业公所和衙署,最多时可有一两百处。这些建筑风格迥异、高耸巍峨,庄重的门楼、高大的围墙、飞扬的屋檐、挺拔的柱廊,都显示出其独特的魅力。

规划提炼了汉派建筑的一些特征,如飞檐、红瓦顶、清水砖、窗檐,以这些建筑要素为基本构建,塑造汉正街风貌保护区的建筑。

4.5 建筑材质

材质是建筑界面的主要组成部分,对界面起着形态构成和性格表达的作用。材质有多种,各具特色。总体而言,受时空与社会文化等影响,而显示出时代性、地区性特征,在一定程度上承载着地域深刻而浓厚的文化内涵。汉正街传统建筑材质以砖、木材、石头为主,玻璃作为现代建筑材质也应用较多。规划以这四种材质为主要元素,通过组合、拼贴等各种手段应用于传统建筑中,打造具有浓郁汉派建筑风格的风貌区。

图 13 汉正街的红瓦顶、挑檐、窗檐
资料来源:刘建林摄

---

① 例如华尔街上坐落在古典风格裙楼上的现代风格塔楼,丝毫不影响游客脑海中将华尔街传统街区的印象(见图 11)。

图 14 汉正街的老砖、石

资料来源：刘建林摄

4.6 建筑整合

为新建建筑与原有建筑设立一条纽带，通过某种方式使新旧建筑有机结合，不仅在空间维度上融合为整体，同时体现时间维度上的联系。形式整合应在保持建筑主体色调的基础上，通过细节、质感、肌理等的形似或神似来达到。

整合策略包括：

拼接整合——新建筑采取不同造型和材质，以拼接的方式与传统建筑结合在一起，形成独特的感官体验。

图 15 汉正街历史风貌区规划意向

资料来源：联创国际设计集团武汉顾问公司

差异整合——通过建筑外立面与内部空间的错位或材料结构的错位来实现,满足现代功能需求的同时,通过一致的用色、肌理来传达整体的协调性

形式整合——要求建筑既不能默默无闻地淹没在历史街区中,又不能采用特立独行的风格,最恰当的方法是通过采用传统方式组合新元素或重新组合传统要素来实现整合的目的。

5 结语

今年,正值汉正街"创立全国首批小商品市场"三十五周年;而今年也是距离新中国成立一百周年恰有三十五年。三十五年,这是一个婴儿成长为青壮年的黄金时间,也是城市发展的黄金时间,弹指挥间,已见证了历史的进程。如今,汉正街已经完成了上一个时代所赋予的使命。如何在适应新时代需求的前提下,保存曾经的记忆?唯有透过有机更新的途径,方能有效地促进城市土地再利用、复苏城市机能、改善城市环境,最终推动城市全面发展。

参考文献

[1] 杨璇. 历史街区的商业开发——以武汉天地为例[J]. 中华建设,2011(6)
[2] 刘伯英,黄靖. 成都宽窄巷子历史文化保护区的保护策略[J]. 建筑学报,2010(1)
[3] 冯量. 武汉老街区保护及更新对策研究[D]. 武汉大学,2005
[4] 杨雪. 汉正街街巷空间界面研究[D]. 华中科技大学,2007
[5] 徐明庭. 老武汉丛谈[M]. 武汉:崇文书局,2013
[6] 联创国际设计集团武汉顾问公司. 汉正街东片启动区城市设计,2013

《关于工程与文化相互促进的武汉倡议》解读

丁 援

（ICOMOS 共享遗产委员会专家委员）

依照国际会议惯例，具有重要学术价值或者是有特殊纪念意义的国际学术会议，一般需要在会议的准备阶段，由一位或几位专家执笔，会议的学术小组审议，写出一个总结性的会议文件，然后在学术会议期间，会议代表共同审议、修改，形成最终的总结性文件。这种总结性的会议文件是分级别的，地位从低到高依次为：《倡议》/《建议》(suggestion)（如《关于城市历史景观的建议书》，2011）——《文件》(document)（如《奈良真实性文件》，1994）——《宣言》(declaration)（如《西安宣言》，2005）——《宪章》(charter)（如《威尼斯宪章》，1964）。

丁援博士主持会议

每一个《宪章》的发布都需要充分的讨论和酝酿，其中国际性《倡议》、《建议》是重要的中间步骤。原则上，一般的国际会议的总结性文件不是国际公约，主要是具有学术价值和学术影响力，没有法律效应，但到了《宪章》阶段，就成为某一重要国际组织的基本文件，具有国际条约的性质。

共享遗产委员会(SBH)是国际古迹遗址理事会(ICOMOS)的 27 个科学委员会之一，主要致力于跨文化遗产的研究和保护。自 2008 年以来，共享遗产委员会在世界各大洲进行年度会议，探讨文化遗产保护的政策问题，包括在欧洲（波兰的格但斯克，2009）、南美洲（帕拉马里博，苏里南，2010）、非洲（开普敦，南非，2011）和亚洲（中国，武汉，2012；马来西亚和印度尼西亚，2014）举办学术研讨会。

2013 年 11 月 16 日，第二届 ICOMOS-Wuhan"无界论坛"在武汉华中科技大学成功召开。这是一次规模并不大的学术会议，却吸引了来自德国、比利时的遗产保护专家和中国的工程院院士、勘察设计大师及专家学者。媒体总结本次研讨会有多个第一（参考《ICOMOS-Wuhan"无界论坛"的多项纪录》），但对于 ICOMOS 而言，本次研讨会主要有两点特殊：

一是会议的主题为"工程·文化·景观"，主要探讨"工程建设与文化遗产保护"。如此主题，是世界文化遗产保护领域的前沿，也是第一次具有一定规模的国际研讨会。二是本次研讨会的论文结集为 ICOMOS 本领域的第一本论文集，而本次的《关于工程与文化相互促进的武汉倡议》（简称《武汉倡议》）是共享遗产委员会的诸多研讨会的第一个具有国际文件性质的总结性文件。

从理论意义上讲，《武汉倡议》主要是基于对两种文化遗产保护误区的澄清。

第一种误区是"唯工程论"，即重视工程发展，不重视文化遗产保护。科技的发展带给人们巨大的便利，也深刻地改变了人们对世界的认识。功能主义、"房屋是住宅的机器"（柯布西耶）等口号的提出，既是时代的反映，也是人们在现代化的发展阶段中对现代性的误读。马斯洛心理需求（Maslow's hierarchy of needs，1943）研究显示：可以把人的需求分成生理需求（Physiological needs）、安全需求（Safety needs）、情感和归属感（Love and belonging，亦称为社交需求）、尊重（Esteem）和自我实现（Self-actualization）五类，依次由较低层次到较高层次排列。在自我实现需求之后，还有自我超越需求（Self-transcendence needs），而人的需求的层层递进决定了人对文化和精神的依赖。

第二种误区是"唯保护论"，即只要文化遗产保护，不顾社会发展和民生问题。这是另一种社会潮流：在社会发展、科技发展迅速的当今社会，孕育兴起的一些类似"原教旨主义"的倾向，如遗产保护的原教旨主义、动物保护的原教旨主义、生态保护的原教旨主义、市场经济的原教旨主义，等等。

《中华人民共和国文物保护法》中规定："考古调查、勘探中发现文物的，由省、自治区、直辖市人民政府文物行政部门根据文物保护的要求会同建设单位共同商定保护措施……需要配合建设工程进行的考古发掘工作，确因建设工期紧迫或者有自然破坏危险，对古文化遗址、古墓葬急需进行抢救性发掘的，由省、自治区、直辖市人民政府文物行政部门组织发掘……""唯保护论"初看有理，其实并不符合相关的法律条文。在应对实践中的诸多问题与困境时，《中华人民共和国文物保护法》并不把文物保护放在绝对不可动摇的位置，而是规范了文物保护工作的要求和程序，采取一种顾全大局的态度。

因此，《武汉倡议》主要提出的是以下三点：

首先，"保护与发展"不矛盾，这是有法律依据、基于以人为本的保护目标和大量工程实践的合理结论，是文化遗产的当代主题。

其次，工程设计与建设要求相关从业人员除了需要高超的专业水平与高度的敬业精神外，还需要有对祖国宝贵的文化遗产的崇敬与责任之心。提倡"工程设计文化"，从理论上支持"保护与发展"的主题。

第三，整合社会各界力量，实现跨学科、跨行业、跨国界联手。通过科学的方法，让工程项目在建设的同时，维护好文化遗产安全和健康的生态环境。

共享遗产委员会的一系列国际会议蕴含着一个愿望，就是形成一个《ICOMOS共享遗产宪章》，即一个最高规格的具有国际条约性质的专业委员会基本文件。可以说，《武汉倡议》是为今后《ICOMOS共享遗产宪章》的起草做出了第一步的准备。

外 文 篇

Derelict industrial land, a valuable resource for the city of tomorrow—some international best practices of potential consequence to China

皮埃尔-拉孔特 博士

Dr. Pierre Laconte

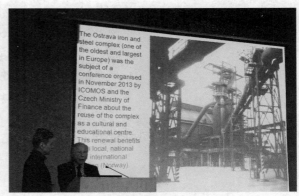

皮埃尔-拉孔特博士在会议发言中

Abstract: Nowhere is the need for adaptive reuse more evident as in the case of industrial and engineering heritage, which is in very large supply as a result of industrial delocalization and accelerated technical obsolescence. The paper intends to show through examples how industrial and engineering heritage has been saved and reused in a contemporary context, while allowing future generations to keep the memory its past. It examines among others the reconversion of German large industrial wastelands into lakes or parks, the saving of a derelict heavy industry complex for education purposes in Czech Republic and the handling of industrial heritage as part of an urban renewal program in Brussels. It takes as examples a number of Europa Nostra's Annual Heritage Awards following the action of Europa Nostra's Industrial and Engineering Heritage Committee—IEHC. One of the Grand Prix was given to a Brussels art-deco brewery reconverted into an art and cultural complex, while in addition endeavoring to reuse an earlier set of machines from the 19th century for educational purposes. Other examples include electricity and gas plants, historic flood control waterworks in Holland and reuse of steam engine rolling stock. A recurring issue is the reuse of the inside space.

Key words: Derelict industrial land, heritage

摘要: 就工业工程遗产来说,对适应性再利用的需要是更加明显的,因为它在工业的变迁以及加速技术的变革当中有很大的应用。本文拟通过实例来阐述工业工程遗产在当代的背景下是如何被保存和再重新利用的,同时让后代记住它的过去。在德国的恢复当中,它将大型的工业荒地变成湖泊或公园;在捷克共和国,为了教育的目的,它把一个复杂的重工业废弃地保存下来;在布鲁塞尔,把对工业遗产的处理作为市区重建计划的一部分。欧盟工业工程遗产委员会(IEHC)每年都会评选出一些年度的欧盟文化遗产奖。其中的一个奖项颁给了布鲁塞尔的一个啤酒厂,它是从一个装饰艺术的啤酒厂改建为一个艺术和文化相结合的啤酒厂,同时它还尽力去为了教育的目的而再利用一些19世纪早期机器。此外,还有荷兰的电力和天然气发电厂,历史性的防洪给水工程,还有蒸汽机的重新利用。一个反复性的问题就是内部空间的重新利用。

1 Europe's de-industrialisation and the oversupply of industrial land

A fall in EU population by 2050 will bring it down to 5% of the world population and entail numerous shrinking industrial cities (Fig 1).

Shrinking industrial cities have become a worldwide form of de-urbanization, resulting in oversupply of industrial land and buildings.

The Berlin-based "Shrinking Cities International Research Network", founded in 2004 by Phillip Oswald, conducts and disseminates research on the social, economic, environmental, and cultural and land-use issues of shrinking cities. It endeavors to analyze the different situations and recommend appropriate cross-sectoral and cross-disciplinary policies, ranging from "green" (including phyto-remediation) to "blue" (using water as conservation tool) (Fig. 1).

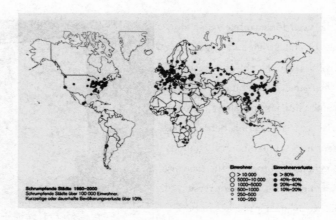

Fig. 1

Derelict industrial buildings and engineering monuments, often called "the cathedrals of industrial age", are a form of architectural heritage which attracts an increasing attention. Two organizations have played a major role in the preservation of industrial and engineering heritage:

1) The International Council for Monuments and Sites ICOMOS—related to UNESCO—is the worldwide organization defending architectural heritage in general.

It includes a large number of officials and professionals of monuments and sites. Its activities linked to industrial heritage take place though the International Committee for the Conservation of the Industrial Heritage TICCIH[1].

2) The organisation EUROPA NOSTRA. Europa Nostra is the pan-European voice of heritage. It includes people who live or have a special interest in monuments and sites. It is naturally complementary with ICOMOS. It gratefully uses the expertise of ICOMOS professionals. On the other hand its predominantly private membership allows it to have a total freedom of speech about endangered monuments of sites and a large capacity of intervention towards responsible officials. The next TICCIH congress "Industrial Heritage in the Twenty-First Century, New Challenges" Lille, 6—11 September 2015, will be co-organised by the French member of Europa Nostra's Industrial and Engineering Heritage Committee.

Specialised sectors of industrial and engineering heritage, e. g. the maritime heritage, have taken a particular benefit from the Charter of Venice, as it has been the main inspiration for the historic railways

Barcelona Charter[2]. The same took place for railway heritage through the Riga Charter[3], which has proven a useful guideline for restoration of both infrastructure and rolling stock.

2　Examples of large-scale industrial heritage actions

2.1　The "IBA See" Project

The Eastern Europe large-scale industrial wastelands have been the theme of "IBA-See"[4].

IBA-See has most successfully exposed the reuse of industrial wastelands, both by reusing industrial monuments and by drowning excess land:

1) An outstanding example of reuse is the coal belt conveyor that was inaugurated shortly before the end of the East German State and stopped immediately after the merger. It was therefore easy to keep in working condition. It has become a major tourist attraction (Fig. 2).

Fig. 2

2) As to the drowning of excess land, an example is given by the conversion of the Fürst-Pückler-Land industrial wasteland into an artificial lake to be filled naturally in a period of six years (Fig. 3). Many other examples are to be found in the Leipzig area.

Fig. 3

2.2 The case of the large Vitkovice steel complex (Ostrava, Czech Republic)[5]

The Ostrava iron and steel complex (one of the oldest and largest in Europe) was the subject of a conference organised in November 2013 by ICOMOS and the Czech Ministry of Finance about the reuse of the complex as a cultural and educational centre. This renewal benefits from local, national and international funding (Norway) (Fig. 4).

Fig. 4

Its gas holder was preserved and transformed into a cultural centre (Fig. 5).

Fig. 5

The top floor was transformed into a theatre and concert hall (Fig. 6).

Fig. 6

Added windows gave natural light to lower floors (Fig. 7).

Fig. 7

Cases like the one of Ostrava illustrate the transnational significance of Europe's industrial heritage. The iron and steel produced by this complex was used by successive belligerents and also allegedly for the building of the Eiffel Tower in Paris.

Since its restoration in mid-2012, the new cultural and educational centre has had more than 1 million visitors per year. Further extensions are planned (Fig. 8).

Fig. 8

2.3 Industrial heritage handled as part of an urban renewal project: the case of Brussels canal area

The royal warehouse of Tour & Taxis in Brussels stopped its activities in the seventies as a result of the European market integration. Its turn of the century main building was saved from demolition thanks to a campaign triggered by Lord Soames, an early Europa Nostra President. The site was transferred with conditions to a joint venture between three developers. Its superb Jügenstil architecture has been well preserved and the interior floors were kept and adapted into multiple service activities (Fig. 9).

Fig. 9

By contrast the celebrated manufacture textile plant in Lodz (Poland), of similar quality, was sold to developers without strings and largely rebuilt as a shopping center, keeping the brick walls.

As to the Tour & Taxis warehouses, a common master plan for the site was accepted by the different land owners. It includes housing, offices, exhibition space and a 12-ha public park, designed by Bas Smets[6] (Fig. 10).

Fig. 10

The entire Brussels canal area is presently open for renovation.

A general master plan is being elaborated (2014) by Alexandre Chemetoff & Associés, Paris. The apartment tower on the right replaces a former warehouse (Fig. 11).

Fig. 11

All along the canal former manufacturing industry is replaced by housing, hotels (on the former Belle-Vue brewery), shopping and art galleries (Fig. 12). More than 200 industrial buildings of heritage interests have been identified.

Fig. 12

3 Examples of industrial buildings and engineering features

An important source of examples of industrial and engineering preservation is provided by the Europa Nostra's Conservation Awards. Europa Nostra's activities cover all the fields of architectural heritage. It organizes exchanges of experience among its members and actions towards authorities (Fig. 13).

Fig. 13

Within Europa Nostra the Industrial and Engineering Heritage Committee (IEHC) is endeavoring to draw attention on this type of heritage, mainly through private initiatives. Herewith a pumping station is transformed into a hotel, fully respecting the Venice Charter (Fig. 14).

Fig. 14

Europa Nostra's yearly congresses include the European Heritage Awards ceremony and proclamation of its Grand Prix.

Each year there are more candidates for these awards. Through IEHC's active support of industrial and engineering heritage projects, the share of these projects in the conservation category is now (2013) around one-fourth of prizes. These include the 2012 Sagunto blast furnace Grand Prix (Fig. 15) and the 2013 exceptional machines of Wielemans-Ceuppens Brewery, Brussels, Belgium Grand Prix (Fig. 16).

Fig. 15

Fig. 16

IEHC is active at Country Assessment level and within the European Conservation Prize Jury. The Awards are divided into four categories:

· Conservation
· Research
· Dedicated service
· Education, training and awareness-raising.

IEHC also organizes industrial heritage study tours. As an example the IEHC 2011 tour included the Dutch waterworks heritage, including the Haarlemmermeer pumping station: herewith, participants to the Amsterdam congress IEHC tour listened to the explanations by Ir. Hans Pluckel, Commissioner, Hoogheemraadschap Rijnland (Fig. 17).

Fig. 17

Other examples of best practice, explored at a study tour (2010) in Istanbul include the "Sentral" power plant (now Bilgin university conference and exhibition centre). It has fully preserved its machinery, an attraction of its own for its events.

By contrast the London's Tate Modern, also located in a former power plant, has totally eliminated the industrial and engineering memory of the place (Fig. 18).

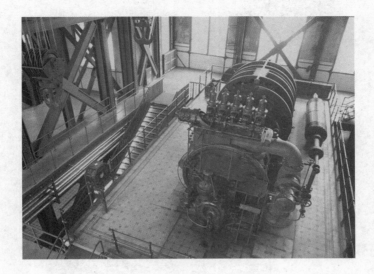

Fig. 18

The special industrial and engineering tour during the 2013 Athens Congress included a visit to a coal processing plant transformed into museum immediately after its closure.

The coal gas produced in the retorts ascends through the vertical tubes to the upper part of the retorts. The tubes lead up to the hydraulic main or "gas trap", a large pipe filled with water up to the middle. The gas passes through the water and accumulates in the upper part of the main (Fig. 19).

Fig. 19

Industrial heritage tourist trails have become an important part of tourist income in Germany. At European level, the *European Route of Industrial Heritage* (ERIH)[7] is a network (theme route) of the most important industrial heritage sites in Europe, for example the Landschaftspark Duisburg-Nord (Fig. 20). Careful signposting helps visitors (Fig. 21).

Fig. 20

Fig. 21

An interesting field of industrial and engineering heritage study is the history of water management. Large scale land reclamation had taken place in Holland since the 17th century, aimed at creating new agricultural land, on formerly sea water, using exclusively wind mills, collectively owned by the stakeholders (Fig. 22).

Fig. 22

Speculation on water squalled the one on tulip bulbs. These wind mills have been transformed into housing or in some cases into museums (Fig. 23).

Fig. 23

The model shows how the mills pumped the water and created new agricultural land.

From the 19th century, pumping was done by steam machines and later by fuel turbines. The disused machinery is kept in running order for educational purposes and occasionally reactivated in case of very high rains, which have recently been rising in frequency (Fig. 24).

Fig. 24

Disused water collectors can be transformed in meeting places such as restaurants, keeping the existing machinery whenever possible (Fig. 25).

Fig. 25

Old factories served by canals are another interesting example of industrial and engineering heritage, and application of the Venice Charter. In as much as possible, they are kept intact, but equipped with the latest machinery, in accordance with Venice Charter. Herewith a rice conditioning and precooking plant hosted in century old brick walls and served by century old ships (Fig. 26).

Fig. 26

A fine example of industrial and engineering heritage is provided by the station and train offered by Mussolini to the pope in 1932 after the reconciliation between Italy and the Vatican. In 2012, a trip took place from Rome's Vatican to Orvieto, using the 1932 papal train, hardly ever used and in mint condition. As no restoration was needed the Venice Charter guidelines were not needed either. Hereby the papal train was ready to cross the Vatican City wall for its heritage tour (Fig. 27).

Fig. 27

4 Conclusion

European industrial and engineering heritage is indeed an illustration of current challenges in defining heritage and its uses.

The oversupply of industrial abandoned buildings and machinery raises interesting issues in what needs to be preserved. There are no fixed rules but the state of conservation of the buildings and machinery at the time when conservation is considered plays an important role, as was suggested by the East German coal conveyor belt and the Athens gas plant. The urban quality of the surroundings also plays a role as was shown in the Brussels canal case, which also indicates the importance of the architectural quality of the buildings in deciding about the investment on restoration. As to engineering conservation criteria, the importance of the machinery for the history of techniques plays an important role for deciding about restoration, as was shown by the exceptional machines of Wielemans-Ceuppens Brewery case.

As to the adaptive reuse of the buildings and machinery a recurrent issue is the inside conservation and restoration of the abandoned buildings. The frequent wish of the owner and his architects is to erase the image of the defunct uses and users by the image of the new owner and the achievements of the new architects. This was illustrated by the Tate modern case, by opposition to the Istanbul power plant reuse as exhibition centre. The preserved machinery became an attraction on its own. The Istanbul central power plant is therefore of particular interest.

REFERENCES

Books

Volf, Petr et al., The story of Dolní Vítkovice, Prostor-architektura, Prague, 2013.

Articles in a print journal

1. Pierre Laconte, "Europa Nostra Activities in Favour of Industrial and Engineering Heritage", Proceedings of the Seminar 2011, Centro de Estudos de Arquitectura Militar de Almeida (CEAMA), 2011, 133—137.

2. Pierre Laconte, "Editorial. Europa Nostra Activities in Favour of Industrial and Engineering Heritage", Associació del Museu de la Ciència i de la Técnica de Catalunya, July 2011.

Reports

1. Lecture by Bas Smets in French at Cercle Gaulois, Brussels, 02/12/2014, http://www.ffue.org/2013/12/le-site-de-tour-et-taxis-un-futur-parc-public-pour-la-ville-cg-du-12022014.

2. Bernard Lane et al., European Parliament, Directorate-General for Internal Policies, Policy Department B-Structural and Cohesion policies, "Industrial heritage and agri/rural tourism in Europe", Study January 2013.

3. Peter Koudela and Jakub Svrcek, Vítkovice Machinery Group, "Dolní oblast Vítkovice "Lower area of Vítkovice", April 2013.

4. Dietrich Soyez, "Visit of the Parc du Haut-Fourneau U4 Uckange (Lorraine, France)", in Europa Nostra Summary report to the Commission for Industrial and Engineering Heritage/CIEH, Cologne, March 18, 2011.

5. National Trust for Historic Preservation / Preservation Green Lab, "The Greenest Building: Quantifying the

Environmental Value of Building Reuse", Report 2011.

Websites

1. The International Committee for the Conservation of the Industrial Heritage, http://ticcih. org/ (accessed 04/01/2014).

2. Europa Nostra-The Voice of Cultural Heritage in Europe, http://www. europanostra. org (accessed 04/01/2014).

3. European Maritime Heritage-the European association for traditional ships in operation, http://www. european-maritime-heritage. org/bc. aspx (accessed 04/01/2014).

4. European Federation of Museum & Tourist Railways, http://www. fedecrail. org/en/download/riga _ charter _ d01en. pdf(accessed 04/01/2014).

5. Project Internationale Bauausstellung (IBA) Fürst-Pückler-Land 2000-20104,http://www. iba-see2010. de(accessed 04/01/2014).

6. European Route of Industrial Heritage, http://www. erih. net(accessed 04/01/2014).

7. Foundation for the Urban Environment (FFUE), http://www. ffue. org (accessed 04/01/2014).

8. Comité d'information et de liaison pour l'archéologie, l'étude et la mise en valeur du patrimoine industriel (CILAC), http://www. cilac. com/ (accessed 04/01/2014).

Endnotes

1. http://ticcih. org

2. http://www. european-maritime-heritage. org/bc. aspx

3. http://www. fedecrail. org/en/download/riga_charter_d01en. pdf

4. Project Internationale Bauausstellung (IBA) Fürst-Pückler-Land 2000-20104,www. iba-see2010. de.

5. Petr Volf et al. , The story of Dolní Vítkovice, Prostor-architektura, Prague, 2013.

6. Lecture by Bas Smets in French at Cercle Gaulois, Brussels, 12/02/2014 (http://www. ffue. org/2013/12/le-site-de-tour-et-taxis-un-futur-parc-public-pour-la-ville-cg-du-12022014/).

7. http://www. erih. net

Caption List

Table 1: A fall in EU population by 2050 will bring it down to 5% of the world population and entails numerous shrinking industrial cities.

Source: United Nations Department of Economic and Social Affairs/Population Division 5. World Urbanization Prospects The 2007 Revision.

Figure 1: Schrumpfende Städte 1950-2000. Schrumpfende Städte über 100 000 Einwohner. Kurzzeitige oder dauerhafte Bevölkerungsverluste über 10%. (Shrinking cities 1950-2000. Shrinking cities over 100 000 inhabitants. Short-term or long-term population losses over 10%.)

Source: Oswald, Ph. , "Atlas of Shrinking Cities", Hatje Cantz 2006.

Figure 2: The photo shows a 300 m. coal conveyor which stopped to be used soon after its inauguration in 1989 and is now a major tourist attraction.

Source: http://www. iba-see2010. de

Figure 3: Surplus land is also used as water recreation as part of IBA See Project (lake to be filled by 2015, up to the buildings on the left).

Source: Photo Pierre Laconte, 2009.

Figure 4: Vitkovice complex, general view of the steel mill.

Source: Photo Pierre Laconte, 2013.

Figure 5：Vitkovice complex, view of the gas holder.

Source：Photo Pierre Laconte, 2013.

Figure 6：Vitkovice complex, view of the upper level concert hall.

Source：Photo Pierre Laconte 2013.

Figure 7：Vitkovice complex, view of the gas holder intermediate levels.

Source：Photo Pierre Laconte, 2013.

Figure 8：Vitkovice complex, view of the architectural models.

Source：Photo Pierre Laconte, 2013.

Figure 9：The Royal warehouse of Tour & Taxis in Brussels.

Source：Photo Pierre Laconte, 2013.

Figure 10：The Royal warehouse of Tour & Taxis in Brussels from the air.

Source：Internet.

Figure 11：General view of the Brussels canal.

Source：Photo Pierre Laconte 2013.

Figure 12：The Canal at the Dansaert area.

Source：Photo Pierre Laconte 2013.

Figure 13：View of the Lisbon historic tram

Source：Photo Europa Nostra.

Figure 14：A Dutch pumping station transformed into hotel.

Source：Europa Nostra.

Figure 15：Blast Furnace, Sagunto, Spain-Grand Prix 2012.

Source：Europa Nostra.

Figure 16：Exceptional Machines of Wielemans-Ceuppens Brewery, Brussels, Belgium.

Source：Photo Pierre Laconte 2013.

Figure 17：The Harlemermeer pumping system explained to IEHC industrial heritage tour participants.

Source：Photo Hildebrand De Boer 2012.

Figure 18：Istanbul "Sentral" power plant 1911.

Source：Photo Pierre Laconte 2010.

Figure 19：Coal-gas production plant of Athens.

Source：Photo Pierre Laconte 2013.

Figure 20：Landschaftspark Duisburg-Nord.

Source：Photo Pierre Laconte 2013.

Figure 21：Tourist explanatory poster in the Ruhr area.

Source：Photo Pierre Laconte 2013.

Figure 22：Windmills used for pumping water to create new agricultural land (Polders).

Source：Photo Pierre Laconte 2013.

Figure 23：Model showing how the water collection through wind mills was functioning. Source：Photo Pierre Laconte 2013.

Figure 24：Disused machinery kept functioning for education purposes and occasional use in case of high water.

Source：Photo Pierre Laconte 2013.

Figure 25：Waterworks transformed in restaurant while keeping the original machinery Source：Photo Pierre

Laconte 2013.

Figure 26: Modern rice conditioning plant housed in a century old brick building.

Source: Photo Pierre Laconte 2013.

Figure 27: Papal train ready to cross the Vatican City wall for its heritage tour.

Source: Photo Pierre Laconte 2012.

Biography

Pierre Laconte, Abdijdreef 19, 3070 Kortenberg, Belgium, pierre. laconte@ffue. org.

President, Foundation for the Urban Environment, set up in 1999 to explore synergies between land-use (including heritage), transport and environment/energy issues (www. ffue. org). Chair, Industrial and Engineering Heritage Committee of Europa Nostra, the pan-European heritage association (www. europanostra. org) and expert member of the ICOMOS CIVVIH. Author of the desk-review report about the Amsterdam Canals' candidacy to be included on the World Heritage list (http://www. ffue. org/? s=singel).

Was one of the three partners (with R. LEMAIRE, co-founder of ICOMOS, and J. P. Blondel) of Groupe Urbanisme-Architecture, created in 1969 by the Catholic U. of Louvain. It produced the Master plan of a new university town, near Brussels, and co-ordinated its implementation. This new town, called Louvain-la-Neuve, was built along the model of traditional European university towns. It includes a new railway station and many energy and water-saving features such as a reservoir treated as a lake. Its centre is car-free. Its shopping mall, linked to the station, attracts 8 million visitors per year. Abercrombie Award 1982 of the International Union of Architects (see French publication http://www. ffue. org/? s=certu).

M. , Akademie der Kuenste, Berlin (Sektion Baukunst); Board M. , Club of Rome-EU and author of its report about global-local issues (www. clubofrome. at). Publications in English include: "Brussels: Perspectives on a European Capital" (which shared the Society for Human Ecology 2008 Award for best publication of the year), "Water Resources and Land-Use Planning: A Systems Approach" and "Human and Energy Factors in Urban Planning: A Systems Approach" (both in 1982).

Shared Industrial Heritage in Asia

Dr. Siegfried RCT Enders, ICOMOS ISC SBH President

My contribution to this symposium will focus on one facet of the widely "fanned out" issue of dealing with heritage, which seems to play a vital role in today's world. Even in todays' globalised world, it is quite gratifying to know that the conservation and preservation of shared cultural heritage still holds interest among people and countries and is attracting many more towards the cause.

安德斯博士（**ICOMOS** 共享遗产委员会主席）：亚洲跨文化工业遗产研究——以印度至日本铁路为例

In this effort towards shedding light on the world's shared cultural heritage, the ICOMOS SBH committee has been active in identifying monuments, sites and landscapes of mutual/shared heritage and their preservation and conservation.

The committee tried to find an answer to the question: What is considered to be a "shared built heritage"? And gave a definition:

"Shared built heritage consists of historical architectural, urban and rural structures or elements, resulting from multi-cultural influence. "

(Statutes of ICOMOS ISC SBH Art. 3/Art. 4)

The mission of SBH is to support public and private organizations worldwide in raising awareness, safeguarding, management and documentation of shared built heritage and promote and encourage its integration in today's social and economic life... This includes conservation, protection, rehabilitation and enhancement of monuments, groups of buildings and sites.

To fulfil its mission SBH has a number of objectives to:

(a) Act as a platform for exchange of knowledge and experience.

(b) Promote research in this field.

(c) Promote sustainable integration of historic elements into today's society.

(d) Promote awareness of and appreciation for shared built heritage.

(e) Act as an advisory body for the ICOMOS World Heritage Panel.

(f) Act as an advisory body for national and local governments and NGO's

(g) Support activities aimed at legal protection of heritage on a national and/or international level.

(h) Support activities aimed at integrated conservation.

1) In a technical sense.

2) By nominating conservation intentions to public and private national and international financing funds.

The definition of Industrial Heritage is given by the statutes of a worldwide international acting NGO, the International Committee for the Conservation of the Industrial Heritage, TICCIH:

"Industrial heritage consists of the remains of industrial culture which are of historical, technological, social, architectural or scientific value. These remains consist of buildings and machinery, workshops, mills and factories, mines and sites for processing and refining, warehouses and stores, places where energy is generated, transmitted and used, transport and all its infrastructure, as well as places used for social activities related to industry such as housing, religious worship or education."

(TICCIH, the Nizhny Tagil Charter for the Industrial Heritage, July, 2003)

Shared Industrial Heritage puts together remains of industrial culture of multi- or mutual-cultural influence.

All over Asia, Industrial Heritage was neglected or considered to be not existing until recently and hence we are holding a symposium on this issue of Industrial Heritage here in Asia. I am convinced that we will be exposed to some excellent examples not just on conservation and transition but also on negligence and destruction of the built industrial heritage in Asia.

This symposium bears testimony to the rising awareness of the built industrial heritage in the modern Asian society—a heritage that is not only part of a nations' cultural history but also of every man or woman who was involved in shaping the country's industrial scene.

Major industrialisation in many Asian countries began during the time, when the countries were being occupied, dominated and controlled by foreign powers. In most of the cases, industrialisation occurred so that the occupying countries could exploit the national resources and manpower to build up their own industries back home. Industrialisation also happened during wartime to satiate the occupying countries' military and economic requirements.

There are, however, some exceptions to this wherein rulers like the Japanese Emperor Meijior, King Rama V of Thailand, who were visionaries, sought foreign help and invited engineers and architects to come to their countries to build up the industries or sent out their own people to study abroad and bring back the knowledge.

As a result of this mutual- or multi-national cooperation, many of the Asian countries have a rich industrial heritage that stands witness to the past and also raises the crucial question of how this cultural heritage could be valued and be taken care of, by the countries that were involved.

In Asia the industrial culture evolved in the same way as it did in other parts of the world like in Europe or North America, as stated in the Nizhny Tagil Charter for the Industrial Heritage: "buildings and machinery, workshops, mills and factories, mines and sites for processing and refining, warehouses and stores, places where energy is generated, transmitted and used, transport and all its infrastructure, as well as places used for social activities related to industry such as housing, religious worship or education".

In all of the industries above, the "shared" aspect would be worth analyzing. I am afraid in the limited time I can touch only very lightly the comprehensive issue of shared industrial heritage in Asia, first, because Asia is a very large continent and secondly because of the diversity of Industrial Heritage as it is stated in the statutes of TICCIH. I was trying therefore to find a scope within the shared industrial heritage, which exists almost in all Asian countries and reveals in its development the mutual- or multi-national aspect.

The development of the railway systems in Asian countries and its infrastructure like the rail network, the bridges and tunnels and in particular the railway station buildings show in most cases a mutual influence on the design and the technique that was applied.

In the following presentation I try to give a very brief outline on the historic development of the railways in some countries like India, Burma, Thailand, Cambodia, Vietnam, China, Korea and Japan.

And I like to show some significant examples for shared industrial heritage.

There is not much research done in this field, especially with the focus of the shared aspect in this heritage. I hope my presentation will encourage some of the students here to step in.

The railway systems in India, Pakistan and Bangladesh contain a rich industrial heritage. The history of rail transport in India began in the mid-nineteenth century. In 1849, there was not a single kilometer of railway line in India. By 1929, there were 41,000 miles of railway line serving every district in the country. It started with individual companies and ended up by a national one. The cultural significance of the railway as an industrial heritage is very much aware in the five railway lines in North India which have been listed on the UNESCO World Heritage list.

The Railway Station of Mumbai was listed in 2004 on the UNESCO list.

Others like in Madras (Chennai), Old Delhi, Jhansi and Kanpur, Karachi and Lahore in Pakistan show significant artistic value in the architecture.

The shared aspect can be seen in the mixture of design elements from Europe and India.

It would be of great interest to do more research on the shared aspect in the Indian railway heritage, analyzing the elements in the architectural design, studying the biography of the architects and find out the followers and the teachers etc.

Burma, Myanmar

In the case of Burma the railway network was built up between 1877 and 1898(in 21 ys).

Lower Burma was a colony of Great Britain and was administered as a territory of British India. In 1877 and 1884 two lines were built in the south and in 1889 after the British annexation of the North the line was continued to the Chinese border. Following the opening of this section, the "Mu Valley State Railway" was formed and construction began on a railway line from Sagaing to Myitkyina.

There are no significant station buildings with a shared aspect left. The Rangoon Station was destroyed in 1943 and rebuilt in Burmese traditional style in 1954.

A significant shared industrial heritage however is Gokteik Viaduct 1901, at that time the longest bridge with a height of 102 m and a span of 37 m. The bridge was designed and fabricated by the Pennsylvania Steel Company and shipped overseas. Construction was overseen by Sir Arthur Rendel, engineer for the Burma Railroad Company.

Another shared industrial heritage is the remains of the so called "death Railway" between Thailand and Burma. When the Japanese conquered Thailand and Burma in the Second World War, they decided to build a railway connecting their Southeast Asian territories with Burma, partly to facilitate the movement of troops and supplies for the planned invasion of India. The Japanese built the lines partly using allied Prisoner of War and it is estimated that 15,000 allied prisoners of war and 150,000 others lost their lives during the construction of the 245 mile line. Undoubtedly it is a very important war memorial for many countries in Asia, Europe and the Pacific.

Thailand

The Thai Railway System was built between 1890 and around 1930 mainly by the help of German (in the North) and British engineers (in the South) and Thai engineers, who studied in Europe.

The Main Station Building in Bangkok was built by an Italian architect Mario Tamagnoin 1910-12, who designed together with his partner Annibale Rigotti other famous buildings in Bangkok like Ananda Samakhom Throne Hall, Suan Kularb Residential Hall and Throne Hall in Dusit Garden and the Santa Cruz Church.

The construction of the Rama VI Bridge, the first and sole railway bridge on Chao Phraya built between 1922—1927, was also influenced by European engineers.

Cambodia

The French colonial government built the first line, which runs from Phnom Penh to Poipet on the Thai border, between 1930 and 1940, with Phnom Penh Railway Station opening in 1932. The final connection with Thailand was completed by the Royal State Railways in 1942.

The Station Building in Phnom Penh is an excellent example for a shared built heritage for a modern reinforced concrete design of the late 20th with a great French influence.

Vietnam

The Vietnamese Railway was constructed by the French colonists as part of railway network in French Indochina. This was started to build at the metre gauge in the 1880s. On 2 October 1936, the Hanoi-Saigon Railway with 1,726 km was officially inaugurated by the French colonists.

Two significant station buildings remain from this time in Hanoi and in Hue. Unfortunately was the middle part of the one in Hanoi replaced by a modern structure after it was bombed in the Vietnamese war.

The appreciation of the history of rail transport in Vietnam was highlighted by the listing of DaLat—Thap Cham Railway as a heritage railway. It was constructed between 1903 and 1932 by the French administration of Indochina; thirty years of construction in phases. Due to the mountainous situation rack rails had to been used in three sections and five tunnels needed to be constructed.

China

The history and development of the Chinese Railway System reflects the political situation of the power relations in the 19th and beginning 20th century in China. The Qing government, the Qing officials and the imperial court were generally suspicious on technical development and foreign influence and therefore didn't allow the first attempt of a British/Scottish Company to construct and run a railway from Shanghai to Woo sung (1876—1877). The approval of the second railway in China 1810, a 10-km long railway from Tangshan to Xugezhuang faced also a great resistance by the Qing officials and was finally agreed and built to transport coal from the coal mine in Tangshan. However this railway was so successful that it was extended 1888—1894 to the west from Xugezhuang to Tianjin. The eastern extension started from Tangshan, and by 1894, it had reached Shanhaiguan and Suizhong.

The development of the railway construction fastened during 1895—1911.

The Qing's defeat in the First Sino-Japanese War was a tragedy to China. Ironically, it stimulated the nation's railway development. On one hand, the emperor and the court officers finally understood the importance of the railway transportation during this war. On the other hand, the Qing government became so weak after the war that it was forced by the great powers to grant permissions to construct railways in China as well as many privileges, such as settlement or mining along the railway.

Until 1905 the planning and construction of railways in China was strongly influenced and dominated by foreign engineers and also foreign companies.

1905—1909 Jingzhang railways (from Beijing to Zhangjiakou) were the first railway designed and constructed by Chinese in 1905—1909. This railway crossed the rugged mountains in the north of Beijing. The chief engineer was Zhan Tianyou (1861—1919). At the age of 12, Zhan went to the US to study. In 1878, he was admitted to Yale University majoring in civil and railway engineering. He is called the Father of China's Railways.

The imperial capital, Beijing, was designed as the center of the Chinese railway network. Several lines spooked out from Beijing. Between 1905 and 1925 the main lines of the Chinese Railway system have been constructed:

From Beijing three main lines are Jinghan railway, Jingfeng railway, and Jinpu railway. 1897—1906 Jinghan railway was from Beijing to Hankou.

1912 Guangneiwai railway was extended west to Beijing and east to Fengtian by 1912 and renamed as Jingfeng railway.

1908—1912 Jinpu railway was built during 1908—1912. It started at Tianjin, connecting Jingfeng railway, and ended at Pukou.

In the Southeast:

1902—1904 Guang-San railway (Canton-Sam Shui Railway) built in Western Guangdong Province by American engineers 1902—1904.

1905—1908 Shanghai to Nanjing railway was built in 1905—1908.

1907 Zhengtai railway was a railway to Taiyuan, finished in 1907. It connected Jinghan railway at Shijiazhuang.

1909 Shanghai and Hangchow (now Hangzhou) was completed in 1909.

1911, the Kowloon-Canton railway was completed in 1911, connecting the southern city of Canton (now Guangzhou) with Kowloon in the then British crown colony of Hong Kong.

Foreign influence was limited to 3 major areas:

The French got involved in the Sino-Vietnamese Railway in the South.

The German built a railway system on the peninsular Shandong, the 1904 Jiaoji Railway (Qingdao to Jinan in Shandong) in the East.

And the Japanese and Russians constructed and managed railway systems in the North East Eastern Guangdong Province (Japan),Chinese Eastern Railway (Russia),South Manchuria (Russia and Japan).

Russian influence and cooperation is found in connection with the Chinese Eastern Railway (1897—1901/1903) which was extending or shortening the Trans-Siberian Railway.

1898 South Manchuria Railway (Harbin-eastern Manchuria) on Liaodong Peninsula to the ice-free deep water port Lüshun (Russian Port Arthur).

During the Russo-Japanese War (1904—1905), Russia lost both Liaodong Peninsula and much of the South Manchurian branch of the railway to Japan. The rail line from Changchun to Lüshun transferred to Japanese control, and now became the South Manchuria Railway.

The South Manchuria Railway Company was a company founded by Japan in 1906 after the Russo-Japanese War, and operated in Japanese-occupied Manchuria until 1925.

Out of them the Sino-Vietnamese, connecting Haiphon in Vietnam and Kunming in Yunnan Province in China was the most spectacular from the point of construction . This railway used 1 000mm gauge due to the rough mountain terrain along the route. Currently, it is the only main line in China using narrow gauge.

This railroad represents the highest level of engineering technology in the early 20th century. 80 percent of its length runs between perilous and precipitous mountains, within a linear distance of 200 km. Between Hekou at 76 m above sea level to Mengzi at 2 000 m above sea level, there is an altitude disparity of over 1,900 m: the section between Baogu to Baizhai involves a climb of 1,200 m within just 44 km. It has never been equaled in the history of world railway engineering.

The French Yunnan-Vietnam Railway Construction Company recruited more than 60,000 Chinese laborers from all over China and there were over 3,000 French, American, British, Italian and Canadian engineers involved in the construction. Along this 465-km-long railway, 107 permanent railway bridges of various types were built and 155 tunnels excavated; the most famous bridge is the Nami Ti Gorge Bridge which is approached at each end through tunnels.

There are only a few railway station buildings in China with a shared aspect left, due to the rapid urban development in China. Besides a few German railway stations in Shandong Province there is only the former East Railway Station of the Jingfeng Railway existing in a more or less authentic building and was turned to a Railway Museum.

Qingdao Station was demolished and enlarged and "reconstructed" in a revival of colonial architecture.

The fate of Tianjin, West Station in the enormous development of a new station is not clear.

Korea

The first railroad Seoul-Incheon, was opened on September 18, 1899.

Other major lines were laid during the Japanese colonial period; these included lines originating in Mokpo, Masan, and Busan. These lines connected to Seoul and to Sinuiju in North Korea, where they were linked with the Trans-Siberian Railway. The railroad network was badly damaged during the Korean War, but it was later rebuilt and improved.

A very important remain of shared built heritage in Korea is the Station Building in Seoul. It was designed by Tsukamoto Yasushi of Tokyo Imperial University and finished by November, 1925. It was recently very nicely restored and a part of it host the Railway Museum.

The Hangang Railway Bridge, the oldest river crossing, built in 1900 is a very significant technic construction and shows foreign influence. It is also a remarkable landmark for the history of Korea.

Japan

The Japanese Railway system started 1872 also under foreign influence. Edmund Morell, was the first Engineer-in-Chief of the governmental railway in Japan, and is respected as the father of Japanese railways. It got very fast independent and was even "exported" to Korea, Sakhalin, China, Thailand and Burma with the expansion of the Japanese imperium.

The shared aspect in the design and construction of some railway stations in Japan lies in the skills of Japanese architects and engineers, who studied abroad and transferred influence. One of them is TatsunoKingo, who built the Tokyo Station. He went to England and studied also under Josiah Conder, who trained many important Japanese architects of the Meiji and Taisho time. Kingo himself was the teacher of Tsukamoto Yasushi, the architect of the Station Building in Seoul.

The Tokyo Station building was changed due to war damage and it shows the importance and appreciation of this built heritage that it is going to be reconstructed to its original appearance.

One of the very few authentic station buildings by TatsunoKingo is the Hamadera-koen Station in SAKAI.

I hope my presentation could have given you an idea of the amazing amount of shared influence in the Asian Industrial Heritage and specifically in the Asian Railway systems. And I hope it will encourage to discuss the handling of this rich heritage among the professionals, the scholars and students and will lead the decision makers and stakeholders to a greater awareness to preserve it.

Thank you very much for your attention.

Baiheliang Ancient Hydrologic Inscription

—No. 1 Ancient Hydrometric Station in the World and In-situ Underwater Protection Project

Zhang Rongfa，Ge Xiurun

Abstract：Baiheliang, a natural sandstone ridge, stands in the water of Yangtze River, north to Fuling town, Chongqing city. This sandstone ridge was named the Baiheliang (While Crane Rocky Ridge) since flocks of birds, especially cranes, used to perch on or fly over it in the ancient time. Baiheliang, whose top elevation is about 138m, has been submerged under water until the end of winter when the river is low-flow. On Baiheliang many inscriptions had been engraved in the ancient time, which recorded the water levels of 72 low-flow years of Yangtze River since the Tang Dynasty (763). Baiheliang inscriptions could be fairly claimed as the No. 1 well-preserved Ancient Hydrometric Station and the rare underwater inscription in the world. These inscriptions emerge from water once every three or five

作者章荣发照片

years. The Baiheliang inscription is the national-grade key cultural relic preservation unit. It is significantly valuable in science, history, art, etc. Unfortunately, Baiheliang ridge will be submerged into the water forever when the normal storage level of TGPs reservoir rises to the elevation of 175m. To preserve these underwater cultural relics really and integrally, the in-situ "No-Pressure Vessel" protection scheme is proposed, which comprehends the multidiscipline techniques, such as the cultural relic, water conservancy, architecture, civil, navigation channel, submarine and special devises. By this protection scheme, the Baiheliang Ridge is preserved in-situ and could be visited in its intact state after the protection project is completed. The total construction area is 8 433 square meters and the total investment is 0. 19 billion RMB. The constructions of the Baiheliang in-situ protection project began on Feb. 13, 2003, finished and open on May 18, 2009. It is the only underwater museum that is constructed in the over-40-meter-deep water in the world. It provides a successful paradigm for the cultural relic in-situ protection under water, glorifying the great Three Gorge Project of China.

Key words：Baiheliang inscription, ancient hydrometric station, Three Gorges Project, underwater in-situ protection for ancient cultural relics

1　Introduction to Ancient Hydrometric Inscription of Baiheliang

The No. 1 ancient hydrometric station of the world—Baiheliang inscription stands in the water of the Yangtze River north to Fuling City, which is located at the reservoir area of the Grand Three Gorges Water Control Project. Since the Tang Dynasty (763), the Chinese people had been used to engrave the pattern of fish on the Baiheliang ridge to record the water level for each low-flow year in the last 1 200 years. For flocks of birds, especially white crane, used to perch on or fly over this ridge in the ancient time, this ridge was called Baiheliang(White Crane Ridge).

The Baiheliang stands in the main channel of the Yangtze River, in the section of Fuling Town, Chongqing City, 1 kilometer away from the join of Wujiang River and Yangtze River. It is a natural stone ridge with length 1 600m and width 25m, stretching along the west-east direction and parallel to the Yangtze River. The elevation of ridge top is 138 meters; about 30 meters lower than the highest flood level of Yangtze River. Baiheliang consists of three sections, i. e. the west, the middle and the east section. The inscriptions were engraved on the 220m-long middle part, especially on the east 65m-long area of the middle part.

The surface of Baiheliang Ridge is formed with a smooth thin layer of light color sandstone, which is quite suitable for engraving. It inclines with a gentle angle of 14. 5° towards the main channel of Yangtze River. According to the incomplete statistics, the inscription fails into 165 paragraphs and has total over 30 000 characters, among which one paragraph is from Tang Dynasty, 98 Song Dynasty, 5 Yuan Dynasty, 16 Ming Dynasty, 24 Qing Dynasty, 14 Modem Time and 7 whose times were not clear. There are 18 fish engraved on the stone ridge, among which one is engraved in the 3D relievo, two in bas-relief and fifteen in plane line relievo. Moreover, there are also one white crane sculpture and three status of Bodhisattva.

These inscription and relievo locate at different places. They usually submerge under water in winter and only emerge from water in the quite low-flow winter. According to the statistics, they emerge one time every 3—5 years. In ancient times people engraved fishes on the stone to indicate the water level. The emerged fishes on the stone used to harbinger a harvest year. For generations and generations in the ancient time, people recorded on the stone the exact time of the fishes emerging from the water, the name of the observers, and the distance between the fish marks' and the water surface. They even wrote and engraved articles and poems on the stone which told about the grand occasions when people cheered the fish marks' emergence.

2　Location of Baiheliang Ridge

The Baiheliang ancient hydrological inscription is located at the reservoir area of Grand Three Gorges Water Control Project (TGP). Fig. 1 shows the relative locations of TGP, Fuling and Baiheliang ridge. Fuling Town is located at the merging join of Wujiang River to Yangtze River, which has been the important port city of East-Sichuan basin and the biggest exchange center of goods in the Wujiang basin. In Fuling City live the Han, Tujia, Miao, Hui and Mongu nationality people, which have a long history. There are over 2 000 cultural relics in reservoir area of TGP, among which the Baiheliang Inscription is the most famous. Baiheliang Inscription is also the earliest national-grade key cultural relic preservation unit in the reservoir area which will be submerged. The location of Baiheliang ridge and the situation of Yangtze

River at Fuling City are shown in Fig. 2. The Baiheliang ridge is immediate to the deep-water channel of Yangtze River. Fig. 3 is the Baiheliang ridge viewed towards south at the north area of Fuling City. Fig. 4 shows a certain local view of Baiheliang Inscription.

3 Scientific Value of Baiheliang Inscription

The rocky fishes engraved on Baiheliang ridge were actually used to record the lowest-flow level of Yangtze River in the ancient time. It provides extremely valuable physical references for studying the variation rules of global and local climate and the hydrology of Yangtze River in history. Before Tang Dynasty (763), there had been two fish carvings. But now only one remains. It is 60 centimeters long and two characters "石鱼"(Rocky Fish) in Li Script were carved on it. The exact engraving time remains to be investigated though it is proven that they were engraved before A. D. 763. The governor of Fuling engraved the couple carp fish to replace that fish engraved in Tang Dynasty in the 24th year of Emperor Kangxi of Qing Dynasty. According to investigation, the elevation of the eyes of Double Fish is equal to that of the zero point-water-level of the local Chuanjiang navigation channel and the elevation of Tang Fish paunch equal to the average elevation of low-flow levels of all years recorded by hydrometric station in Fuling City. Baiheliang inscriptions have recorded the water levels of 72 low-flow years in history, which are handed down to us with extremely valuable hydrologic data. Fig. 5 shows the rarest stonefish. The ancient hydrologic data suggests that the lowest-flow of Yangtze River during the 1 200 years occurred in Song Dynasty (1140), which was suggested by the inscription "水去鱼下十尺"(Water level was ten chi below the stonefish) in that time. The hydrologic data mentioned above are of significant scientific importance for the comprehensive development of Yangtze River basin, inland navigation, field irrigation, bridge construction, urban water supply, etc. Both Gezhouba Hydroelectric Power Station and Grand Three Gorges Water Control Project consulted the above hydrologic data in their design stage. In the international conference of hydrology organized by UNESCO in Paris in 1974, the representative of China introduced the Baiheliang Ridge (Ancient Hydrometric Station), which greatly interested the specialists and scholars. So, we can say that the Baiheliang is the earliest-found, the longest-spanning and the most abundant hydrologic inscriptions for the low-flow water level records. There are also the similar hydrometric inscriptions in Nile in Egypt, but the quantities and the spanning-time are much less than that of Baiheliang.

4 Historical and Artistic Value of Baiheliang Inscription

Since the Tang Dynasty, the achieved scholars, officials and merchants from different dynasties visited Baiheliang Ridge and engraved poems on the ridge, among whom are 300 famous figures including Huang Tingjian, Zhu Ang, Qin Jiushao, Liu Jia, Huang Shou, Wang Shizhen, and Gong Wu. The calligraphies were engraved in various type fonts and different styles. Some of them were written in Mongolian. Among these inscriptions, that by Huang Tingjian, the great litterateur of

Song Dynasty, is the most famous. The inscription is "元符庚辰涪翁来"(Huang Tingjian visited in A. D. 1100), few words but impressive, shown in Fig. 6. Fig. 7 shows the carving fish, modeled on a wooden fish, which was made in 1333, Yuan Dynasty. The official of Fuling Town, Zhang Badai, engraved on it. Fig. 8 shows the stonefish and the inscription (140cm×47cm) by Dong Weiqi in the 45th year of Emperor Kangxi, Qing Dynasty. Fig. 9 shows the 280-centimeter-long fish relievo by Shifan Zhang in the 20th year of Emperor Jiaqing (1815). Fig. 10 shows the inscription (97cm×47cm) by Sun Hai in the 7th year of Emperor Guangxu (1881), which is vivid, elegant and majestic. Fig. 11 shows the mother Bodhisattva engraved on the ridge. Fig. 12 shows the Chirping White Crane. Baiheliang is an underwater wonder and deserves the name Collection of Stone Inscriptions for the large amount of stone inscription, long history, detailed records of hydrological data, rich content of inscription, wonderful forms and merging into an organic whole with Yangtze River and circumstance.

5　The Three-Gorge-Project and the Ancient Hydrometric Inscription of Baiheliang

The construction of Ground Three Gorges Water Control Project began in 1992 and completed in 2009, lasting 17 years. TGP is the most magnificent hydropower station, with double five-grade ship lock. The reservoir of TGP is 600 kilometers long, the tailing water reaching the Chongqing City. Fig. 13 illustrates the back water of TGP. From Fig. 13, it is seen that the Baiheliang is located at the bottom of reservoir near Fuling Town. Therefore, the Baiheliang will be submerged under water forever. According to the scientific experiment, the Baiheliang inscription will be submerged in the silt of reservoir bottom in about thirty years after the TGP is constructed.

The present paper only makes a brief introduction to the TGP of China. Fig. 14 is the birds-eye view of TGP. The profile of the spillway dam of TGP is shown in Fig. 15. The hydro-power station of TGP consists of three parts, i. e. the left behind-dam power station (14 power units), right behind-dam power station (12 power units) and the underground power station (6 power units). Fig. 16 shows the profile of behind-dam power station. The total capacity is 22 400 MW. The TGP has a double five-grade ship lock, which ensures that the 5 000 ton ship can directly reach Chongqing City. Fig. 17 and Fig. 18 respectively show the profile of ship lock and the running conditions. The adjustable capacity of TGP reservoir is 33 billion cubic meters, which can ensure the safety of cities along the lower reaches of Yangtze River in case of flood which happens once in one hundred year. The length of TGP reservoir is 600 kilometers and the submerging area is shown in Fig. 19.

6　The Proposed Schemes for Baiheliang Protection in Recent Years and Some Comments

Since 1994, many major studies on Baiheliang protection have been organized by the competent government department. For the purpose of saving space, only two typical protection schemes are briefly introduced in this paper.

The first one is the "Crystal Palace" scheme proposed by Tianjin University. It suggested that the inscription should be protected by a shell. Fig. 20 shows the Crystal Palace scheme. This shell is a double deck (dome) arch shell 20m×120m, which is made of reinforced concrete. The grouting curtain is adopted along the foundation to prevent water seepage, leaking-off and to protect foundation rock. An underwater tunnel is built. The feature of this scheme is that people can directly enter the underwater shell to see the ancient inscription. But this shell structure will bear 40 meter water-head pressure; it is actually a pressure vessel.

The shell structure is big, so the load applied on it is big. Certain damage on the shell structure can lead to a sudden collapse during construction. Once it is the case, no one can escape from it. When this "Crystal Palace" is put into use, the impact from ship on shell or the heavy object drop can also make damage on the shell structure to collapse. Once this happened, the visitors under this shell structure have no chance to escape.

Moreover, the building of grouting curtain might damage the Baiheliang Inscription for these inscriptions are engraved in a thin sandstone layer. Even the curtain grouting is built, the water will seepage through the layered rock mass due to the big difference of water pressure, which will make damage to shell structure up mostly.

The reason that Baiheliang Inscription could be preserved well during more than 1 000 years is that it has been submerged into water of Yangtze River and exposed into the air in few time. If the Crystal Palace were implemented, these inscriptions would be exposed into air in long term and would be damaged due to rock weathering. Additionally, due to the long period of building, expensive cost and serious influence on navigation, the "Crystal Palace" scheme was completely denied in 1998 after investigations. It gave such impression that underwater in-situ protection of Baiheliang Inscription seemed to be nearly impossible!

The second scheme could be briefed as "protected in-situ, but displayed out-situ". The so-called in-situ protection in this scheme is actually in-situ buried. That means the most suitable approach to protecting these inscriptions is to bury them with silt subjected to the current technique and economic situations. These inscriptions could be excavated and presented to people when the economy and technique are developed enough after one or two hundred years in our country. Another part of this scheme is to duplicate the Baiheliang Inscription with 1 : 1 scale using the model material and display them in a museum on the bank. This protection scheme must have a serious negative influence on the historical relic protection of our country and the Three Gorge Project. Moreover, whether these inscriptions are still safe during so long-term bury is still suspended. Additionally, this protection scheme is not conforming to the principles of historical cultural relic protection. Because at that time no other better protection schemes were proposed in many national congresses and the time was tight for the reservoir of TGP was going to storage water, the Examination and Appraisal Meeting seemed to approve this scheme ahead and some relevant design work had been asked to process in February of 2001.

7 Proposing a New Innovative Scheme—No-pressure Container Scheme for Protecting Baiheliang Inscriptions

The author attended the Fuling meeting very occasionally in Feb. 2001. It was the first time for us to attend the Baiheliang's protection meeting. When we learned various protection schemes and their evolutions, the author did not agree with the scheme which would be adopted by the meeting. After meeting at day, we considered whether the new scheme could be better to protect the Baiheliang Inscriptions or not at night. A new scheme gradually was formed. When the meeting nearly closed, approved by the meeting organizers, the author took presentation for half an hour, proposed a new in-situ underwater protection project based on the concept of no-pressure container after passing the scheme of cover by soil in situ, exhibition of the copy for Baiheliang at another place. It is fortunate that the scheme of no-pressure container was unanimously agreed by all the committees, who suggested the relative responsible departments should carefully study and consider the new scheme.

Explanation in simple: The no-pressure container does not mean that it has no pressure in container, but the pressure outside underwater protection body is the same or basically the same as that inside it with a little difference. So the technical difficulties of damage failure, seepage damage, grouting curtain and so on are avoided. That is to say, water pressure inside protection body synchronously changes with that of the Yangtze River outside it. However, according to the progress of the Three Gorges Project, the underwater protection project must be completed before the flood season in 2006. Otherwise, it was not of possibility. It seemed too late in February 2001, although they all agreed with no-pressure container scheme.

Therefore, the author wrote the letter to present the mechanism of no-pressure container scheme to Premier Zhu Rongji on March 23rd, 2001, in order to obtain the support by national leaders. At the same time, the suggestions by Chinese Academy of Engineering were submitted to the state council. At last a feasibility study on the scheme of no-pressure container was admitted to carry on by national authorities in August 2001.

8 Formation, Approval and Construction of the No-pressure Container Scheme for the in-situ Underwater Protection Project for Baiheliang Ancient Hydrometric Inscriptions

In Sept. 2001 approved by State Council Three Gorges Project Construction Committee Office, National Historical Relic Bureau and Chongqing government, coordinating with Changjiang Institute of Survey, Planning, Design and Research, the author was in charge of writing feasibility research report which was completed for three months. On March 2002, engineering design was carried on at once after the revision of feasibility research report was approved by the concerned leading departments. Changjiang Institute of Survey, Planning, Design and Research was in charge of design, where the author was a consultant of the project in the institute and investor. Because of complexity of the project, the nine special subjects were studied by the Institute of Rock & Soil Mechanics, Wuhan, China, Chinese Academy of Sciences, the Institute of Geotechnical Engineering, Shanghai Jiao Tong University, The forth investigation and design institute of China railway, Wuchang shipbuilding industry company Ltd., Huazhong university of science and technology, Wuhan University, Chongqing institute southwest hydrology science, Chongqing Jiao tong College and so on. The topics of special subjects were as follows: (1) Influence of the in-situ underwater protection project for Baiheliang ancient hydrometric inscriptions (hereafter the "underwater protection project") on flow pattern and trend by tests; (2) Three dimensional nonlinear structure analysis on the underwater protection project; (3) Underwater traffic gallery (immersed tube method); (4) Visiting gallery design of the underwater protection project; (5) Underwater lighting and CCD remote controlled observation system; (6) Pressure balance between inside and outside underwater project, circulate water system of filtration; (7) Safety and health monitoring system of the underwater protection project; (8) Research on construction methods of the underwater protection project; (9) Research on channel and navigation. The total design was completed by the end of Oct. 2002. The engineering design and budget were approved by the concerned state department in 2002. On 13th Feb. 2003, the in-situ Underwater Protection Project for Baiheliang was started to construct(Fig. 22).

Particularly the principal part of the underwater protection project was completed during the low-flow season from Nov. 2004 to April 2005, which was a basis for the whole project.

9　The Basic Contents of the in-situ Underwater Protection Project for Baiheliang Ancient Hydrometric Inscriptions

The basic concepts of the no-pressure container in the in-situ underwater protection project are as follows:

～ Water table of reservoir was basically the same as that of the container in the underwater protection project.

～ From 1 200 years history it was shown that water in Yangtze River is of good quality, which is a best medium to protect Baiheliang. But water of the Yangtze River should be filtered to avoid silting and make water transparent, which is good for visitors' viewing on inscriptions.

～ The underwater protection project is built on the above 65m long area in east of middle section of Baiheliang where the most of main inscriptions are distributed.

～ Inscriptions of Baiheliang are surrounded by ellipse-shaped reinforced concrete guide wall of 3.5m in thickness in plane. The sections of more inscriptions distributed are protected by guide wall and dome(Fig. 23).

～ Guide wall is covered by the strong reinforced concrete dome shell of 1m in thickness, in which internal mold without removing is formed of stainless steel composite boards.

～ The serious accident cannot occur because of no-pressure characteristics of the container. The principal part of the project with low cost and short construction period can be restored.

～ The visitors can go into the museum on the shore, pass through slope and horizontal traffic galleries of high pressure, enter the visiting steel gallery inside the protection shell, and watch Baiheliang ancient inscriptions from observation windows at any time. Fig. 24 was shown that condition of low-flow season in 2006.

～ There are underwater lighting system of high power LED and advanced camera devices. Visitors can observe Baiheliang inscriptions from glass windows by handling the remote device inside the visiting gallery (It can bear pressure of 60m water level according to submarine design).

～ Exit of frogman is established, and special visitors can watch inscriptions guided by frogmen.

～ Based on the planning, the principal underwater part of project can be completed in three low-flow seasons, corresponding to the progress of water storage in the Three Gorges Project. It is not serious to hinder navigation during construction.

～ Compared with the scheme of Crystal Palace, it costs lower.

From the above mentioned, there are some principles to be abided by Baiheliang in-situ underwater protection project as follows.

Keeping the cultural relics in their original state, corresponding to international principle of protection cultural relics.

Principle of protecting important relics. The underwater protection project is built on the above 65m long area in east of middle section of Baiheliang, where the most of main inscriptions are distributed.

Principle of easy watching for visitors except protection.

Principle of feasible implementing.

Principle of engineering integrity.

Principle of sustainable development.

10 Construction of the Principal Part of Underwater Protection Project

It is a key to successfully complete main principal part of underwater protection project. Elliptical guide wall, next to deep water channel with high flow velocity, is located on the slope, so the whole rigid mold is adopted, and underwater concrete is needed. Construction of 3.5m thick guide wall in the protection structure is shown in Fig. 27, transporting condition of embedded pipe joints in Fig. 28, completion state of guide wall in Fig. 29, cofferdam construction in Fig. 30. The state of approaching completion of cofferdam is shown in Fig. 31. Successful close cofferdam created favorable conditions for follow-up construction by dry method. Construction field after closing cofferdam is shown in Fig. 32. Construction of the horizontal traffic gallery at up and downstream is shown in Fig. 33 ~ 36, and construction of the slope traffic gallery is shown in Fig. 37 ~ 40. The approaching completion night scene of horizontal and slope traffic galleries are shown in Fig. 41. Visiting galleries are key metal structures in underwater protection project, which are formed of circle steel structure pipes with 3.2m in diameter, 28mm in thickness, which can bear more than 40m water-head pressure, which are designed and constructed according to submarine standard totally.

Fig. 42 is a section of visiting gallery loading manufactured by Chengdu chemical pressure vessel plant from Chengdu. In this section five round cylinders in pipe are observation windows with double glass, which is resin glass with 800ram in diameter, 82mm in thickness (Fig. 43). The whole visiting gallery is constituted of seven pipes with 23 observation windows. A lifesaving spherical storehouse (Fig. 44), an equipment spherical storehouse and seven pipes are hoisted and installed inside the cavity of guide wall. The maximum weight of pipe is up to 45t. Every pipe is accurately oriented and welded without water. All welds are strictly inspected by many methods, must be 100% qualified. Fig. 45 through Fig. 47 show visiting galleries assembled and welded are installed in the protection shell cavities. Fig. 48 and Fig. 49 show installation of steel frame in dome and steel meshes of reinforced concrete dome. A tunnel-type escalator is installed in up and downstream, slope traffic gallery (Fig. 50). The scene submerged by the Yangtze River after construction of the principal part of the underwater protection project is shown in Fig. 51.

There are eight systems in the underwater protection project as follows:

Circulating water system—ensure small difference of hydraulic pressure between inside and outside of the protection body to meet design requirement, filter suspended matter to make water clean as city water, automatically replace water body in a certain period.

Underwater lighting system—108 sets of high power LED lamps and lanterns with maximum power of 63W.

Underwater camera system—28 sets of underwater camera devices of automatic tracking for the target, which can be used by visitors to watch the words clearly.

Fire control system.

Lifesaving system and high pressure gas supplement system.

Air-conditioning and ventilation system in the visiting gallery and traffic gallery.

Low power lighting system inside the protection body.

Health diagnosis system inside the protection body.

11   Exhibition Hall on the Shore

The exhibition hall is built on the flood fighting dike in Fuling City to save land. The effect figure of the exhibition hall is shown in Fig. 52, its bird's eye view in Fig. 53. Due to limited space, exhibition hall in detail is not introduced in paper.

12　Strong Influence of the Underwater Protection Project on Societies

The project is concerned by national persons, and reported by various media. Two examples are as follows.

In recent years a text in the language textbooks of national compulsory education standards is named by "Ups and Downs of Baiheliang" at the next term of sixth grade, which introduces the scientific, humanism and artistic values of Baiheliang inscriptions, and the scheme of no-pressure container. The cover and directory of the textbook are shown in Fig. 54 and Fig. 55. Up to now about 100 million school boys and girls have learned "Ups and Downs of Baiheliang" in China.

The second question in the 2004 national college entrance exam of language (12 points, the three points) was reading comprehension of the paragraph which took Baiheliang as a topic.

13　Conclusions

The ancient hydrometric inscriptions of Baiheliang are the excellent representatives of Chinese ancient civilization and scientific achievements, matchless in the world, and underwater tablet forests of Baiheliang are pearls of Chinese culture. The great Three Gorges Project's construction makes them on the bottom of the Three Gorges reservoir. So it is necessary to protect them by scientific method. The completion of the underwater protection project will be a good example for our cultural relics protection and the Three Gorges Project.

Because the ancient hydrometric station takes the stone fish as an indicator, it is not advisable to resettle them from bedrock and bury them in situ.

The principle of in-situ underwater protection is correct, based on the concept of no-pressure container.

No-pressure container's concept overcomes the technical difficulties of mechanics, structure and rock & soil mechanics. It is feasible and reasonable.

Scientific innovation is our soul of scientific research, which is a guideline of the underwater protection project of no-pressure container scheme.

The underwater protection project is supported by leaders of all the levels and lots of persons. The proceed of adopting no-pressure container scheme shows that the party and the government pay more attention to cultural relics protection and scientific suggestions, which are adopted (Quoted from Lu Y. X., vice chairman of China National Congress).

Acknowledgement

Thank persons who have paid out effort for protecting Baiheliang whether their schemes suggested are adopted or not.

The project is supported by the State Council Three Gorges Project Construction Committee, National Cultural Relic Bureau, Chongqing People's Government, Chinese Academy of Engineering, Chinese Academy of Sciences, China Three Gorges Corporation, Shanghai Jiaotong University, and Institute of Rock & Soil Mechanics, Wuhan, China, Chinese Academy of Sciences.

References

1. The work committees in Fuling area of Sichuan Province Party Committee in the Chinese people's political consultative conferences. The No. 1 ancient hydrometric Station of Baiheliang in Fuling area. Chinese Three Gorges Press, 1995
2. Chen Y. Z. Underwater tablet forest of Baiheliang. Sichuan People's Press, 1995

新 闻 篇

第二届 ICOMOS – Wuhan"无界论坛"在汉举行
"工程建设与文化遗产保护"主题引发媒体关注

来源:华中科技大学建筑与城市规划学院网站

11月16日,第二届 ICOMOS – Wuhan "无界论坛"在华中科技大学成功召开,"工程建设与文化遗产保护"这一主题引发媒体广泛关注。本届论坛的主题为"工程·文化·景观",来自德国、比利时等国际著名遗产保护专家与我国的工程院院士、勘察设计大师及专家学者共聚一堂,共同发出了《工程与文化相互促进的武汉倡议》。

作为本届论坛的协办方之一,长江委勘测设计院的多位专家应邀作为特邀嘉宾,葛修润院士题为《白鹤梁水下遗址博物馆的设计与实践》、徐麟祥总工《三峡工程文化保护与实践》,以及邓东生教授《南水北调水利工程与文化遗产保护——以武当山遇真宫保护工程为例》的学术报告,受到广泛关注和一致好评。已有十余家新闻媒体对本次论坛进行了报道,白鹤梁的工程实践等案例成为多家媒体新闻的标题。

真正点燃媒体热情的学术报告是来自于中国勘察设计大师、铁四院总工程师王玉泽的《高铁设计与文化遗产保护——以京沪高铁穿越明皇陵为例》。新浪等多家媒体以《京沪高铁修建时为避开安徽明皇陵多花2.3亿》为题,在显著位置报道了这则消息,《广州日报》等媒体在次日发表了评论文章。

王玉泽在报告中探讨了在高速铁路勘察设计中如何围绕保护文化遗产而采取的相应技术措施,并讲述了在京沪高铁勘察设计中如何避开安徽明皇陵所做出的诸多努力。明皇陵位于安徽省蚌埠市凤阳城西南约7公里处,为朱元璋所建,安葬着朱元璋的父母及兄嫂、侄儿的遗骨。皇陵为南北向长方形,中轴线两旁建设了不少祭祀、护卫、住所建筑,形成壮观的皇陵建筑群。1982年被国务院公布为全国重点文物保护单位。京沪高铁原线位方案,穿越了明皇陵北侧,侵入当地政府2000年依据文物法划定的周边建设控制范围外围。在勘察设计阶段,通过工程环境影响评价,发现若按原方案施工,将可能影响景区历史风貌,破坏文物的氛围和环境。在补充勘测和征求文物部门意见的基础上,进行了大量技术经济比选,最终选定在明皇陵南面避绕的方案。新方案线路距明皇陵建设控制范围500米,需跨越河流和水库,施工桥梁长度因此增加5 931米,隧道增加285米。主要工程费用虽然增加2亿多元,但最大限度地让建筑工程远离了国家重点保护文物,使明皇陵这一历史文物古迹得到了有效保护。

武汉长江大桥申遗与汉正街保护性改造,也成为研讨会话题。与会学者提出,目前世界上已有多座桥梁入选世界遗产名录,比起这些世界知名桥梁遗产,无论从工程设计还是文化内涵、历史记忆,武汉长江大桥都毫不逊色。建议武汉应尽快建立桥梁博物馆,对武汉桥梁进行更好的保护。

据会议方介绍,汉正街保护性改造会保留主要街巷,延续原有文脉,尽量遵循街道原有风格,一批现状条件较差的建筑将进行拆除,同时保留历史建筑,加入绿化景观,适当调整某些建筑体量,增设过街楼,使街区形成完整环路,激活街区内部空间,形成富有趣味性的游线。

论坛代表共同发出《工程与文化相互促进的武汉倡议》（简称《武汉倡议》）。《武汉倡议》提出对大型工程建设中所遇到的文化遗产保护，整合社会各界力量，实现跨学科、跨行业联手，以敬畏的心态，传承的责任，无界的情怀，通过科学的保护手段，让工程项目在建设的同时，维护好文化遗产安全和健康的生态环境。《武汉倡议》特别提到："白鹤梁题刻水下原址保护"工程为代表的一批水利、铁路、桥梁工程项目与文化遗产保护相结合的高水平案例，不仅仅是对中国，而且对世界范围的文化遗产保护事业同样有着示范和推动作用。

ICOMOS 为国际古迹遗址理事会英文缩写，该组织于 1965 年在波兰华沙成立，是世界遗产委员会的专业咨询机构。它由世界各国文化遗产专业人士组成，是古迹遗址保护和修复领域唯一的国际非政府组织，在审定世界各国提名的世界文化遗产申报名单方面起着重要作用。我国于 1993 年加入 ICOMOS，成立了国际古迹遗址理事会中国委员会（ICOMOS China），即中国古迹遗址保护协会。

又讯：ICOMOS 共享遗产委员会武汉研究中心落户江城

在 11 月 16 日的联创国际"无界论坛"上，武汉市副市长张光清和 ICOMOS 共享遗产委员会主席安德斯博士共同为共享遗产武汉研究中心揭幕。这是在中国的第一个 ICOMOS 专业委员会的分支机构，也是继北京、西安设立 ICOMOS 下设机构之后的第三个相关组织。据悉，武汉市政府非常重视这个新的研究中心，市政府相关负责人表示将对研究中心今后的工作进行支持。

第二届 ICOMOS—"无界论坛"在武汉举行

来源：国家文物局网站

11 月 16 日，第二届 ICOMOS—"无界论坛"国际学术研讨会在湖北武汉举行。来自德国、比利时等国际著名遗产保护专家与我国工程院院士、勘察设计大师及专家学者共聚一堂，围绕"工程建设与文化遗产保护"主题展开讨论交流，共同发出《工程与文化相互促进的武汉倡议》，提出对大型工程建设中所遇到的文化遗产保护，要整合社会各界力量，实现跨学科、跨行业联手，以敬畏的心态，传承的责任，无界的情怀，通过科学的保护手段，让工程项目在建设的同时，维护好文化遗产安全和健康的生态环境。

武汉长江大桥申遗与汉正街保护性改造，成为研讨会话题。与会学者提出，目前世界上已有多座桥梁入选世界遗产名录，比起这些世界知名桥梁遗产，无论从工程设计还是文化内涵、历史记忆，武汉长江大桥都毫不逊色。建议武汉应尽快建立桥梁博物馆，对武汉桥梁进行更好的保护。

据会议主办方介绍，汉正街保护性改造会保留主要街巷，延续原有文脉，尽量遵循街道原有风格，一批现状条件较差的建筑将进行拆除，同时保留历史建筑，加入绿化景观，适当调整某些建筑体量，增设过街楼，使街区形成完整环路，激活街区内部空间，形成富有趣味性的游线。

在当日的论坛上，武汉市副市长张光清和 ICOMOS 共享遗产委员会主席安德斯博士共同为共享遗产武汉研究中心揭幕。这是在中国的第一个 ICOMOS 专业委员会的分支机构，也是继北京、西安设立 ICOMOS 下设机构之后的第三个相关组织。武汉市政府非常重视这个新的研究中心，表示将对研究中心的工作给予大力支持。

ICOMOS 为国际古迹遗址理事会英文缩写，该组织于 1965 年在波兰华沙成立，是世界遗产委员会的专业咨询机构。它由世界各国文化遗产专业人士组成，是古迹遗址保护和修复领域唯一的国际非政府组织，在审定世界各国提名的世界文化遗产申报名单方面起着重要作用。我国于 1993 年加入 ICOMOS，成立了国际古迹遗址理事会中国委员会（ICOMOS China），即中国古迹遗址保护协会。

京沪高铁修建时避开安徽明皇陵

2013 年 11 月 18 日来源：汉网—长江日报

本报讯（记者蒋太旭 实习生唐姗姗） 京沪高铁在修建过程中，为避让明皇陵，多花了 2.3 亿元，多建了近 6 公里的桥梁，多挖了 285 米隧道。日前，京沪高铁徐州至上海段总设计师、中铁第四勘察设计院（简称铁四院）王玉泽总工程师，在华中科技大学 ICOMOS-Wuhan"工程·文化·景观"国际学术研讨会上，公开披露了这组数据。

京沪高铁连接北京与上海，全长 1 318 公里，是目前世界上一次建成的里程最长的高速铁路，2008 年 4 月动工，2011 年 6 月通车。该高铁徐州至上海段的设计，由在汉的铁四院担纲。

王玉泽是这段铁路的总设计师，他透露，明皇陵位于安徽省蚌埠市凤阳城西南约 7 公里处，为朱元璋所建，安葬着朱元璋的父母及兄嫂、侄儿的遗骨。皇陵为南北向长方形，中轴线两旁建设了不少祭祀、护卫、住所建筑，形成壮观的皇陵建筑群。1982 年被国务院公布为全国重点文物保护单位。

京沪高铁原线位方案，穿越了明皇陵北侧，侵入当地政府 2000 年依据文物法划定的周边建设控制范围外围。铁四院为此进行了工程环境影响评价，发现若按原方案施工，将可能影响景区历史风貌，破坏文物的氛围和环境。

铁四院决定更改设计，绕道避开明皇陵。他们在补充勘测和征求文物部门意见的基础上，进行了大量技术经济比选，最终选定在明皇陵南面避绕的方案。新方案线路距明皇陵建设控制范围 500 米，需跨越河流和水库，施工桥梁长度因此增加 5 931 米，隧道增加 285 米，主要工程费增加约 23 078 万元。

铁四院环境工程设计研究处总工黄盾昨日向记者透露：目前，中国已建并运营的高铁总里程已达 1 万多公里，其中 60% 至 70% 的线路设计由该院完成。近 10 年来，他们在线路选址及工程设计时，所避绕的类似明皇陵这样的文物文明遗址多达数十处。

高铁避让明皇陵的样本价值

来源：新浪新闻中心

评论员 廖水南

据《京华时报》报道，京沪高铁在修建过程中，为避让明皇陵，多花了 2.3 亿元，多建了近 6 公里的桥梁，多挖了 285 米隧道。日前，京沪高铁徐州至上海段总设计师、中铁第四勘察设计院（简称铁四院）王玉泽总工程师，在华中科技大学 ICOMOS-Wuhan"工程·文化·景观"国际学术研讨会上，公开披露了这组数据。

近年来，随着我国经济建设的快速发展和城市改造的不断加速，文物保护与城市建设的矛盾更加频繁地出现，并有不少文物在现实中遭到破坏——虽然所有人在口头上都不会否定文物保护的重要性和急迫性，但在实际工作中，文物保护却总是处于被"边缘化"的"弱势"位置，常常被多方力量围堵"架空"，最终不得不给其他事物"让路"。

2003 年，北京进行城市改造时，在三里河地区发现一座石桥，据记载是明代三里河桥，但由于没有将文物保护工作纳入规划，这座具有很高的历史价值和社会意义的古桥在施工时被破坏，未能保存下来。2007 年，黑龙江省方正县松南乡于家屯汉魏遗址现场，某施工单位在施工过程中，动用推土机和铲车将部分遗址摧毁。

一名热爱长城的英国学者威廉·林德赛曾经搜集了 20 世纪前 50 年拍摄的数百张长城的照片，然后再到照片所拍地段进行重新拍照，但他通过实地走访发现，不少地方的长城已经永远地消失了。"我在半夜走上长城，抬头仰望着这些曾经见证了 1600 年、1700 年、1800 年、1900 年和 2000 年到来的烽火台，我在想它们是否还能见证 2100 年的到来呢？"

惋惜、痛心之余，我们不免要问，为什么不依法追究当事单位的责任？现实是，按照当前《文物保护法》的相关规定，破坏文物可处以 5 万元以上 50 万元以下的罚款。但这对于施工方的工程获利而言，无异于九牛一毛。国家文物局副局长宋新潮在去年两会上也曾表示，50 万最高限额的罚款，不足以对所有破坏文物的行为造成威慑。

而在经济建设与文物保护的拉锯战中，虽然多数地方政府保护文物的意识有所增强，站到了文物保护的一边，但仍有一些地方官员只顾经济利益，向往形象工程，使得当地破坏文物的现象时有发生。此前《人民日报》就报道过某县领导在一次会议上公开说："如果样样都依法（《文物保护法》），我们就会一事无成。"

这就是说，在当前文物保护乏力的尴尬语境中，只有不断提高破坏文物的惩罚力度，纠偏一些地方官员错误的政绩观，文物保护才能在多重绞杀中"突出重围"。

而京沪高铁在修建过程中，为避让明皇陵多花了 2.3 亿元，其最大的意义也就在于彰显了工程建设让位于文物保护的文明意识，给今后的文物保护提供了一个可资借鉴的案例和样本。

　　文物是祖先们留下的遗产,不仅有着独特的历史价值、文化价值和科学价值,更往往具有唯一性,破坏以后不可再生。保护和保养好这些宝贵资源,是我们传承历史文化的必然要求,更是我们义不容辞的责任。对此,千万不可掉以轻心。

重点工程中的文保智慧:"白鹤梁"水下建馆＋
"遇真宫"飞升 15 米

长江日报 （记者蒋太旭 实习生唐姗姗整理）

此次在汉召开的"工程·文化·景观"国际学术研讨会上,与会专家还展示了一批"武汉工程设计军团"保护文物的案例。

"白鹤梁"水下建馆

三峡工程建成后,白鹤梁将被淹没。供职于中科院武汉岩土力学研究所的葛修润院士应邀参加最后一次决策会议时,创新性地提出运用"无压容器"原理,建立水下博物馆的设想。

2009 年 5 月 18 日,世界上唯一在水下 40 余米处建立的遗址类水下博物馆建成开馆。白鹤梁保护工程总投资 1.9 亿元。

"遇真宫"飞升 15 米

世界文化遗产武当山古建筑群的重要组成部分——遇真宫,在南水北调中线工程完工后,将被永久淹没于扩容后的丹江口水库中。

长江勘测设计研究院与清华设计院共同承担了遇真宫垫高保护工程实施阶段设计工作。2012 年 8 月,12 个千斤顶将重约 1 200 吨的宫门缓缓抬升,遇真宫将就地"飞升"15 米,这是一项创造世界纪录的建筑物"长高"工程,也是南水北调中线工程中规模最大、投资最大的单体文物保护工程,全部工程耗资将超过 2 亿元。

中国工程院院士解读千年国宝白鹤梁保护始末

中新网武汉 11 月 16 日电（记者 张芹） 79 岁的中国工程院院士葛修润 16 日在第二届武汉设计双年展"工程·文化·景观"国际学术研讨会上透露，经过 4 年多实践检验，当初白鹤梁水下博物馆的设计方案非常成功。他因独创"无压容器"方案，保护三峡千年国宝"白鹤梁题刻"而蜚声国际。

白鹤梁乃一座天然石梁，位于长江涪陵段靠近南岸的深水航道旁，长约 1 600 米，每年 12 月到次年 3 月长江枯水季节时梁顶才能露出江面。从唐朝广德元年（公元 763 年）以来，当地人民用刻石鱼的方式将历年来的枯水位镌刻在白鹤梁岩壁上，至今已有 1 200 多年的历史。

白鹤梁上的题刻、图像记录了 1 200 余年间 72 个年份的历史枯水位情况，对研究长江中上游枯水规律、航运以及生产等，均有重大的史料价值。因此，联合国教科文组织将其誉为"保存完好的世界唯一古代水文站"。

然而，随着三峡工程建成蓄水，这一千年"水下碑林"将永远淹没于三峡水库库底，再无"出头"之日了。如何保护白鹤梁成为当时三峡文物保护工作者的一道难题。

2001 年葛修润正式接手该工程前，相关部门曾设想"就地保护、异地陈展"方案，而在葛修润看来，这套方案等同于"展示假文物，掩埋真国宝"，在详细查阅相关资料后，他对这一方案提出异议，并首次提出"无压容器"方案，获得全体评委一致认同。

为了能在 2006 年汛期前完成该文物保护工程，葛修润和他的团队在短时间内设计、修改、完善"无压容器"方案，并上书时任国家总理的朱镕基，同时通过中国工程院上报了"院士建议书"，最终他的方案被采纳。

何为"无压容器"，葛修润解释，把原址保护体看作一个容器，所谓"无压容器"是指利用过滤后的长江水，使保护体外的水压力压强与内壁面上的水压力压强相同，或基本相同，达到平衡，消除了发生损坏和崩溃的危险，同时施工期短、造价也低。

2009 年白鹤梁水下博物馆建成开馆，不但实现了对文物的保护，更为世界各地游客开辟了一条水下参观历史遗迹的通道，葛修润的"无压容器"概念经过实践的检验克服了修建原址水下保护工程在力学、结构和岩土力学及施工方面的重大技术难题。

ICOMOS 学术研讨会举行
长江大桥申遗提上议程

湖北日报讯（记者 别鸣）　16 日，第二届联创国际"工程·文化·景观"国际学术研讨会在汉举行。来自德国、比利时等国际著名遗产保护专家与我国工程院院士、勘察设计大师及专家学者共聚一堂，围绕"工程建设与文化遗产保护"这一主题展开讨论交流，并发出《武汉倡议》。《武汉倡议》提出对大型工程建设中所遇到的文化遗产保护，整合社会各界力量，实现跨学科、跨行业联手，以敬畏的心态，传承的责任，无界的情怀，通过科学的保护手段，让工程项目在建设的同时，维护好文化遗产安全和健康的生态环境。

武汉长江大桥申遗与汉正街保护性改造，成为研讨会话题。与会学者提出，目前世界上已有多座桥梁入选世界遗产名录，比起这些世界知名桥梁遗产，无论从工程设计还是文化内涵、历史记忆，武汉长江大桥都毫不逊色。建议武汉应尽快建立桥梁博物馆，对武汉桥梁进行更好的保护。

据会议方介绍，汉正街保护性改造会保留主要街巷，延续原有文脉，尽量遵循街道原有风格，一批现状条件较差的建筑将进行拆除，同时保留历史建筑，加入绿化景观，适当调整某些建筑体量，增设过街楼，使街区形成完整环路，激活街区内部空间，形成富有趣味性的游线。

汉正街新增建筑将按"肌理"布排

2013 年 11 月 17 日 04:14　长江商报

本报讯(记者彭为 通讯员刘元海)　当城市发展遇到历史文化资源保护时怎么办? 昨日,15 位中外专家聚集武汉第二届设计双年展,畅谈历史文化保护,倡议工程项目在建设的同时,维护好文化遗产安全和建筑的生态环境。有专家透露,汉正街将保留主要街巷,新增建筑将按"肌理"布排。

有专家说:"如果把汉口比作一棵树,汉正街就是它的根。"汉正街目前是武汉市最大的旧城改造项目,怎样把文化传承下来? 参与汉正街历史风貌区城市更新研究的段飞博士介绍,目前,汉正街已被列入武汉市历史文化风貌街区,那么按照要求,汉正街的建设活动将以修缮、维修、改善为主。

因此,按照段飞博士和许多专家的想法,新的汉正街内,将首先对原有历史风貌街区的道路关系进行梳理,保留主要的街巷,延续原有文脉。然后,在原有"肌理"上新增建筑,并结合视觉通廊,进一步梳理街区脉络。下一步,加入绿化景观,并增加主力店、酒吧、餐饮等店铺,形成混合功能布局。

现在的汉正街因为街巷窄,消防车进不去,经常发生火灾,那么新的汉正街延续窄巷风格,是否还会存在安全隐患? 段飞解释,新的规划将采取更加多种多样的防火措施,比如消防喷淋系统等,不需要消防车进入。

武汉市城建委主任彭浩在会上提出,保护历史文化名城首要任务就是从整体层次上保护城市总体格局。对于武汉而言,即保持"两江交汇、三镇鼎立"的城市空间格局。而目前武汉已经开始构建两江四岸城市核心区,并实施"碧水亲水"工程。

历史文化街区方面,彭浩以青岛路历史文化街区的保护和更新为例介绍,武汉市将通过"微创手术",为每栋建筑量身定做保护和修复的方式,建成具有浓郁艺术与文化气息的,融文化创意、商业金融、旅游休闲等多功能于一体的历史街区。

经验畅谈

重庆白鹤梁用"无压容器"理念,建成水下博物馆。

白鹤梁是一座天然石梁,位于长江涪陵段靠近南岸的深水航道旁,长约 1 600 米。每年 12 月到次年 3 月长江枯水季节时梁顶才能露出江面。每逢此时,古人都在梁上刻上石鱼,以记录长江水位,至今白鹤梁记载了自唐朝广德元年以来 1 200 余年间的长江 72 个枯水位年份,被联合国教科文组织誉为"保存完好的世界唯一古代水文站"。但三峡工程建成和水库蓄水后,它将永远位于三峡水库库底,再无"出头"之日了。

中国工程院院士葛修润提出了以"无压容器"为基本理念的原址水下保护白鹤梁的创新方案,目前已成为世界上唯一在水深 40 余米处建立的遗址类水下博物馆。

武当山遇真宫原地拔高 15 米，超"世界纪录"

武当山遇真宫建于 1412 年，是明朝永乐皇帝朱棣为纪念道士张三丰而建。丹江口水库大坝加高后，最高蓄水水位由 157 米增至 170 米，遇真宫处于淹没线下。

经过数次协商评审，在异地搬迁、筑堤围堰和原地顶升抬高三种保护方案中，选择了最后一种。在这之前，世界范围内对建筑顶升的最大垂直高度不超过 4 米，而遇真宫的顶升高度则达 15 米。

长江勘测规划设计研究院邓东生介绍，目前造岛部分已经完成，文物复原工作将等水库蓄水稳定后进行。

世界文化遗产评委来汉:武大老房子有实力申遗

2013 年 11 月 19 日 11:08 长江网—长江日报 记者 蒋太旭

前日,应邀来汉参加 ICOMOS-Wuhan"工程·文化·景观"国际学术研讨会的两位世界文化遗产评委向记者表示,武汉大学早期建筑群有实力申报世界文化遗产,关键是要挖掘其"普遍意义"。

这两位评委分别是来自德国的安德斯博士和来自比利时的皮埃尔·拉孔特博士。安德斯是国际古迹遗址理事会共享遗产委员会主席,拉孔特是国际规划协会前主席。两位专家借参加学术研讨会之机,对武汉市和黄石市的历史街区、文物古迹进行了为期数天的考察。

第三次来汉的安德斯说,武汉大学早期建筑群给他留下了深刻的印象,具有较高的建筑艺术、人文历史和科学价值,可以考虑申报世界文化遗产。入选世界文化遗产的一个重要条件是必须具备"普遍"特征,即可以在世界各个地方都能找到它的元素,要么它是表现人类创造力的经典之作,要么是呈现人类历史重要阶段的建筑类型,具有景观上的卓越性和典范性。安德斯建议学校或政府组织力量通过比较研究,挖掘武大老房子的"普遍意义",启动申报程序。

福建省厦门市鼓浪屿正在紧锣密鼓地申报世界文化遗产,广受关注。拉孔特说:"武大早期建筑群并不比鼓浪屿逊色,祝武大老房子好运。"

链接:
武大 15 处 26 栋老房子
被列为国家重点文物保护单位
武汉大学早期建筑群主要是 1930 年至 1936 年间在珞珈山校园一次性规划设计并连续建成的校舍建筑群,共 30 项工程 68 栋房子,面积 78 596 平方米,耗资 400 万银元。此外还包括部分 20 世纪 40 年代、50 年代的建筑。目前,大部分建筑保存完好,仍在使用。其中被列为国家重点文物保护单位的有 15 处 26 栋房子,建筑面积 54 055 平方米。武大早期建筑群被誉为中国近代大学建筑的佳作和典范。

"武汉申报世界文化遗产很有潜力"

2013 年 11 月 16 日 04:10 汉网—武汉晚报记者夏琼

访老租界、看街头博物馆、逛江汉路、看六中老楼……前天凌晨到汉,两天来,69 岁的国际古迹遗址理事会共享委员会主席安德斯博士时隔一年来汉,再度用脚步和指尖细细触摸这座城市丰富的文化遗存。

昨天一早,安德斯博士就来到武汉六中。在 1908 年修建、已过百岁的德华学堂教工宿舍楼前,他抚摸着老楼的墙壁、窗棂,向校方细致了解整修时的建筑材质、透气性等专业问题。

随行者、留学德国多年的建筑学博士丁援介绍,就是在德国,历时百年保护如此完整的老房子也很难得,在武汉看到它,安德斯博士自然觉得非常亲切。

下午,安德斯博士又步行沿途考察了一元路片、青岛路片直至江汉路步行街,武汉丰富的历史建筑令他频频驻足。"这么多的优秀历史建筑,武汉申报世界文化遗产很有潜力!"

去年 10 月,安德斯博士访汉期间,提出了"打包"汉口老租界、汉阳造、武昌首义等,申报世界文化遗产的建议。

ICOMOS-Wuhan"无界论坛"的多项纪录

来源：华中科技大学建筑与城市规划学院官网

连续两届在华中科技大学建筑与城市规划学院举办的 ICOMOS—联创国际"无界论坛"虽已顺利结束，研讨会的影响还在继续。"无界论坛"为华科大建规学院带来了研讨会方面的多个纪录：

1. 邀请发言的外国专家人数多。两届"无界论坛"及论坛的圆桌讨论，共邀请了德国、比利时、澳大利亚、美国、加拿大、日本等国的 7 位 ICOMOS 专家委员发言，他们中有国际规划协会前主席，国际共享遗产科学委员会主席、副主席，有 1970 年毕业的德国建筑学博士，德国建筑学教授，有的专家还拥有双博士学位。

2. 邀请作学术报告的院士和勘察设计大师人数多。除了给论坛致辞的全国人大委员秦顺全院士外，第二届"无界论坛"邀请了中国工程院葛修润院士、长江委总工徐麟祥设计大师、铁四院总工王玉泽设计大师、大桥院总工徐恭义设计大师等四位设计界德高望重的领军人物作学术报告。他们不仅工作繁忙，而且都有人大代表、政协委员的特殊身份，为了邀请他们，武汉市政府多次出具正式公函，诚邀发言。

3. 参加的政府官员人数多。两次无界论坛都被纳入到当月政府的工作之一，组织政府官员参加。虽然由于临时原因，第二届论坛武汉市城建委为工程设计联盟预留的 30 个位置没有坐满，但两次参加论坛的武汉市各部门处级以上干部超过 50 人，张光清、刘英姿两位副市长到会致辞，并宴请与会代表，市政府唐惠虎副秘书长两次做主题发言，政府办公厅张东风主任及办公厅三处人员到会并参与会议的筹办。

4. 协办设计单位的设计产值多。长江委、铁四院和大桥院均为设计年产值 50 亿至 100 亿元的国内百强设计院，作为主要协办单位的"武汉工程设计联盟"更是武汉市工程设计界的豪华俱乐部，集中了华中区域所有重要的工程设计单位，由武汉市城建委牵头。

5. 引发的新闻媒体报道多。两次论坛由于主题居于学科前沿，吸引了媒体的广泛关注，据不完全统计，两次论坛有超过十篇的新闻报道、评论。特别是第二届"无界论坛"中王玉泽设计大师《京沪高铁避让明皇陵多花 2.3 亿元》的新闻受到了广泛关注，新浪网、中国新闻网、新华网、凤凰网、湖北省政府网等国内网站都放在了显著位置。

6. 武汉第一次正式提出申报世界文化遗产。在 2012 年的第一届联创国际"无界论坛"上，武汉市政府副秘书长唐惠虎博士做了《武汉申遗路径》的学术报告，代表着武汉市第一次正式提出以"文化转型"为主题打包武汉近代优秀建筑遗产申报世界遗产。连续两届"无界论坛"的与会代表，特别是 ICOMOS 专家、媒体都对武汉"申遗"表达出强烈的兴趣。

7. ICOMOS 第一次在中国建立专业学术委员会的研究中心。ICOMOS 是国际最重要的文化遗产专家组织和世界遗产的御用咨询机构，联合国教科文组织固定合作单位。ICOMOS 在中国的分支机构隶属于国家文物局,副局长童明康担任主席,本次是在国内外专家的共同努力下,ICOMOS 共享遗产委员会"共享遗产武汉研究中心"是 ICOMOS 在中国建立的第一个专业委员会的分支机构,武汉市副市长张光清与 ICOMOS 共享遗产委员会主席安德斯博士共同揭牌,并表示了今后对该中心的发展予以支持。

8. 发布了带有国际文件性质的倡议书。第二届"无界论坛"最后发布的《工程与文化项目促进的武汉倡议》(简称《武汉倡议》),是以 ICOMOS 国际研讨会的成果形式对外正式公布,带有国际文件性质。依照国际惯例,具有全球影响的国际组织召开会议上发布的总结性文件,地位依次为:《倡议》——《文件》(如《奈良真实性文件》)——《宣言》(如《西安宣言》)——《宪章》(如《威尼斯宪章》)。一个《国际宪章》的发布需要充分的讨论和酝酿,其中国际性倡议书是一个重要的步骤。

国内外专家聚焦武汉文化遗产 称武汉申遗潜力巨大

2012 年 10 月 26 日

来源:武汉晚报 拱岩颜

昨天在汉召开的 ICOMOS(国际古迹遗址理事会)跨文化遗产保护与发展国际研讨会上,国内外专家聚焦武汉文化遗产。对武汉"申遗",ICOMOS 共享遗产委员会主席安德斯博士表示,"有可能、有潜力"。

ICOMOS 共享遗产委员会主席安德斯博士在武汉参观了两天,他昨天告诉记者,武汉的历史文化遗存很多,这在全中国也是很突出的,建筑有很高的艺术、历史、科学价值,非常有吸引力。武汉申报"世界文化遗产",有潜力。

"武汉可以尝试争取'中国近代文化转型之都'的称号",共享遗产委员会专家委员、湖北省文化厅古建筑保护中心丁援博士说,武汉在中国近代文化转型中非常重要,世界遗产委员会提出的标准,武汉都已涉及,对建筑、技术、艺术有巨大影响,促进人类价值交流,提供了出色的典范。

以汉口租界为例,它的建筑规划思想、生活方式,对武汉地区有巨大的冲击,直接对辛亥革命、1927 年正式合三镇为一城有决定性影响,对中国近代化也有冲击。

后　记

　　"志存高远"、"填补空白"——这是我刚拿到沉甸甸的《工程·文化·景观——"ICOMOS-Wuhan 无界论坛"论文集》校样时脑子里闪现出来的两个词。

　　"志存高远"典出三国诸葛亮《勉侄书》，原文为："夫志当存高远，慕先贤，绝情欲，弃凝滞，使庶几之志，揭然有所存，恻然有所感。忍屈伸，去细碎，广咨问，除嫌吝；虽有淹留，何损美趣？何患于不济？"我想，这不正是我们论文集所有作者勇于探索、追求卓越的写照吗？

　　"填补空白"是因为这本论文集堪称全国第一本集中探讨"大型工程建设与文化遗产"关系的论文集。另外，近两年来，由"ICOMOS 共享遗产武汉研究中心"主持编写的三本书，无论是已经出版的《水下文化遗产保护》，还是本论文集（《工程·文化·景观——"ICOMOS-Wuhan 无界论坛"论文集》），以及即将出版的《中国文化线路遗产》，都可以称得上"文化遗产研究"领域的"填空之作"。

　　这本论文集的出版，得益于那些奋战于工程设计第一线的专家、大师们的长期研究与实践，得益于那些慧眼独具的管理者们的高瞻远瞩，也得益于那些兢兢业业、不辞辛劳的出版社编辑的无私奉献！

　　愿本书的出版能影响更多的有识之士，并向人们昭示：工程、文化、景观是可以和谐统一、美美与共的。

丁援

2014－11－03 于武汉沙湖